全国电力行业"十四五"规划教材

高等教育电气与自动化类专业系列

十四五

U0642959

电力系统继电保护

（第三版）

主　编　霍利民　葛丽娟　吕　佳

副主编　李海军　刘伟娜　于　尧

　　　　温　鹏　张　青

编　写　禹　江　侯晨伟　康飞龙

　　　　薛　皓　谢云芳　贾宇琛

主　审　焦彦军　刘学军　张　举

中国电力出版社

CHINA ELECTRIC POWER PRESS

内 容 提 要

本书为全国电力行业"十四五"规划教材。

本书着重阐述电力系统继电保护的基本概念和基本原理，以及继电器的工作原理、分析方法和整定原则，融入了继电保护新技术，反映了继电保护技术的新发展。全书共十章，主要内容包括概述、电网相间短路的电流保护、电网接地故障的零序保护、电网的距离保护、输电线路的纵联保护、自动重合闸、电力变压器的继电保护、发电机保护、母线保护、微机保护基础等。

本书主要作为高等学校电气工程及其自动化和农业电气化专业本科教材，也可作为高职高专相关专业的教材或电力工程技术人员的参考用书。

图书在版编目（CIP）数据

电力系统继电保护 / 霍利民，葛丽娟，吕佳主编 . 3 版 . -- 北京： 中国电力出版社，2025.4. -- ISBN 978 - 7 - 5198 - 9623 - 2

Ⅰ．TM77

中国国家版本馆 CIP 数据核字第 20259RF678 号

出版发行：中国电力出版社
地　　址：北京市东城区北京站西街 19 号（邮政编码 100005）
网　　址：http：//www.cepp.sgcc.com.cn
责任编辑：牛梦洁（010-63412528）
责任校对：黄　蓓　李　楠
装帧设计：赵姗姗
责任印制：吴　迪

印　　刷：固安县铭成印刷有限公司
版　　次：2008 年 9 月第一版　2013 年 2 月第二版　2025 年 4 月第三版
印　　次：2025 年 4 月北京第一次印刷
开　　本：787 毫米×1092 毫米　16 开本
印　　张：14.25
字　　数：356 千字
定　　价：49.00 元

前　言

本书自 2008 年第一版出版以来，得到了兄弟院校和广大读者的肯定和欢迎。根据教学改革的发展需要和读者意见，作者对内容进行了修改和完善，从工程实际应用的角度强调了保护原理叙述的系统性、逻辑性和严密性，保留了原有内容简洁和通俗易懂的特点，便于教师讲授和学生自学。

本书将内容偏多的原第二章电流保护，分成了第二章电网相间短路的电流保护和第三章电网接地故障的零序保护，删除了传统的晶体管电流继电器和时间继电器内容。遵循继电保护技术发展历史，从传统的电磁式电流继电器结构和原理接线图入手，阐述三段式电流保护的基本概念、基本原理和基本分析方法。

按照工作电压和极化电压思路重写了第四章电网的距离保护，内容阐述更吻合微机保护原理和微机保护装置的特点。第七章电力变压器的继电保护，删除了传统的 BCH-1 差动继电器内容，添加了变压器差动保护流程图，按微机保护整定计算过程改写了例题。第十章微机保护基础，重写了傅氏算法，新增了基于傅氏算法的滤序算法和相位比较算法，将微机变压器差动保护举例内容改成了适用于各种保护通用的微机保护软件构成。

本书作者来自河北农业大学、内蒙古农业大学、华南农业大学、保定理工学院。本书第一章和第四章由刘伟娜、于尧、侯晨伟、谢云芳、张青、霍利民编写，第二章、第三章和第六章由吕佳编写，第五章由李海军和康飞龙编写，第七章由葛丽娟编写，第八章由康飞龙编写，第九章由李海军编写，第十章由温鹏、薛皓、贾宇琛、禹江编写。全书由霍利民统稿。

本书由华北电力大学焦彦军教授主审，焦教授提出了很多有价值的意见和修改建议，在此表示衷心感谢。在编写过程中，借鉴和参考了书后所列参考文献，以及许多单位的技术资料和使用说明书，在此向文献作者致以衷心的感谢。

限于编者水平和时间，书中疏漏和不足之处在所难免，恳请专家和读者批评指正。

编　者
2024 年 8 月

第一版前言

为贯彻落实教育部《关于进一步加强高等学校本科教学工作的若干意见》和《教育部关于以就业为导向深化高等职业教育改革的若干意见》的精神，加强教材建设，确保教材质量，中国电力教育协会组织制订了普通高等教育"十一五"教材规划。该规划强调适应不同层次、不同类型院校，满足学科发展和人才培养的需求，坚持专业基础课教材与教学急需的专业教材并重、新编与修订相结合。本书为新编教材。

本书的编写遵循继电保护技术发展的历史，强调了叙述的系统性、逻辑性和严密性，便于初学者理解和掌握。从传统的继电器结构和作用框图入手，对继电保护的基本概念、基本原理和基本分析方法由浅入深地做了较全面的阐述，在此基础上，对微机保护的原理、特点、软硬件构成和实际应用进行了较深入的介绍和分析。

全书以电流保护、距离保护、变压器保护和微机保护作为重点章节。输电线路的电流保护、距离保护和变压器保护三章中有较详细的整定计算范例；微机保护一章给出了变压器比率制动式差动保护的实现方法，并介绍了变电站综合自动化的基本内容；自动重合闸一章中介绍了馈线自动化的新内容。每章均附有复习思考题，力求重点突出，理论结合实际，反映了近年来继电保护的发展和新技术成就。

参加本教材编写的单位有：河北农业大学、内蒙古农业大学、华南农业大学三所院校。

本书第一章和第三章由刘伟娜、张青、于尧、陈俊红编写，第二章由吕佳编写，第五章由吕佳、闫国琦编写，第四章和第七章由宗哲英编写，第六章和第八章由葛丽娟编写，第九章由霍利民、张立国、陈丽、谢云芳编写。霍利民担任主编并进行全书的修改和统稿。

本书由北华大学刘学军教授主审，华北电力大学张举教授审阅了本书大纲并提出了许多有价值的意见和建议，在此深表谢忱！在编写过程中，借鉴和参考了书后所列参考文献，在此向文献作者致以衷心的感谢。

限于编者水平和时间，书中疏漏和不足之处在所难免，恳请专家和读者批评指正。

编　者

2008 年 5 月

第二版前言

本书是在 2008 年出版的《电力系统继电保护》一书的基础上进行改写的，全书仍以电流保护、距离保护、变压器保护和微机保护作为重点章节，从传统的继电器结构和作用框图入手，对继电保护的基本概念、基本原理和基本分析方法由浅入深地做了较全面的阐述。编者吸取了第一版不同院校使用过程中的教学经验，对难懂的部分章节进行了重写，对发现的错误进行了修正，删除了部分略显陈旧的内容，充实了微机保护硬件和装置举例的内容，新增了数字化变电站的内容介绍。

本书第一章和第三章由高立艾、李丽华、温鹏、侯晨伟、于尧、刘伟娜、张青改写，第二章由葛丽娟改写，第四章由郝敏改写，第五章和第八章由宗哲英改写，第六章和第七章由吕佳改写，第九章由霍利民、保定华智电气有限公司郑少林和李永旺、山东阳信县供电公司闫海庆等改写。全书由霍利民统稿。

限于编者水平和时间，书中疏漏和不足之处在所难免，恳请专家和读者批评指正。

编　者

2012 年 12 月

目　　录

前言

第一版前言

第二版前言

第一章　概述 …………………………………………………………………………… 1

　　第一节　电力系统继电保护的作用 …………………………………………………… 1

　　第二节　继电保护的基本原理和保护装置的组成 …………………………………… 2

　　第三节　继电保护的基本要求 ………………………………………………………… 4

　　第四节　继电保护技术的发展简史 …………………………………………………… 6

第二章　电网相间短路的电流保护 …………………………………………………… 7

　　第一节　电磁型电流继电器和电力互感器 …………………………………………… 7

　　第二节　单侧电源电网相间短路的电流保护 ………………………………………… 14

　　第三节　多侧电源电网相间短路的方向性电流保护 ………………………………… 27

　　复习思考题 ……………………………………………………………………………… 35

第三章　电网接地故障的零序保护 …………………………………………………… 37

　　第一节　中性点直接接地电网中接地短路的零序电流及方向保护 ………………… 37

　　第二节　中性点非直接接地电网中单相接地故障的保护 …………………………… 47

　　复习思考题 ……………………………………………………………………………… 53

第四章　电网的距离保护 ……………………………………………………………… 54

　　第一节　距离保护概述 ………………………………………………………………… 54

　　第二节　阻抗继电器的接线方式 ……………………………………………………… 56

　　第三节　阻抗继电器的构成原理 ……………………………………………………… 60

　　第四节　影响距离保护正确工作的因素及采取的防止措施 ………………………… 72

　　第五节　距离保护的整定计算 ………………………………………………………… 80

　　复习思考题 ……………………………………………………………………………… 84

第五章　输电线路的纵联保护 ………………………………………………………… 87

　　第一节　输电线路纵联保护概述基本原理 …………………………………………… 87

　　第二节　输电线路纵联保护两侧信息的交换 ………………………………………… 89

　　第三节　闭锁式纵联保护 ……………………………………………………………… 95

　　第四节　纵联电流差动保护 …………………………………………………………… 99

　　复习思考题 ……………………………………………………………………………… 103

第六章　自动重合闸 …………………………………………………………………… 104

　　第一节　自动重合闸的作用及要求 …………………………………………………… 104

　　第二节　三相自动重合闸 ……………………………………………………………… 107

第三节　单相自动重合闸 ·· 112

第四节　综合自动重合闸 ·· 115

第五节　自动重合闸与继电保护的配合 ·· 116

第六节　重合器与分段器 ·· 118

复习思考题 ·· 121

第七章　电力变压器的继电保护 ··· 123

第一节　电力变压器的故障类型和不正常运行状态及保护配置 ··········· 123

第二节　变压器的气体保护 ··· 124

第三节　变压器的电流速断保护 ·· 126

第四节　变压器的纵联差动保护 ·· 127

第五节　变压器相间短路的后备保护 ·· 143

第六节　变压器接地故障的后备保护 ·· 148

第七节　变压器的异常运行保护 ·· 151

复习思考题 ·· 153

第八章　发电机保护 ··· 154

第一节　发电机的故障类型、不正常运行状态及其保护方式 ·············· 154

第二节　发电机定子绕组相间短路保护 ··· 156

第三节　发电机定子绕组匝间短路保护 ··· 160

第四节　发电机定子绕组单相接地保护 ··· 161

第五节　发电机的其他保护 ··· 164

复习思考题 ·· 166

第九章　母线保护 ·· 167

第一节　母线故障和装设母线保护的基本原则 ·································· 167

第二节　单母线保护 ·· 168

第三节　双母线保护 ·· 170

第四节　一个半断路器接线的母线差动保护 ····································· 175

第五节　断路器失灵保护 ·· 176

复习思考题 ·· 177

第十章　微机保护基础 ··· 178

第一节　微机保护硬件系统 ··· 179

第二节　微机保护的基本算法 ·· 190

第三节　微机保护软件构成 ··· 200

第四节　提高微机保护可靠性的措施 ·· 203

第五节　变电站微机综合自动化系统简介 ·· 206

第六节　数字化变电站简介 ··· 209

复习思考题 ·· 214

附录　本书使用的文字符号、图形符号说明 ································· 215

参考文献 ·· 217

第一章　概　　述

第一节　电力系统继电保护的作用

一、电力系统的运行状态

电力系统是由各种类型的发电厂、输电设备和配电设施，以及用电设备组成的电能生产与消费系统。一般将电能通过的设备称为电力系统的一次设备，如发电机、变压器、断路器、母线、输电线路、补偿电容器、电动机及其他用电设备等。对一次设备的运行状态进行监视、测量、控制和保护的设备，称为电力系统的二次设备。

电能的生产量应每时每刻与电能的消耗量保持平衡，并满足质量要求。由于一年内夏、冬季的负荷较春、秋季的大，一周内工作日的负荷较休息日的大，一天内的负荷也有高峰与低谷之分，电力系统中的某些设备，随时都有因绝缘材料的老化、制造中的缺陷、自然灾害等原因出现故障而退出运行。电力系统运行状态是指电力系统在不同运行条件（如负荷水平、输出功率配置、系统接线、故障等）下的系统与设备的工作状态。根据不同的运行条件，可以将电力系统的运行状态分为正常状态、不正常状态和故障状态。

（1）正常状态下运行的电力系统在任何时刻应该满足系统发出的有功功率和无功功率与系统中随机变化的负荷功率（包括传输损耗）相等，供电质量和电气设备安全运行参数应处于安全运行的范围内，如发电机、变压器或用电设备的功率及其上限，母线电压及其上下限，输配电线路中的电流及其上限，系统频率及其上下限。

（2）当电力系统中电气元件的正常工作遭到破坏，但没有发生故障，属于不正常运行状态。例如，电气设备的负荷电流超过了额定电流。由于过负荷，使元件的载流部分和绝缘材料的温度不断升高，加速绝缘老化和损坏，可能发展成故障。此外，系统中出现有功功率缺额而引起的额定频率减低，发电机突然甩负荷引起的发电机频率升高，中性点不接地系统和非有效接地系统中的单相接地引起的非接地相对地电压升高，以及系统发生振荡等，都属于不正常运行状态。不正常运行状态往往影响电能质量、设备寿命、用户生产产品的质量等。

（3）电力系统的所有一次设备在运行过程中由于雷击或鸟兽跨接电气设备、绝缘老化、过电压、设备制造上的缺陷、设计和安装的错误、检修质量不高或运行维护不当等原因会发生短路、断路等故障。最常见，也是最危险的故障是各种形式的短路，其中以单相接地故障最为常见，三相短路比较少见。此外，输电线路有时可能发生断线故障，甚至几种故障同时发生的复合故障。在发生故障时可能产生以下后果：

（1）通过故障点的很大的短路电流和所燃起的电弧使故障元件损坏。

（2）短路电流通过系统中非故障元件时，由于发热和电动力作用引起非故障元件的损坏或缩短它们的使用寿命。

（3）部分电力系统的电压大幅度下降，使大量电力用户的正常工作和生活遭到破坏或产生废品。

（4）破坏电力系统中各发电厂之间并列运行的稳定性，引起系统振荡，甚至使整个系统瓦解。

二、继电保护装置及其任务

故障和不正常运行状态若不及时正确处理，都可能引起事故。事故是指对用户少送电或停止供电，电能质量降低到不能允许的程度，造成人身伤亡及电气设备损坏等。

为了防止电力系统中发生事故，一般采取如下对策：

（1）改进设计，加强维护检修，提高电气设备运行水平和工作质量，采取各项积极措施消除或减少事故发生的可能性。

（2）故障一旦发生，迅速而有选择地切除故障元件，保证无故障部分正常运行。

实践证明，只有在每个电气元件上装设保护装置，才能满足迅速而有选择地切除故障元件的要求。继电保护装置就是指反应电力系统中电气元件发生故障或不正常运行状态，并动作于断路器跳闸或发出信号的一种自动装置。最初是由机电式继电器为主构成的，故称为继电保护装置。现代继电保护装置已发展成以电子元件或微型计算机为主构成的，取代了继电器的作用，但仍沿用此名称。继电保护装置的基本任务：

（1）发生故障时，自动、迅速、有选择地将故障元件从电力系统中切除，使故障元件免于继续遭受破坏，保证非故障部分迅速恢复正常运行。

（2）当系统中电气设备出现不正常运行状态，能及时反应并根据运行维护条件发出信号、减负荷或跳闸。

现在常用的"继电保护"泛指继电保护技术或各种继电保护装置组成的继电保护系统，属于电力系统的二次设备，是维持电力系统正常运行的重要组成部分。

第二节　继电保护的基本原理和保护装置的组成

一、继电保护的基本原理

为了完成继电保护的任务，继电保护就必须能够区别是正常运行还是非正常运行或故障，要区别这些状态，最关键的就是要寻找这些状态下的参量情况，找出其中的差别，从而有针对性地构成基于各种不同原理的保护。

1. 利用基本电气参数的区别

发生短路后，利用电流、电压、线路测量阻抗等的变化，可以构成如下保护。

（1）过电流保护。图 1-1 中，若在 BC 段上发生三相短路，则从电源到短路点 k 之间将流过很大的短路电流 I_k，可以使保护 2 反应这个电流增大而动作于跳闸。

（2）低电压保护。图 1-1 中，短路点 k 的电压 U_k 降到零，各变电站母线上的电压都有所下降，可以使保护 2 反应于这个下降的电压而动作。

（3）距离保护。反应于短路点到保护安装地之间的距离（或测量阻抗）的减小而动作。图 1-1 中，设以 Z_k 表示短路点到保护 2（即变电站 B 母线）之间的阻抗，则母线上的残余电压 $\dot{U}_B = \dot{I}_k Z_k$，即 Z_k 就是在线路始端的测量阻

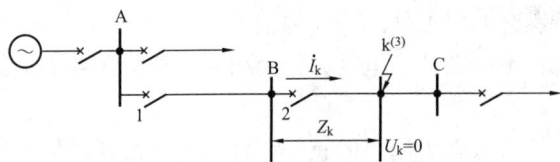

图 1-1　单侧电源线路

抗，其大小正比于短路点到保护 2 之间的距离。

2. 利用内部故障和外部故障时被保护元件两侧电流相位（或功率方向）的差别

图 1-2 所示为双侧电源网络，若我们统一规定电流的正方向是从母线流向线路，则线路 AB 两侧电流相位（或功率方向）分析如下。

正常运行时，A、B 两侧电流的大小相等，相位相差 180°；当线路 AB 外部发生故障时，A、B 两侧电流仍大小相等，相位相差 180°；当线路 AB 内部发生短路时，A、B 两侧电流一般大小不相等，在理想情况下（两侧电动势同相位且全系统的阻抗角相等），两侧电流同相位。从而可以利用电气元件在发生内部故障与外部故障（包括正常运行情况）时，两侧电流相位或功率方向的差别可以构成各种差动原理的保护（发生内部故障时保护动作），如纵联差动保护、相差高频保护、方向高频保护等。

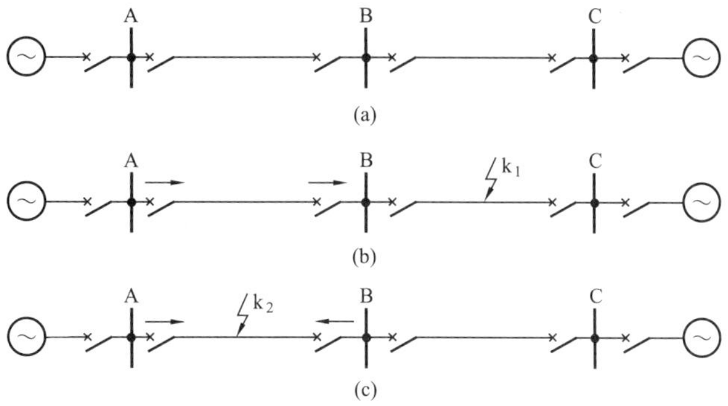

图 1-2　双侧电源网络
（a）正常运行情况；（b）线路 AB 外部短路情况；
（c）线路 AB 内部短路情况

3. 序分量是否出现

电气元件在正常运行（或发生对称短路）时，负序分量和零序分量为零；在发生不对称短路时，一般负序分量和零序分量都较大。因此，根据这些分量是否存在可以构成零序保护和负序保护。这种保护装置都具有良好的选择性和灵敏度。

4. 反应非电气量的保护

反应变压器油箱内部故障时所发生的气体而构成气体保护；反应于电动机绕组的温度升高而构成过负荷保护等。

二、继电保护装置的组成

继电保护的种类虽然很多，但是在一般情况下，都是由 3 个部分组成的，即测量部分、逻辑部分和执行部分。其原理结构如图 1-3 所示。

图 1-3　继电保护装置的原理结构图

1. 测量部分

测量部分是测量被保护元件工作状态（正常工作、非正常工作或故障状态）的一个或几个物理量，并和已给的整定值进行比较，根据比较结果给出"是""非""大于""不大于""等于""0"或"1"的一组逻辑信号，从而判断保护是否应该起动，并作为逻辑部分的输入。常见的测量比较元件有过电流继电器、低电压继电器、阻抗继电器、功率方向继电器等。

2. 逻辑部分

逻辑部分的作用是根据测量部分各输出量的大小、输出的逻辑状态、出现的时间顺序或它们的组合，并考虑其他给定的或可测量到的限定条件，最终确定是否应该使断路器跳闸或发出信号，并将有关命令传送到执行部分。常见的逻辑回路有"与""或""非""延时"等。

　　3. 执行部分

　　执行部分的作用是根据逻辑部分送的信号，最后完成保护装置所担负的任务。如故障时，动作于跳闸；不正常运行时，发出信号；正常运行时，不动作。继电保护的输出通常是继电器的触点，动作于跳闸的触点接入跳闸回路，动作于信号的触点接入信号回路。

三、继电保护装置接入电力系统

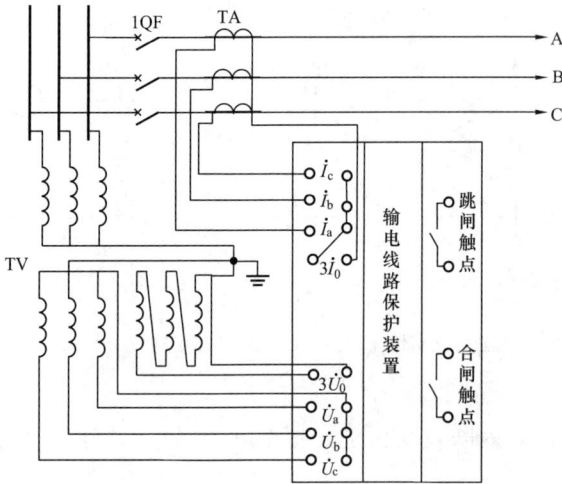

图1-4　输电线路保护装置接入电力
系统的交流回路示意图

　　继电保护装置需要通过电压互感器（TV）和电流互感器（TA）接入电力系统，电压互感器将一次侧的高电压变换成二次侧的低电压，电流互感器将一次侧的大电流变换成二次侧的小电流。保护装置动作输出的是若干继电器触点，用于跳闸的触点接入断路器跳闸控制回路，用于合闸的触点接入断路器合闸控制回路。

　　图1-4是输电线路保护装置接入电力系统的交流回路示意图，线路保护装置需要的电压量和电流量分别通过电压互感器和电流互感器二次侧引入。在继电保护装置内部，根据测量的电压、电流或它们的组合量，判断被保护线路是否发生故障；当判断发生故障时，驱动内部继电器动作，跳闸触点闭合，使断路器QF1跳开，将故障线路从电力系统中切除。

第三节　继电保护的基本要求

　　电力系统继电保护的基本性能应满足4个基本要求，即选择性、速动性、灵敏度、可靠性。这些要求之间，有的相辅相成，有的相互制约，需要针对不同的使用条件，分别进行协调。

一、选择性

　　选择性是指保护装置动作时，仅将故障元件从电力系统中切除，尽量缩小停电范围，以保证系统中的无故障部分仍能继续安全运行。在图1-5所示的网络接线中，当k_1点发生短路时，应由距离短路点最近的保护2动作跳闸，将故障线路BC切除，线路AB和线路BD继续供电；而不能由保护1首先动作跳闸，中断变电站B、C、D的供电，造成大面积停电。

　　在要求继电保护动作有选择性的同时，还必须考虑继电保护或断路器有拒绝动作的可能性。为了确保故障元件能够从电力系统中切除，一般每个重要的电气元件都配备两套保护，一套称为主保护，一套称为后备保护。主保护反应被保护元件自身的故障并以尽可能短的时限切除故障。当主保护拒动时，后备保护起作用

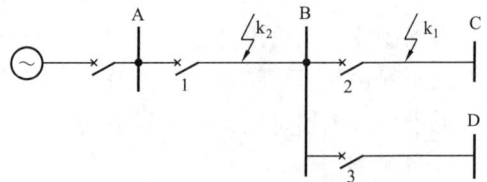

图1-5　单侧电源网络有选择性动作说明

从而动作于相应断路器以切除故障元件，后备保护又分为远后备保护和近后备保护。

如图 1-5 中 k_1 点短路时，应该保护 2 动作，但由于某种原因，该处的继电保护或断路器拒绝动作时，由前一条线路 AB 的保护 1 动作，切除故障。线路 AB 的保护 1 又称为相邻元件（下一条线路 BC 和 BD）的后备保护。由于这个保护 1 相对于线路 BC 是在远处实现的，因此又称为线路 BC 的远后备保护。

除采用远后备保护的方式外，还可以采用近后备保护的方式。近后备保护和主保护安装在同一断路器处。当主保护拒动时由近后备保护起动断路器跳闸；当断路器失灵时，由失灵保护起动跳开失灵断路器所在母线上的其他断路器。

二、速动性

短路时快速切除故障，可以缩小故障范围，降低因短路引起的破坏程度，减小对用户工作的影响，提高电力系统的稳定性。因此，在发生故障时，应力争保护装置能迅速动作以切除故障。

由于保护装置本身动作的快速性与选择性及可靠性存在矛盾，实际上略微延长一点保护动作的时间，往往能显著提高保护动作的可靠性。电力系统在一些情况下，允许保护装置带有一定的延时切除故障。因此，对继电保护速动性的具体要求应根据电力系统的接线，以及被保护元件的具体情况来确定。下面列举一些必须快速切除的故障：

（1）根据维持系统稳定的要求，必须快速切除的高压输电线路上发生的故障。

（2）使发电厂或重要用户的母线电压低于允许值（一般为 0.7 倍的额定电压）的故障。

（3）大容量的发电机、变压器及电动机内部发生的故障。

（4）1～10kV 线路导线截面积过小，为避免过热不允许延时切除的故障等。

（5）可能危及人身安全、对通信系统或铁道号志系统有强烈干扰的故障等。

故障切除的总时间等于保护装置和断路器动作时间之和。一般的保护装置的动作时间为 0.02～0.04s，最快的可达 0.01～0.02s；一般的断路器的动作时间为 0.06～0.15s，最快的可达 0.02～0.04s。

三、灵敏度

保护装置的灵敏度是指对于保护范围内发生故障或不正常运行状态的反应能力。满足灵敏度要求的保护装置应该是在事先规定的保护范围发生内部故障时，不论短路点的位置、短路的类型如何，以及短路点是否存在过渡电阻，都能敏锐感觉，正确反应。保护装置的灵敏度，通常用灵敏系数来衡量，灵敏系数越大，保护的灵敏度就越高，反之就越低。关于灵敏度的求取方法在以后各章中还将分别予以介绍。

四、可靠性

可靠性是指只能在事先规定需要它动作的情况下动作，而在其他一切不需要它动作的情况下都不动作。前者称为可依赖性，后者称为安全性。应该动作时不动作，称保护装置发生了拒动；而在不该动作时却动作，称为保护装置发生了误动。

影响保护动作可靠性的因素包括内在和外在两方面因素。内在的因素主要是装置本身的质量，如保护原理是否成熟、所用元件的好坏、结构设计是否合理、制造工艺水平、内外接线情况、触点数量等。外在因素主要是体现在运行维护水平、调试和安装是否正确等方面。

以上 4 个基本要求是分析研究继电保护的基础，也是贯穿全课程的一个基本线索。根据被保护元件在电力系统中的地位和作用协调处理各性能指标之间的关系，取得合理统一，达到保证电力系统安全运行的目的。

第四节　继电保护技术的发展简史

继电保护技术是随着电力系统的发展而发展来的。电力系统中的短路是不可避免的。短路必然随着电流的增大，因而为了保护发电机免受电流的破坏，首先出现了反应电流超过一个预定值的过电流保护。熔断器就是最早的、最简单的过电流保护。这种保护方式时至今日仍广泛应用于低压线路和用电设备。熔断器的特点是融保护装置与切断电流的装置于一体，结构简单最为简单。由于电力系统的发展，用电设备的功率、发电机的容量不断增大，发电厂、变电站和供电网的接线不断复杂化，电力系统中正常工作电流和短路电流都不断增大，熔断器已不能满足选择性和快速性的要求，于是出现了作用于专门的断流装置（断路器）的过电流继电器。1890 年出现了装于断路器上直接反应一次短路电流的电磁型过电流继电器。20 世纪初随着电力系统的发展，继电器才开始广泛应用于电力系统的保护。这个时期被认为是继电保护技术发展的开端。

1908 年提出了比较被保护元件两端电流的电流差动保护原理。1910 年方向性电流保护开始得到应用，在此时期也出现了将电流与电压相比较的保护原理，并导致了 1920 年后距离保护装置的出现。随着电力系统载波通信的发展，在 1927 年前后，出现了利用高压输电线上高频载波电流传送和比较输电线两端功率方向或电流相位的高频保护装置。在 20 世纪50 年代，微波中继通信开始应用于电力系统，从而出现了利用微波传送和比较输电线两端故障电气量的微波保护。在 1975 年前后诞生了行波保护装置。显然，随着光纤通信在电力系统中的大量采用，利用光纤通道的继电保护得到了广泛的应用。

以上是继电保护原理的发展过程。与此同时，构成继电保护装置的元件、材料、保护装置的结构型式和制造工艺也发生了巨大的变化。在 20 世纪 50 年代以前的继电保护装置都是由电磁型、感应型或电动型继电器组成的。这些继电器都具有机械转动部件，统称为机电式继电器。在 20 世纪 50 年代，由于半导体晶体管的发展，开始出现了晶体管式继电保护装置。这种保护装置体积小、功率消耗小、动作速度快、无机械转动部分，称为电子式静态保护装置。20 世纪 80 年代后期，标志着静态继电保护从第一代（晶体管式）向第二代（集成电路式）的过渡。20 世纪 90 年代微机保护装置已取代集成电路式继电保护装置，成为静态继电保护装置的主要形式，并沿着网络化、智能化，以及保护、测量、控制和数据通信一体化的方向不断发展。总之，在 20 世纪 50 年代至 90 年代的 40 年时间里，继电保护的结构型式走过了机电式（电磁型、感应型）、整流式、晶体管式、集成电路式和微机式 5 个发展阶段。

第二章　电网相间短路的电流保护

电流、电压保护是以反应电网相间短路时电流突然增大、母线电压突然降低而动作的保护。电网输电线路的电流电压保护包括相间短路的电流电压保护、相间短路的方向电流电压保护。

第一节　电磁型电流继电器和电力互感器

继电器（relay）是最早的电力系统继电保护装置，是基本测量和控制元件，当输入信号达到一定值时，能使其输出的被控制量发生预期的状态变化，如触点打开、闭合等，具有对被控电路实现通、断控制的作用。继电保护因其得名，即由继电器实现的电力系统保护。

继电器按照动作原理可分为电磁型、感应型、整流型、晶体管型、集成电路型和微机型等；按照反应的物理量可分为电流继电器、电压继电器、功率方向继电器、阻抗继电器和气体继电器等；按照继电器在保护回路中所起的作用可分为起动继电器、量度继电器、时间继电器、中间继电器、信号继电器和出口继电器等。量度继电器是实现保护的关键测量元件，量度继电器中有过量继电器和欠量继电器。过量继电器如过电流继电器、过电压继电器、高频继电器等；欠量继电器如低电压继电器、距离继电器、低频继电器等。

一、电磁型电流继电器

电磁型电流继电器是利用电磁原理工作的，它的继电特性是通过力矩相互作用实现的。在继电保护发展早期，电磁型电流继电器在电力线路和电气设备继电保护装置中大量采用。电磁型电流继电器的工作原理可用图 2-1（a）进行说明。在绕组 1 中通一电流 I_k，则产生与其成正比的磁通 Φ，磁通 Φ 通过铁芯、空气隙和可动舌片构成闭合磁路。舌片在磁场中被磁化，产生电磁力 F 和电磁转矩 M，当电磁力足够大时，即可吸动舌片转动，使继电器

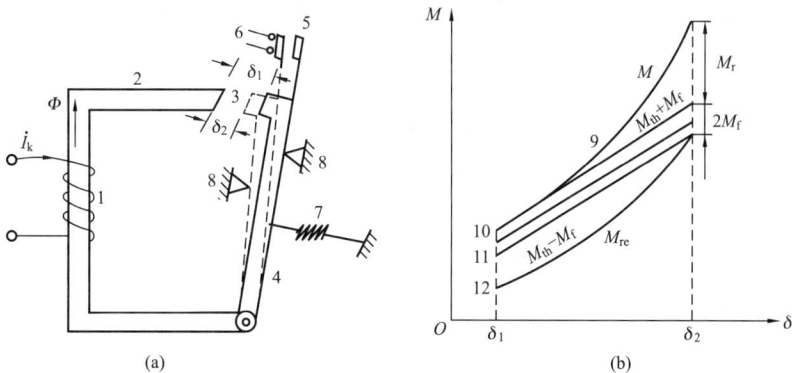

图 2-1　电磁型电流继电器的工作原理和转矩曲线

（a）原理结构图；（b）电磁转矩和机械反作用转矩与舌片行程的关系

1—绕组；2—铁芯；3—空气隙；4—被吸引的可动舌片；5—可动触点；6—固定触点；7—弹簧；8—止挡；
9—起动电磁转矩；10—起动时的反作用转矩；11—返回时的反作用转矩；12—返回时的电磁转矩

动触点和静触点闭合，称为继电器"动作"。

首先，分析使继电器触点接通的力矩（即动作力矩）。根据电磁学原理可知，电磁力 F 和电磁转矩 M 与磁通的平方 Φ^2 成正比，即

$$F = K_1 \Phi^2 \qquad (2\text{-}1)$$

式中　K_1——比例常数。

磁通 Φ 与绕组中通入的电流 I_k 产生的磁通势 $I_k W_1$ 和磁通所经过的磁路的磁阻 R_m 有关，即

$$\Phi = \frac{I_k W_1}{R_m} \qquad (2\text{-}2)$$

将式（2-2）代入式（2-1）可得

$$F = K_1 \frac{I_k^2 W_1^2}{R_m^2} \qquad (2\text{-}3)$$

电磁转矩

$$M = FL = K_1 L \frac{I_k^2 W_1^2}{R_m^2} = K_2 I_k^2 \qquad (2\text{-}4)$$

式中　K_2——比例系数，当磁阻一定时，K_2 为常数。

式（2-4）说明，当磁阻为常数时，电磁转矩 M 正比于电流 I_k 的平方，而与通入绕组中电流的方向无关，所以根据电磁原理构成的继电器，可以制成直流继电器或交流继电器。电磁转矩 M 是使继电器触点接通的力矩，即动作力矩。

如果假定磁路的磁阻全部集中在空气隙中，则 $R_m = \dfrac{\delta}{\mu_0 S}$，$\delta$ 表示电磁铁与可动铁芯之间的气隙长度，于是

$$M = FL = K_1 L \frac{I_k^2 W_1^2}{R_m^2} = K_1 L \frac{I_k^2 W_1^2 \mu_0^2 S^2}{\delta^2} = K_3 \frac{I_k^2}{\delta^2} \qquad (2\text{-}5)$$

式中　K_3——比例常数。

其次分析使继电器触点闭合的阻力矩。正常工作情况下，线圈中流入负荷电流，继电器不工作，这是由于弹簧对应于空气隙长度 δ_1 产生初始力矩 M_{th1}。由于弹簧的张力与伸长量成正比，因此，当空气隙长度由 δ_1 减小到 δ_2 时，弹簧产生的反抗力矩为

$$M_{th} = M_{th1} + K_4 (\delta_1 - \delta_2) \qquad (2\text{-}6)$$

式中　K_4——比例常数。

另外，在可动舌片转动的过程中，还必须克服摩擦力矩 M_f，其值可以认为是不随 δ 变化的一个常数。因此，阻碍继电器动作的全部机械反抗力矩为 $M_{th} + M_f$。

1. 继电器的动作条件

为使继电器动作，必须增大电流 I_k，通过增大电流 I_k，来增大电磁转矩 M，使其满足关系式

$$M \geqslant M_{th} + M_f \qquad (2\text{-}7)$$

这是继电器能够动作的条件。

2. 继电器的动作电流 I_{act}

能够满足上述条件，使继电器动作的最小电流值称为继电器的动作电流，记作 I_{act}。对应此时的电磁转矩

$$M_{\text{act}} = K_3 \frac{I_{\text{act}}^2}{\delta^2} \tag{2-8}$$

图 2-1（b）表示当可动舌片由空气隙长度为 δ_1 的起始位置转动到空气隙长度为 δ_2 的终端位置时，电磁转矩和机械反抗转矩与舌片行程的关系曲线。当 I_{act} 不变时，随着 δ 的减小，M_{act} 与其平方值成反比增加，按曲线 9 变化；而机械反抗力矩则按比例关系增加，如直线 10 所示；并且在整个 δ 减小过程中，电磁转矩随 δ 的增大值大于机械反抗力矩随 δ 的增大值，因此触点闭合的 δ_2 位置将出现一个剩余力矩 M_r，即电磁转矩与反抗力矩的差值，它对触点的可靠接触是有好处的。

3. 继电器的返回条件

继电器动作后，为使其重新返回原位，就必须减小电流以减小电磁转矩，继电器在弹簧的反作用下将返回。在这个过程中，摩擦力又起着阻碍返回的作用，因此，为使继电器返回，弹簧的作用力矩 M_{th} 必须大于电磁力矩 M 及摩擦力矩 M_f 之和，即

$$M_{\text{th}} \geqslant M + M_f \tag{2-9}$$

这就是继电器能够返回的条件。

4. 继电器的返回电流 I_{re}

满足上述条件，能使继电器返回原位（动合触点打开）的最大电流称为继电器的返回电流，以 I_{re} 表示，则对应于返回电流的电磁转矩

$$M_{\text{re}} = K_3 \frac{I_{\text{re}}^2}{\delta^2} \tag{2-10}$$

在返回过程中，转矩与行程的关系如图 2-1（b）中的直线 11 和曲线 12 所示。

5. 继电器的特性

由前所述，当 $I_k < I_{\text{act}}$ 时，继电器不动作，而当 $I_k > I_{\text{act}}$ 时，则继电器能够迅速动作，触点闭合；在继电器动作以后，只有当电流减小到 $I_k < I_{\text{re}}$ 时，继电器才能立即返回原位，触点重新打开。无论起动或者返回，继电器的动作都是明确干脆的，它不可能停留在某一个中间位置，这就是继电器的"继电特性"，如图 2-2 所示。

保护继电器的继电特性有两个重要的技术要求：规定出口状态垂直跃变，使保护继电器的出口应永远处在"返回"或"动作"状态的一种状态，绝不能呈现处于二者之间的中间状态；规定动作值与返回值不相等，使保护继电器不会因为测量误差等原因而使其出口状态在"返回"或"动作"状态之间频繁切换。前者表明保护继电器动作的确切性要求，后者表明动作的稳定性要求。

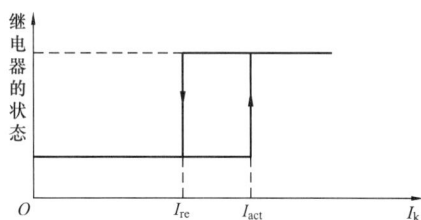

图 2-2　继电特性

6. 继电器的返回系数

电磁型电流继电器的继电特性是通过力矩相互作用实现的。能使继电器动作（动合触电闭合）的最小电流称为继电器的动作电流；能使继电器返回（动合触电打开）的最大电流称为继电器的返回电流。摩擦力矩的存在，使得返回电流与动作电流不等。

保护继电器的返回电流与动作电流的比值称为返回系数，记为 K_{re}。以过电流保护为例，其返回系数

$$K_{re} = \frac{I_{re}}{I_{act}} \tag{2-11}$$

显然，对于过量继电器，$K_{re} < 1$（对于欠量继电器，$K_{re} > 1$）。剩余转矩 M_r 和摩擦转矩 M_f 的存在，决定了返回电流必然小于动作电流，故电流继电器的返回系数恒小于1。在实际应用中，要求过量继电器有较高的返回系数，如 $0.85 \sim 0.9$。返回系数越大，则保护装置的灵敏度越高，但过大的返回系数会使继电器触点闭合不够可靠。要提高返回系数，可以减小摩擦力矩 M_f，或者改善磁路结构以减小剩余力矩 M_r。

7. 继电器动作电流的调整方法

继电器动作电流的调整可以通过改变弹簧反作用转矩，即改变弹簧松紧程度来实现。弹簧紧时，弹簧的弹力增强，使 M_{th} 增大，因而使继电器的动作电流增大；反之，则动作电流减小。

继电器动作电流的调整也可以通过改变继电器两个绕组的连接方法，当绕组串联时电流动作值较并联时小。

二、电流互感器

电流互感器的作用是：①将一次系统的大电流准确地变换为适合二次系统使用的小电流（额定值为1A或5A），以便继电保护装置或仪表用于测量电流；②将一次、二次设备安全隔离，使高、低压回路不存在电的联系。电流互感器在电路图中的文字符号为TA。电流互感器由铁芯及绕组组成，一次绕组和二次绕组通过一个共同的铁芯进行互感耦合。

1. 电流互感器的极性

电流互感器常用 L_1、K_1 和 L_2、K_2 分别表示一、二次绕组的同极性端子，二次图中标以"*"号。根据减极性原则标注，当一次侧电流由 L_1 或"*"流入（为正）时，则二次侧电流从 K_1 或"*"流出（为正）。

2. 电流互感器的等效电路及相量图

电流互感器与普通变压器的等效电路有着相同的形式。由于电流互感器是在二次绕组短路情况下工作的，二次绕组电压只有几伏，因此铁芯中的磁感应强度很小，一般只有0.1T左右。由于工作在磁化曲线较低的直线部分，因此励磁阻抗 $|X_F| \gg |Z_L|$，其等效电路如图2-3所示，图中一次绕组的参数都已归算到二次绕组。

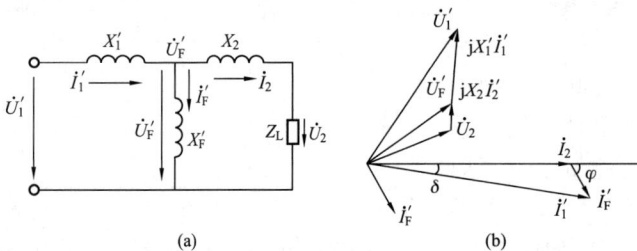

图2-3　电流互感器的等值回路及相量图
(a) 等效电路；(b) 相量图

电流互感器的相量图以二次电流 $\dot{I}_2$ 为基准，可求得 $\dot{U}_2 = \dot{I}_2 Z_L$ 及 $\dot{U}_F = \dot{U}_2 + j\dot{I}_2 X_2$ 在已知 X_F' 时，可求得

$$\dot{I}_F' = \frac{\dot{U}_F'}{jX_F'} \tag{2-12}$$

$$\dot{I}_1' = \dot{I}_2 + \dot{I}_F' \tag{2-13}$$

式中　$\dot{I}_F'$——电流互感器的励磁电流。

在正常工作时电流互感器的磁通密度很低，发生短路时，一次绕组短路电流将变得很大，使磁通密度大大增加，有时甚至远超过饱和值。相对于二次绕组的负荷来说，电流互感器的二次绕组内阻却很大，可以近似认为是一个内阻无穷大的电流源。

3. 误差分析

由于电流互感器励磁阻抗并非无穷大，导致励磁电流不为零，这是产生比值误差和相角误差的根本原因。而励磁电流的大小又与励磁阻抗和二次负荷阻抗的大小有关。二次负荷阻抗增大或铁芯饱和程度加深，都会使误差增大。

（1）电流误差。电流互感器的电流误差是指归算到二次绕组的一次绕组电流 $\dot{I}'_1$ 与二次绕组电流 $\dot{I}_2$ 的数值差，一般用百分数表示，即

$$\Delta I\% = \frac{I'_1 - I_2}{I'_1} \times 100\% \tag{2-14}$$

由相量图可知，当 δ 角比较小时，

$$\Delta I\% = \frac{I'_F \cos\varphi}{I'_1} \times 100\% \tag{2-15}$$

而 $I'_F = \frac{\dot{I}_2(jX_2 + Z_L)}{jX'_F} = f\left(\frac{Z_L}{X'_F}\right)$，由此可见，在正常运行时，电流互感器的电流误差由励磁电流 $\dot{I}'_F$ 的大小来决定，而励磁电流与电流互感器的负荷阻抗 Z_L 成正比，与励磁阻抗 X'_F 成反比。

（2）稳态短路电流引起的误差。当电流互感器一次侧流过大的短路电流时，尽管二次侧有很大的去磁安匝，但由于二次侧负荷压降加大，二次侧电压 $\dot{U}_2$ 仍会升高，即铁芯中磁感应强度大幅度增加，以致铁芯饱和，磁阻增加，励磁阻抗 X'_F 下降，励磁电流增加，二次侧电流将减小且波形发生变化。电流互感器二次侧与一次侧电流的关系［即 $I_2 = f(m)$］如图 2-4 所示。图 2-4 中横坐标表示电流互感器一次侧通入短路电流与额定电流之比，以 m 表示；纵坐标为二次侧电流。在铁芯未饱和时，二次侧电流与一次侧电流成正比增加，如图 2-4 中曲线 1 所示。若电流互感器二次侧负荷阻抗 Z_L 较大，铁芯饱和更快，电流互感器一、二次侧电流的关系将如图 2-4 中的曲线 2、3 所示。

电流互感器稳态运行时的电流误差实际上是二次负荷阻抗 Z_L 与短路电流倍数 m 的函数，可表示为

$$\Delta I\% = f(Z_L, m) \tag{2-16}$$

式中　m——短路电流的倍数，$m = \dfrac{I_k}{I_{N.1}}$；

　　　　I_k——流过电流互感器一次侧的短路电流；

　　　　$I_{N.1}$——电流互感器的一次侧额定电流。

DL/T 400—2019《500kV 交流紧凑型输电线路带电作业技术导则》要求继电保护用电流互感器其稳态电流误差不得超过 10%，相角误差不得超过 7°（相角误差为电流互感器一、二次侧电流的相位差），即

$$f(Z_L, m) \leqslant 10\% \tag{2-17}$$

为此二次负荷阻抗须经电流互感器 10% 误差曲线来校验或选择。不同的负荷阻抗 Z_L 对

应于不同的规定限值 m，从而形成一条限制曲线，称为 10% 误差曲线，如图 2-5 所示。当已知一次侧电流时，可算出 m，利用 10% 误差曲线便可确定负荷阻抗 Z_L。当已知负荷阻抗 Z_{L1} 时，若实际算得 m 与 Z_{L1} 所确定的交点位于 10% 误差曲线之下时，则电流误差不超过 10%。

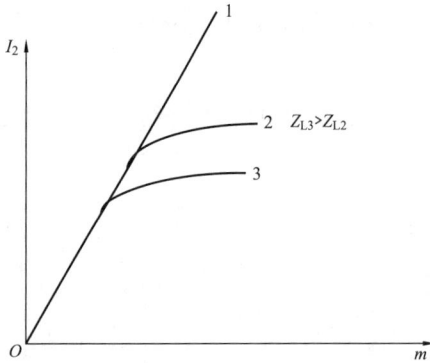

图 2-4　电流互感器 $I_2 = f(m)$ 的关系　　　　　图 2-5　电流互感器的 10% 误差曲线

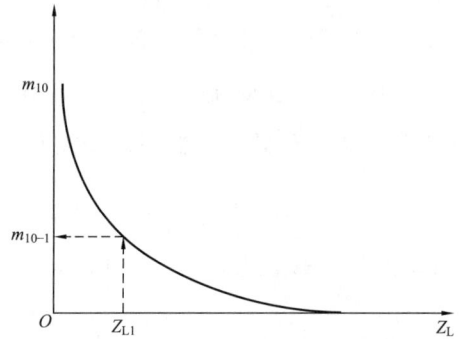

　　（3）暂态短路电流引起的误差。当发生短路时，电流互感器的一次侧流有短路电流的周期分量和非周期分量。周期分量电流使电流互感器产生小于 10% 的误差。一次侧突变的非周期分量在二次侧引起突变的非周期分量。由于一次侧短路回路的衰减时间常数一般约为 0.05s；电流互感器二次侧匝数多，电感量大，衰减时间常数约为 1s。当一次侧电流衰减完后，只剩下二次侧的非周期分量电流，因此短路电流全部为非周期分量电流误差，又由于非周期分量误差电流使铁芯饱和，电流互感器励磁阻抗 X_F' 下降，周期分量电流误差加大。最大误差发生在短路后 $3 \sim 5$ 个频率，一次侧短路回路非周期电流衰减以后，其值比稳态短路误差大许多倍，且含有很大的直流成分。

　　（4）减小电流互感器误差的措施。要减小电流互感器的误差就必须减小电流互感器的励磁电流。从制造角度来看，应尽量加大电流互感器的励磁电抗，增大铁芯截面或用高磁导率的铁镍合金作铁芯。从使用角度来看，应尽量减小电流互感器的二次侧负荷阻抗，降低励磁电压；选择同型号的电流互感器串联使用，使每个电流互感器的励磁电压仅为负荷压降的一半；选择大变比的电流互感器，以降低短路电流的倍数。

　　电流互感器为恒流源，其输出阻抗接近无穷大，因此电流互感器二次侧不应开路，否则将产生 1000V 以上的高电压。在二次侧不接负荷时应将其短路接地，以免在高电压损坏时危及人身及设备安全。

三、电压互感器

　　电压互感器的作用是将一次侧系统的高电压准确地变换为适合二次侧系统使用的低电压（额定值为 100V 或 $100/\sqrt{3}\text{V}$），并将一次侧、二次侧设备安全隔离，以保障二次侧设备和工作人员的安全。电压互感器在电路图中的文字符号为 TV。电压互感器分为电磁式和电容式两种。

　　1. 电磁式电压互感器

　　（1）工作原理。电磁式电压互感器的工作原理与一般电力变压器相似，主要差别是二者的任务不同和功率水平不同。前者要求准确地反映电压的变化，因此要求电压损耗小，以保证其准确性，同时变送的功率很小；后者要求将某一电压等级的大功率电能变为另一电压等级的同样功率的电能，因此要求在变换过程中能量损耗尽量小，对电压损耗的要求较低。电磁式电压互感器的等效电路与相量图如图 2-6 所示。

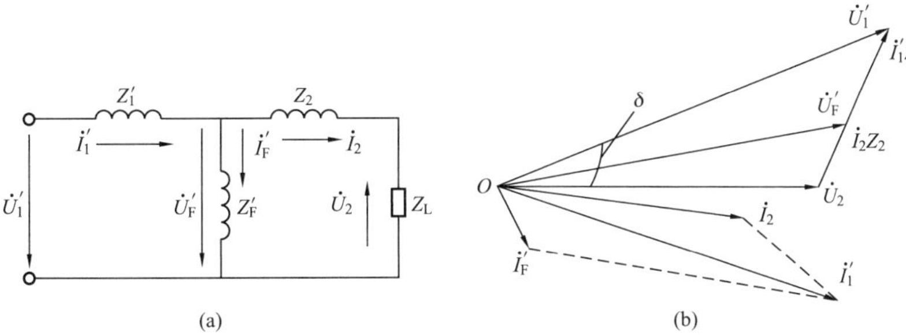

图 2-6 电压互感器的等效电路与相量图

(a) 等效电路；(b) 相量图

（2）电压误差分析。电压互感器的电压误差是指归算到二次侧的一次侧电压与二次侧实际电压的数量差，用百分数表示

$$\Delta U\% = \frac{U'_1 - U_2}{U'_1} \times 100\% \tag{2-18}$$

当一、二次侧电压的相角差较小时，其电压误差可近似表示为

$$\Delta U\% = \frac{I_2 Z_2 + I'_1 Z'_1}{U'_1} \times 100\%$$

$$= \frac{I_2 Z_2 + I_2 Z'_1 + I'_F Z'_1}{U'_1} \times 100\% \tag{2-19}$$

从式（2-19）可以看出，电压互感器的误差是由电压互感器的阻抗压降引起的，减小负荷电流能提高电压互感器的精度。

电压互感器使用注意事项：电压互感器在工作时其二次侧不允许短路，否则将产生很大的短路电流，烧坏电压互感器；电压互感器二次侧有一端必须接地，以免一、二次绕组绝缘击穿时，一次侧的高电压窜入二次侧危及人身及设备的安全；电压互感器在连接时，也要注意其端子的极性。

2. 电容式电压互感器

电容式电压互感器是利用电容分压原理实现电压变换的。最简单的电容式电压互感器如图 2-7 所示，C_1、C_2 为分压电容，T 为隔离变压器。二次侧开路时的电压 $\dot{U}_{20}$ 为

$$\dot{U}_{20} = \frac{C_1}{C_1 + C_2} \dot{U}_1 \tag{2-20}$$

由图 2-7（b）等效电路并根据戴维南定理可知，有载时的输出电压为

$$\dot{U}_2 = \dot{U}_{20} - j\dot{I}_L X_t - \frac{\dot{I}_L}{j\omega(C_1 + C_2)} = \dot{U}_{20} - \dot{I}_L \left[jX_t + \frac{1}{j\omega(C_1 + C_2)} \right] \tag{2-21}$$

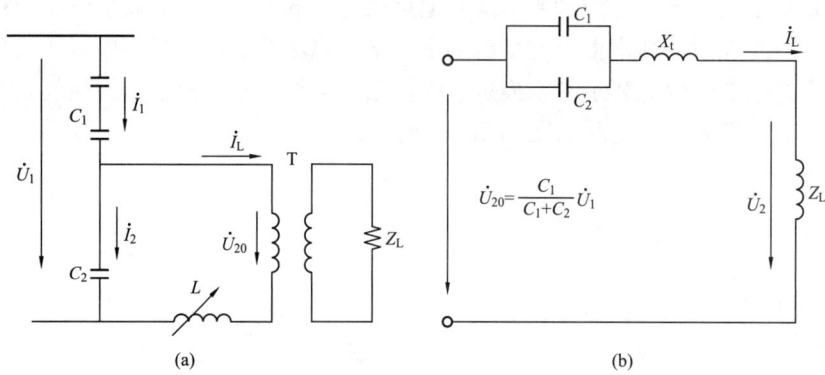

图 2-7　电容式电压互感器
（a）原理图；（b）等效电路

X_t 为隔离变压器漏抗与调节电抗 X_L 之和。调节 X_t，使 $jX_t = j\dfrac{1}{\omega(C_1+C_2)}$，则 $\dot{U}_2 = \dot{U}_{20}$。

利用可调电感 L 补偿分压器容性电抗，可大幅度降低电压互感器的总电抗，使电压互感器更接近理想恒压源，提高了电压互感器的精度。

第二节　单侧电源电网相间短路的电流保护

根据线路故障对主、后备保护的要求，线路相间短路的电流保护有以下 3 种：①无时限电流速断保护或无时限电流电压联锁速断保护；②带时限电流速断保护或带时限电流电压联锁速断保护；③定时限过电流保护或低电压起动过电流保护。这 3 种保护分别称为相间短路电流保护第Ⅰ段、第Ⅱ段和第Ⅲ段。其中，第Ⅰ、Ⅱ段作为线路主保护，第Ⅲ段作为本线路主保护的近后备保护和相邻线路或元件的远后备保护。这第Ⅰ、Ⅱ、Ⅲ段统称为线路相间短路的三段式电流保护。

一、无时限电流速断保护（电流保护第Ⅰ段）

1. 无时限电流速断保护的动作原理与整定计算

为了满足系统稳定和保证重要用户供电可靠性，在简单、可靠和保证选择性的前提下，原则上保护装置动作切除故障的时间总是越短越好。无时限电流速断保护就是仅反应于电流增大而瞬时动作的电流保护。无时限电流速断保护的作用是保证在任何情况下只切除本线路上的故障。

无时限电流速断保护的原理可用图 2-8 所示的单电源辐射网络来说明。假定图中断路器 1QF、2QF 处均装设有无时

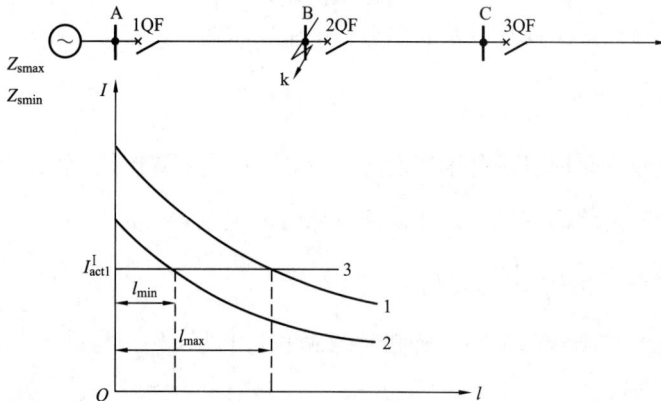

图 2-8　无时限电流速断保护整定计算示意图

限电流速断保护，以 AB 线路断路器 1QF 处的无时限电流速断保护为例，来说明如何计算该保护的电流整定值。

对于某一套保护装置来说，通过该保护装置的短路电流为最大的运行方式，称为系统最大运行方式；而通过的短路电流为最小的运行方式称为系统最小运行方式。因此，保护的最大（小）运行方式不仅与系统中等效电源的运行方式有关，而且还和网络的结构有关，不同线路上的保护，甚至同一线路上的两侧保护的最大（小）运行方式可能都各不相同。图 2-8 中，曲线 1 为系统最大运行方式下 AB 线路各点发生三相短路时最大短路电流变化曲线，其表达式为式（2-22）；曲线 2 为系统最小运行方式下 AB 线路各点发生两相短路时最小短路电流变化曲线，其表达式为式（2-23）。

$$I_{\mathrm{kmax}}^{(3)}(l) = \frac{E_s}{Z_{\mathrm{smin}} + z_1 l} \tag{2-22}$$

$$I_{\mathrm{kmin}}^{(2)}(l) = \frac{\sqrt{3}}{2} \frac{E_s}{Z_{\mathrm{smax}} + z_1 l} \tag{2-23}$$

式中　E_s——归算至断路器 1QF 处的系统等效电源的相电动势；

　　　Z_{smin}——等效电源的阻抗最小值；

　　　Z_{smax}——等效电源的阻抗最大值；

　　　l——故障点至 1QF 保护安装处的距离；

　　　z_1——每千米线路正序阻抗。

断路器 1QF 处无时限电流速断保护的整定值即保护的动作电流用 $I_{\mathrm{act1}}^{\mathrm{I}}$ 表示。从保证选择性出发，断路器 1QF 的无时限电流速断保护只在 AB 线路上发生相间短路故障时才动作，所以 $I_{\mathrm{act1}}^{\mathrm{I}}$ 必须大于最大运行方式下 AB 线路末端三相短路时流过保护安装处的短路电流。故 $I_{\mathrm{act1}}^{\mathrm{I}}$ 应整定为

$$I_{\mathrm{act1}}^{\mathrm{I}} = K_{\mathrm{rel}}^{\mathrm{I}} I_{\mathrm{kBmax}} \tag{2-24}$$

式中　$K_{\mathrm{rel}}^{\mathrm{I}}$——电流保护第 Ⅰ 段的可靠系数，取 1.2～1.3，$K_{\mathrm{rel}}^{\mathrm{I}}$ 用于保证在有各种误差的情况下该保护在区外短路时不动作；

　　　I_{kBmax}——母线 B 处短路（即被保护线路 AB 末端短路）时的最大短路电流。

$I_{\mathrm{act1}}^{\mathrm{I}}$ 所代表的意义是当流过断路器 1QF 的电流大于这个数值时，断路器 1QF 处的无时限电流速断保护就能够起动。$I_{\mathrm{act1}}^{\mathrm{I}}$ 在图 2-8 上是一条直线，它与曲线 1 和曲线 2 各有一个交点，在交点以前短路时，由于短路电流大于起动电流，保护装置都能动作。由此可见，无时限电流速断保护不能保护线路的全长。

无时限电流速断保护依靠动作电流来保证其选择性，即被保护线路外部短路时流过该保护的电流总小于其动作电流，不能动作；而只有在内部短路时流过保护的电流才有可能大于其动作电流，使保护动作。故无时限电流速断保护不必外加延时元件即可保证保护的选择性，即电流保护第 Ⅰ 段的动作时间为 $t_{\mathrm{act1}}^{\mathrm{I}} = 0$。

无时限电流速断保护的灵敏度是通过保护范围的大小来衡量的，即用它所保护线路长度的百分数来表示。保护在不同运行方式下和不同短路类型时，保护的灵敏度即保护范围各不相同。当系统在最大运行方式下发生三相短路时，保护范围最大，为 $l_{\max}$；而系统在最小运行方式下发生两相短路时，保护范围最小，为 $l_{\min}$。应采用最不利情况下的保护范围来校验保护的灵敏度，一般要求保护范围 $l_{\min}$ 不小于线路全长的 15%，即 $l_{\min} \geqslant 15\% l_{\mathrm{AB}}$，有

$$l_{\min} = \frac{1}{z_1}\left[\frac{\sqrt{3}\,E_s}{2I_{act1}^{I}} - Z_{smax}\right] \tag{2-25}$$

无时限电流速断保护的单相原理接线如图 2-9 所示，电流继电器接于电流互感器的二次侧，它动作后起动中间继电器，其触点闭合后，经串联信号继电器而接通断路器的跳闸线圈，使断路器跳闸。接线中采用中间继电器的原因如下：

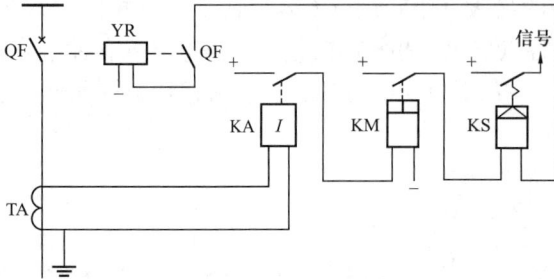

图 2-9　无时限电流速断保护的单相原理接线图

（1）电流继电器的触点容量比较小，不能直接接通跳闸线圈，因此，应先起动中间继电器，然后由中间继电器的大容量触点去跳闸。

（2）当线路上装有管形避雷器时，利用中间继电器来增大保护装置的固有动作时间，以防止管形避雷器放电时引起速断保护误动作。

2. 无时限电流电压联锁速断保护

当系统运行方式变化很大，或者保护线路的长度很短时，无时限电流速断保护的灵敏度就会不满足要求甚至没有保护范围，此保护不宜使用，此时可采用无时限电流电压联锁速断保护。电流电压联锁速断保护是采用电流、电压元件相互闭锁实现的保护，只要有一个元件不动作，保护即被闭锁。

为了提高保护的灵敏度又不至于失去选择性，即保护在外部短路时不动作，断路器 1QF 处电流、电压的一次动作值均可按正常运行方式下保证本线路 75% 长度的保护范围进行整定，即

$$\left.\begin{aligned} I_{act1}^{I} &= \frac{E_s}{Z_{sN} + z_1 l_1} \\ U_{act1}^{I} &= \sqrt{3}\,I_{act1}^{I} z_1 l_1 \end{aligned}\right\} \tag{2-26}$$

式中　　Z_{sN}——正常运行方式下归算至保护安装处的等效电源阻抗；

　　　　l_1——正常运行方式下无时限电流电压联锁速断保护的保护范围，即 $l_1 = 75\% l_{AB}$。

对于无时限电流电压联锁速断保护，当保护处于最大运行方式下线路外部发生短路时，电流测量元件的保护范围可能超过本线路的长度，会发生误动作，从而失去了选择性，但此时因母线电压较高而电压元件不会误动作，故保证了保护不会误动作。相反，当保护处于最小运行方式的情况下线路外部发生短路时，电压测量元件的保护范围可能超过本线路的长度而发生误动作，但电流测量元件却不会动作，因而保证了保护的选择性。因此，无时限电流电压联锁速断保护处于最大和最小运行方式下被保护线路外短路时不会误动作。而该保护的保护范围应由电流元件和电压元件中保护范围最小的元件来确定，即当实际运行方式较整定计算运行方式大时应用电压元件校验保护的灵敏度，当实际运行方式较整定计算运行方式小时应用电流元件校验保护的灵敏度。

为了躲开线路末端故障以保证选择性，电流元件整定值和电压元件整定值之间应满足可靠系数的要求，即

$$\sqrt{3}\,I_{act1}^{I} Z_{AB}/U_{act1}^{I} = K_{rel}^{I} \tag{2-27}$$

式中　　K_{rel}^{I}——可靠系数，一般取 1.3。

3. 特殊情况下无时限电流速断保护的整定

(1) 两端有电源线路的无时限电流速断保护。当无时限电流速断保护用于两端供电线路时,保护的动作电流不仅要躲过本保护线路末端短路时流过保护的最大短路电流,还应该躲过本保护线路首端短路时由对侧电源提供而流过保护的最大短路电流。当系统发生振荡时,还必须躲过系统的最大振荡电流,以防止系统振荡时保护出现误动作。按以上条件整定无时限电流速断保护时,电流测量元件的整定值可能会过高而不能满足灵敏度的要求,这时可采用方向电流保护。

(2) 环行网络无时限电流速断保护。对环行网络而言,无时限电流速断保护的动作电流不仅要躲过闭环时被保护线路首、末端短路时流经保护的最大短路电流,还应躲过开环时被保护线路首、末端短路时流经保护的最大短路电流。

总之,无时限电流速断保护整定计算的基本原则:电流测量元件的动作电流必须躲过外部短路(包括双电源网络和环行网络中正方向与反方向外部短路)时流过保护的最大短路电流(一般按保护在最大运行方式下被保护线路末端三相短路考虑),以保证保护的选择性。电流测量元件的灵敏度则应按流过保护的可能的最小短路电流(一般按保护在最小运行方式下被保护线路末端短路流过保护的两相短路电流)进行校验,并要满足灵敏度(保护范围)的要求。

二、带时限电流速断保护(电流保护第 II 段)

电流保护第 I 段只能保护线路的一部分,而该线路剩下部分的短路故障必须依靠电流保护第 II 段来可靠切除。这样,线路上的电流保护第 I 段和第 II 段共同构成整个被保护线路的主保护,它能以尽可能快的速度,可靠并有选择性地切除本线路上任一处故障。

根据带时限电流速断保护的主要作用,可以确定其电流测量元件的整定值必须遵循以下原则:

(1) 在任何情况下,带时限电流速断保护均能保护本线路全长(包括本线路末端),为此,保护范围必须延伸至相邻的下一线路,以保证保护在有各种误差的情况下仍能保护线路的全长。

(2) 为了保证在相邻的下一线路出口处短路时保护的选择性,本线路的带时限电流速断保护在动作时间和动作电流两方面均必须和相邻线路的无时限电流速断保护相配合。

现以图 2-10 所示的断路器 1QF 处的带时限电流速断保护的整定为例,来说明保护动作电流、动作时间的整定计算方法。

设断路器 1QF 处的带时限电流速断保护的动作电流和动作时间分别为 $I_{\text{act1}}^{\text{II}}$ 和 $t_{\text{act1}}^{\text{II}}$,为了使其保护范围超过 l_{AB},必须有 $I_{\text{act1}}^{\text{II}} < I_{\text{kBmax}}$;为了保证选择性,$I_{\text{act1}}^{\text{II}}$ 和 $t_{\text{act1}}^{\text{II}}$ 必须和相邻线路电流保

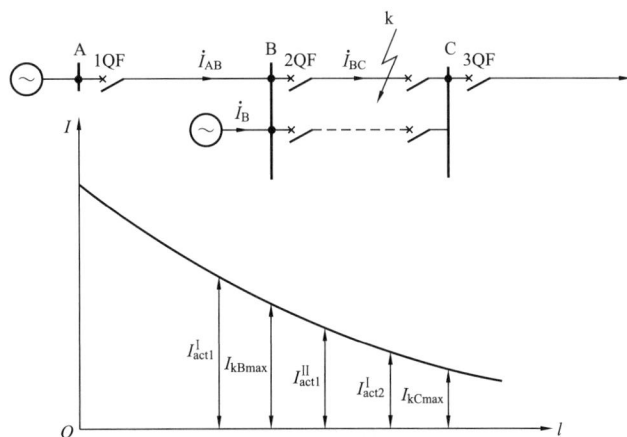

图 2-10 带时限电流速断保护整定计算示意图

护第Ⅰ段配合，即 $I^{II}_{act1} > I^{I}_{act2}$ 和 $t^{II}_{act1} > t^{I}_{act2}$，保证相邻的下一线路保护出口短路时只由相邻的下一线路的无时限电流速断保护动作，使断路器 2QF 跳闸，切除故障。这时故障电流消失，而断路器 1QF 处的带时限电流速断保护的测量元件和逻辑元件均会返回，故保护不动作。可见，断路器 1QF 处带时限电流速断保护的动作电流和动作时间分别应整定为

$$\left.\begin{array}{l} I^{II}_{act1} = K^{II}_{rel} I^{I}_{act2} / K_{bmin} \\ t^{II}_{act1} = t^{I}_{act2} + \Delta t \end{array}\right\} \tag{2-28}$$

式中　I^{I}_{act2}——断路器 2QF 处无时限电流速断保护的动作电流，$I^{I}_{act2} = K^{I}_{rel} I_{kCmax}$；

　　　　t^{II}_{act1}——断路器 1QF 处带时限电流速断保护的动作时间；

　　　　t^{I}_{act2}——断路器 2QF 处无时限电流速断保护的动作时间；

　　　　K^{II}_{rel}——电流保护第Ⅱ段的可靠系数，一般取 1.1～1.2；

　　　　Δt——时限阶段，一般取 0.3～0.6s，我国通常取 0.5s；

　　　　K_{bmin}——断路器 1QF 处带时限电流速断保护的分支系数 K_b 的最小值。

分支系数 K_b：在相邻线路第Ⅰ段保护范围末端发生短路时，流过故障线路短路电流与流过被保护线路短路电流的比值，即 $K_b = \dfrac{I_{BC}}{I_{AB}}$。$K_b$ 的大小因 A、B 两母线处等效电源的阻抗值不同而不同，也因 B、C 母线之间是否存在并联回路或环路而不同。为了在上述任何情况下不影响断路器 1QF 处电流保护第Ⅱ段的灵敏度，又能保证选择性，式（2-28）中必须考虑除以分支系数最小值。

当电流保护第Ⅱ段的整定值确定后也须校验其灵敏度是否满足 DL/T 400—2019 中要求，即要求下式成立

$$K^{II}_{sen} = \frac{I_{kBmin}}{I^{II}_{act1}} \geqslant 1.3 \sim 1.5 \tag{2-29}$$

式中　I_{kBmin}——在被保护线路末端短路时流过 1QF 处保护的最小短路电流；

　　　　K^{II}_{sen}——带时限电流速断保护的灵敏度，其值在 DL/T 400—2019 中规定：当线路长度小于 50km 时，不小于 1.5；当线路长度在 50～200km 时，不小于 1.4；当线路长度大于 200km 时，不小于 1.3。

当该保护灵敏度不满足要求时，动作电流可采用和相邻线路电流保护第Ⅱ段整定值配合的方法确定，以降低本线路电流保护第Ⅱ段的整定值，以提高其灵敏度，即整定值

$$I^{II}_{act1} = \frac{K^{II}_{rel} I^{II}_{act2}}{K_{bmin}} \tag{2-30}$$

此时，动作时间也和相邻线路第Ⅱ段动作时间配合，即

$$t^{II}_{act1} = t^{II}_{act2} + \Delta t \tag{2-31}$$

可见这种提高断路器 1QF 处电流保护第Ⅱ段灵敏度的方法牺牲了其速动性。

从以上 1QF 处带时限电流速断保护整定值的分析计算可以得出如下结论：

（1）带时限电流速断保护的保护范围大于线路的长度 l_{AB}；

（2）带时限电流速断保护必须有延时元件才能保证其选择性；

（3）带时限电流速断保护可兼作本线路无时限电流速断保护的近后备，即当在 AB 线路电流第Ⅰ段保护范围内发生短路故障而该处电流保护第Ⅰ段拒动时，由该处电流保护第Ⅱ段动作控制断路器 1QF 延时跳闸。

带时限电流速断保护的单相原理接线图如图 2-11 所示。

三、定时限过电流保护（电流保护第Ⅲ段）

1. 电流保护第Ⅲ段动作电流的整定

定时限过电流保护的作用是做本线路主保护的近后备，并做相邻下一线路或元件的远后备，因此它的保护范围要求超过相邻线路或元件的末端。以图 2-3 所示的断路器 1QF 处定时限过电流保护为例，其电流保护第Ⅲ段的动作电流 $I_{act1}^{Ⅲ}$ 应按以下条件进行整定。

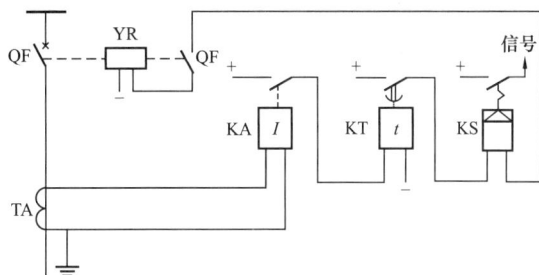

图 2-11　带时限电流速断保护的单相原理接线图

（1）在正常运行并伴有电动机自起动而流过保护的最大负荷电流为 I_{Lmax} 时，该电流保护不动作，即要求动作电流应满足式：

$$I_{act1}^{Ⅲ} > K_{ss}I_{Lmax} \tag{2-32}$$

式中　K_{ss}——电动机的自起动系数，由网络具体接线和负荷性质等因素确定，一般取 1.5～3；

　　I_{Lmax}——正常情况下流过被保护线路的可能最大负荷电流。

（2）非故障线的定时限过电流保护在外部故障切除后且下一母线由电动机起动而流过最大负荷电流时，应能可靠返回，即要求满足

$$I_{re} > K_{ss}I_{Lmax}$$

即

$$I_{re} = K_{rel}^{Ⅲ}K_{ss}I_{Lmax} \tag{2-33}$$

式中　$K_{rel}^{Ⅲ}$——电流保护第Ⅲ段的可靠系数，一般取 1.15～1.25；

　　I_{re}——电流测量元件的返回电流。

若电流满足式（2-33），则必然满足式（2-32）。将 $\dfrac{I_{re}}{I_{act1}^{Ⅲ}} = K_{re}$（返回系数）代入式（2-33），取临界值，经整理得到整定电流的计算公式即

$$I_{act1}^{Ⅲ} = \frac{K_{rel}^{Ⅲ}K_{ss}}{K_{re}}I_{Lmax} \tag{2-34}$$

式中　$K_{rel}^{Ⅲ}$——电流保护第Ⅲ段的可靠系数，一般取 1.15～1.25；

　　K_{re}——电流测量元件的返回系数，一般取 0.85。

由于定时限过电流保护的动作值只考虑在最大负荷电流情况下保护不动作和保护能可靠返回的情况，而无时限电流速断保护和带时限电流速断保护的动作电流则必须躲过某一个短路电流，因此，电流保护第Ⅲ段的动作电流通常比电流保护第Ⅰ段和第Ⅱ段的动作电流小得多，其灵敏度比电流保护第Ⅰ、Ⅱ段更高。

当网络中某处发生短路时，从故障点至电源之间所有线路上的电流保护第Ⅲ段的电流测量元件均可能动作。为了保证选择性，各线路第Ⅲ段电流保护均需增加延时元件，且各线路第Ⅲ段保护的延时必须互相配合。例如，图 2-12 中各线路第Ⅲ段保护的动作时间之间应有如下关系

$$t_{act1}^{Ⅲ} > t_{act2}^{Ⅲ} > t_{act3}^{Ⅲ} > t_{act4}^{Ⅲ}$$

$$t_{act3}^{Ⅲ} = t_{act4}^{Ⅲ} + \Delta t$$

$$t_{\mathrm{act2}}^{\mathrm{III}} = t_{\mathrm{act3}}^{\mathrm{III}} + \Delta t$$
$$t_{\mathrm{act1}}^{\mathrm{III}} = t_{\mathrm{act2}}^{\mathrm{III}} + \Delta t \tag{2-35}$$

这种两相邻线路电流保护第Ⅲ段动作时间之间相差一个时间阶段的整定方式称为按阶梯原则整定。定时限过电流保护动作时间整定示意图如图 2-12 所示。

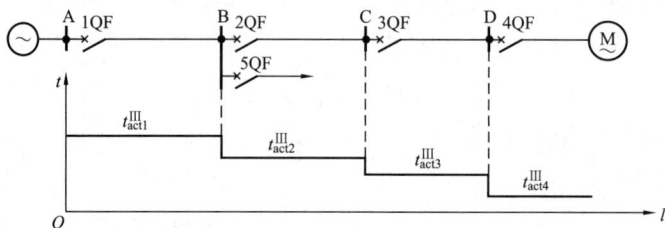

图 2-12　定时限过电流保护动作时间整定示意图

分析图 2-12 可知：

1）为了保证选择性，图 2-12 中，若 $t_{\mathrm{act5}}^{\mathrm{III}} > t_{\mathrm{act2}}^{\mathrm{III}}$，则取
$$t_{\mathrm{act1}}^{\mathrm{III}} = t_{\mathrm{act5}}^{\mathrm{III}} + \Delta t$$

2）末级线路的定时限过电流保护的动作时间 $t_{\mathrm{act4}}^{\mathrm{III}}$ 可以取 0s，不必再装电流速断保护作为主保护。

3）线路越接近电源，其定时限过电流保护动作时间越长，故必须依靠该线路的主保护动作以迅速切除故障。

对于所计算的动作电流，必须按其保护范围末端最小可能的短路电流进行灵敏度校验。例如，在进行断路器 1QF 处定时限过电流保护的灵敏度校验时，当它作为近后备保护时，灵敏度要求满足式（2-36）

$$K_{\mathrm{sen1}}^{\mathrm{III}} = \frac{I_{\mathrm{kBmin}}}{I_{\mathrm{act1}}^{\mathrm{III}}} \geqslant 1.3 \tag{2-36}$$

当它作为远后备保护时，灵敏度要求满足式（2-37）

$$K_{\mathrm{sen1}}^{\mathrm{III}} = \frac{I_{\mathrm{kCmin}}}{I_{\mathrm{act1}}^{\mathrm{III}}} \geqslant 1.2 \tag{2-37}$$

式中　I_{kBmin} ——被保护线路末端短路时流过该处保护的最小故障电流；

　　　I_{kCmin} ——相邻线路末端短路时流过该处保护的最小故障电流。

定时限过电流保护的单相原理接线图与带时限电流速断保护的单相原理接线图相同。当灵敏度不满足要求时，定时限过电流保护可采用低电压起动的过电流保护。

2. 低电压起动的过电流保护

低电压起动的过电流保护是指在定时限过电流保护中同时采用电流测量元件和低于动作电压动作的低电压测量元件来判断线路是否发生短路故障的保护。

为了提高该保护的灵敏度，其电流测量元件的一次动作电流整定值为

$$I_{\mathrm{act1}}^{\mathrm{III}} = \frac{K_{\mathrm{rel}}^{\mathrm{III}}}{K_{\mathrm{re}}} I_{\mathrm{N}} \tag{2-38}$$

式中　$K_{\mathrm{rel}}^{\mathrm{III}}$ ——电流保护第Ⅲ段的可靠系数，一般取 1.15～1.125；

　　　K_{re} ——电流测量元件的返回系数，取 0.85；

I_N ——被保护线路正常工作的电流。

其低电压测量元件的一次动作电压整定值为

$$U_{act1}^{\text{III}} = \frac{K_{\text{reld}}^{\text{III}}}{K_{\text{red}}} U_{\text{wmin}} \tag{2-39}$$

式中　　U_{wmin} ——保护安装处母线的最小工作电压，一般取 $0.9U_N$，U_N 为保护所在网络的额定电压；

　　　　$K_{\text{reld}}^{\text{III}}$ ——低电压测量元件的可靠系数，一般取 0.9；

　　　　K_{red} ——低电压测量元件的返回系数，一般取 1.15。

将电压测量元件的返回系数、可靠系数和母线的最小工作电压值代入式（2-39）时，得到电压测量元件的动作电压

$$U_{act1}^{\text{III}} = 0.7U_N \tag{2-40}$$

电流元件的灵敏度校验用式（2-36）和式（2-37）计算，而低电压元件灵敏度校验公式为

$$K_{\text{sen}}^{\text{III}} = \frac{U_{act1}^{\text{III}}}{U_{\text{kmax}}} \tag{2-41}$$

式中　　U_{kmax} ——在最大运行方式下被保护线路保护范围末端相间短路时保护安装处母线最大相间电压。

当低电压起动的过电流保护作为近后备时，要求 $K_{\text{sen}}^{\text{III}} \geqslant 1.3$；而它作为远后备时，要求 $K_{\text{sen}}^{\text{III}} \geqslant 1.2$。

从以上所述可见，低电压起动的过电流保护中电流测量元件的动作电流只需躲过被保护线路的额定电流，而不需考虑电动机自起动系数的影响，因而提高了电流保护第Ⅲ段的灵敏度。当线路因电动机自起动而可能出现最大负荷电流时，电流测量元件可能动作，但低电压测量元件因保护安装处母线电压较高，不会动作，因此保证了保护的选择性和可靠性。

四、电流保护的接线方式

电流保护的接线方式是指电流互感器和电流测量元件间的连接方式。为能反应所有类型的相间短路，电流保护要求至少在两相线路上装设电流互感器和电流测量元件，如图 2-13 所示。图 2-13（a）所示为完全星形接线方式，一般用于大接地电流系统。图 2-13（b）所示为不完全星形接线方式，一般用于小接地电流系统。

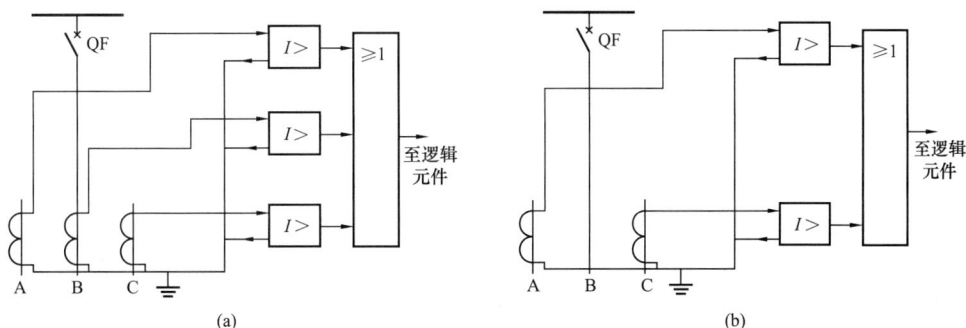

图 2-13　电流保护的接线方式

（a）完全星形接线；（b）不完全星形接线

完全星形接线是将 3 个电流互感器与 3 个电流继电器分别按相连接在一起，互感器和电流继电器均接成星形，在中性线上流回的电流为 $\dot{I}_a + \dot{I}_b + \dot{I}_c$，正常时此电流约为零，在发生接地短路时则为 3 倍的零序电流。3 个继电器的触点是并联连接的，相当于"或"回路，当其中任一触点闭合后均可动作于跳闸或起动时间继电器等。由于在每相上均装有电流继电器，完全星形接线可以反应各种相间短路和中性点直接接地电网中的单相接地短路。

不完全星形接线用装设在 A、C 相上的两个电流互感器与两个电流继电器分别按相连接在一起，B 相上不装设电流互感器和相应的继电器，因此，它不能反应 B 相中流过的电流。这种接线中，中性线上流回的电流为 $\dot{I}_a + \dot{I}_c$。

两种接线方式的区别主要有：

（1）两种接线的所需设备数量不同，完全星形接线需要 3 个电流互感器、3 个电流继电器和 4 根二次电缆，相对来说比较复杂和不经济。

（2）在大接地电流系统中，完全星形接线能反应所有单相接地故障，不完全星形接线不能反应 B 相接地故障。

（3）对大接地电流系统和小接地电流系统中的各种相间短路，两种接线方式均能正确反应这些故障；不同之处在于完全星形接线方式在各种两相短路时，均有两个继电器动作，而不完全星形接线方式在 AB 和 BC 发生相间短路时，只有一个继电器动作。

（4）在小接地电流系统中，在不同线路的不同相上发生两点接地时，一般情况下只要求切除一个接地点而允许带一个接地点继续运行一段时间。但在保护动作时间相同的并行线路上发生两点接地时，在接地电流足够大的情况下，不完全星形接线只有 1/3 的机会切除两条线，而完全星形接线则均切除两条线，因此，不完全星形接线的供电可靠性高；在串联运行的两相邻线路上发生两点接地时，不完全星形接线方式的电流保护有 1/3 的机会无选择性动作，而完全星形接线则 100% 有选择性动作。

（5）对于绕组为星形—三角形联结的变压器后发生两相短路时，完全星形接线方式电流保护的灵敏度是不完全星形接线电流保护灵敏度的 2 倍。以常用的 Yd11 接线变压器为例进行分析，设变比为 1，当在△侧发生 a、b 两相短路时，如图 2-14（a）所示，则△侧电流相量如图 2-14（b）所示。由于Y侧正序电流相位比△侧滞后 30°，即 $\dot{I}_{A1} = \dot{I}_{a1}e^{-j30°}$，Y侧负序电流相位比△侧超前 30°，即 $\dot{I}_{A2} = \dot{I}_{a2}e^{j30°}$，经过转换后，Y侧电流相量如图 2-14（c）所示。根据不对称短路分析，可得

$$\left. \begin{array}{l} I_{a1} = I_{a2}, \ I_k^{(2)} = I_a = I_b = \sqrt{3}\,I_{a1}, \ I_c = 0 \\[2mm] \dot{I}_A = \dot{I}_C = \dfrac{1}{\sqrt{3}}\dot{I}_a, \ \dot{I}_B = -2\dot{I}_A = -\dfrac{2}{\sqrt{3}}\dot{I}_a \end{array} \right\} \tag{2-42}$$

从式（2-42）可知，△侧发生 a、b 两相短路时，Y侧 A 相和 C 相中电流为 B 相电流的一半。当在Y侧发生两相短路时，△侧电流分布也有同样的结果，总有两相电流为第三相电流的一半。当采用电流保护作为降压变压器相邻线路后备保护时，若采用完全星形接线，接于 B 相继电器电流比其他两相电流大 1 倍，故灵敏系数也提高 1 倍，若采用不完全星形接线，由于 B 相无电流互感器，则灵敏系数比完全星形接线灵敏系数低一半，为提高灵敏系数可在不完全星形接线的中性线上再接一只电流互感器。

因此，完全星形接线广泛应用于发电机、变压器等大型贵重设备的保护中，因为它能提

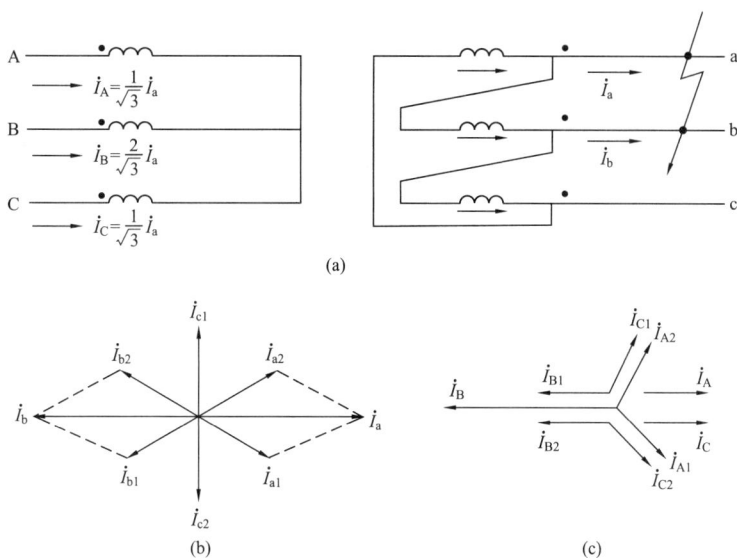

图 2-14　Yd11 接线变压器后相间短路时的电流分布和相量图

（a）接线图；（b）△侧电流相量图；（c）丫侧电流相量图

高保护动作的可靠性和灵敏度，也可用在大接地电流系统中，作为相间短路和单相接地短路的保护。

　　由于不完全星形接线较为简单经济，因此在大电流接地系统和小电流接地系统中，都广泛地采用它作为相间短路的保护，在分布很广的小电流接地系统中，两点接地发生在两条并行线路上的可能性要比发生在同一线路上的可能性大得多，而两点接地发生在两条并行线路上采用不完全星形接线方式就可以保证有 2/3 的机会只切除一条线路，这一点比用完全星形接线有优势。当电网中的电流保护采用不完全星形接线方式时，一般应把电流互感器装在A、C 两相上，以保证在不同线路上发生两点及多点接地时，能切除故障。

五、三段式电流保护的接线图

　　继电保护接线图一般包括原理接线图和展开图来表示。

　　原理接线图反映了保护装置的全部组成元件及它们之间的联系、动作逻辑。原理接线图中的每个功能块在由电磁型继电器实现时可能是一个独立的元件；但在数字式保护和集成电路式保护中，往往将几个功能块用一个元件实现。如图 2-15（a）所示，每个继电器的线圈和触点都画在一个图形内，所有元件都用设备文字符号标注。原理接线图所有元件都以完整的图形符号表示，以直观展示整套保护的构成和工作原理，但是元件内部接线、回路标号、引出端子等均未表示出来，并且交、直流回路画在一张图上，不便于进行回路的分拆、查线和调试工作。

　　现场使用较多的是展开图，它将交流回路和直流回路分开表示，分别如图 2-15（b）、（c）所示。其特点是每个继电器的输入量（线圈）和输出量（触点）均根据实际动作的回路情况分别画在图中不同的位置，但仍然用同一个符号来标注，以便查对。在展开图中，继电器线圈和触点的连接按照保护的动作顺序，自上而下、从左至右依次排列。展开图接线简单，层次清楚，在掌握其构成原理以后，更便于阅读和检查，因此在生产中得到了广泛的应用。

　　在图 2-15 中 给出了一个三段式电流保护的原理接线图和相应的回路展开图，图中电流速断保护和限时电流速断保护采用两相星形接线方式，而过电流保护采用在两相星形接线的中性线上再接一个继电器，以提高在 Yd11 接线变压器后发生两相短路时的灵敏度。每段保护动作后，均由自己的信号继电器给出动作信号。图 2-15 中 YR 表示断路器的跳闸线圈，各触点的位置对应于被保护线路的正常工作状态。

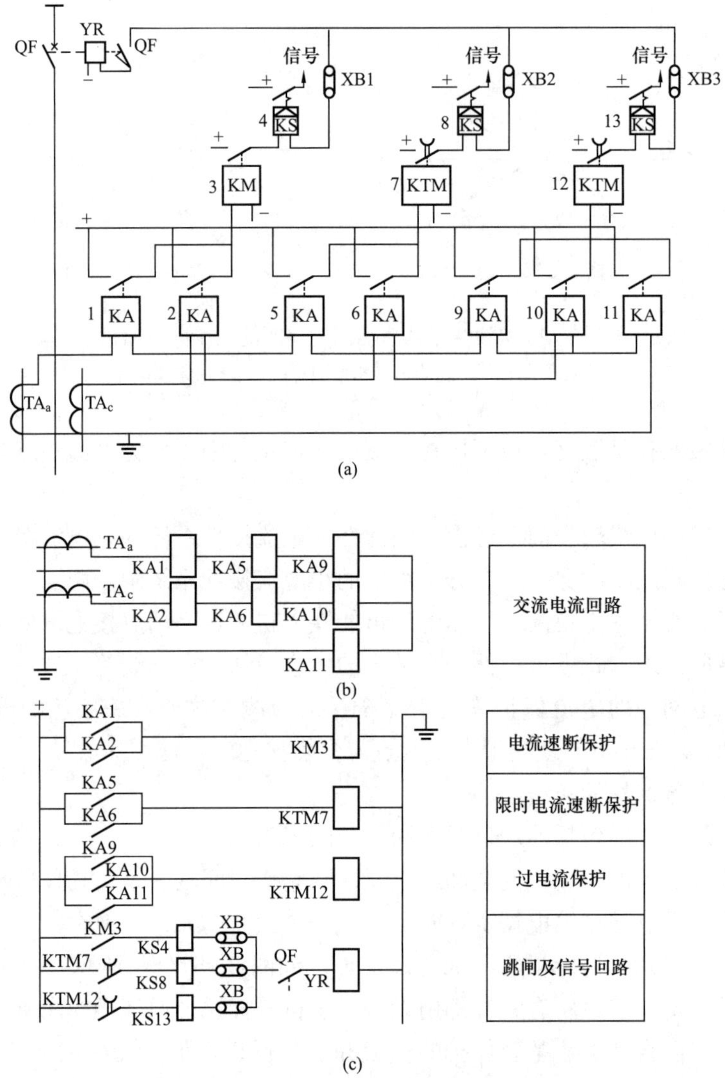

图 2-15　三段式电流保护的接线图
（a）原理接线图；（b）交流回路展开图；（c）直流回路展开图
KA—电流继电器；KM—中间继电器；KTM—时间继电器；KS—信号继电器

六、电流三段式保护小结

　　电流电压保护在单电源辐射网中一般有很好的选择性，电流保护第Ⅰ段主要靠动作电流值来区分被保护范围内部和外部短路以具有选择性，而电流保护第Ⅱ段和第Ⅲ段则应由动作电流和动作时间二者相结合才能保证其选择性。但在多电源或单电源环网等复杂网络中这种保护可能无法保证其选择性。

电流电压保护第Ⅰ段和第Ⅱ段共同作为线路的主保护，能满足 DL/T 400—2019 关于35kV 及以下网络主保护的速动性要求。电流电压保护第Ⅲ段因为越接近电源，动作时间越长，有时动作时间长达数秒，因而一般情况下只能作为线路的后备保护。

电流电压保护的灵敏度因系统运行方式的变化而变化。一般情况下均能满足灵敏度要求。但在系统运行方式变化很大、线路很短、线路长而负荷重等情况下，其灵敏度可能不容易满足要求，甚至出现保护范围为零的情况。

电流电压保护的电路构成、整定计算及调试维护都较简单，因此，它是较可靠的一种保护。

电流电压保护主要用于 35kV 及以下的单侧电源供电网络作为线路保护，也可作为电动机和小型变压器等元件的保护。对于运行方式变化大或者电压等级高于 35kV 的电网，这种保护的选择性、速动性和灵敏度通常难以满足要求，为此要采用更加复杂的保护方案。

七、相间短路电流电压保护整定计算举例

【例 2-1】 图 2-16 所示网络中电源电动势为 115kV，电源的最大和最小等效阻抗分别为 $X_{smax}=20\Omega$，$X_{smin}=10\Omega$；流过 AB 线路的最大负荷电流 $I_{Lmax}=150A$，$t_{act3}^{\text{Ⅲ}}=0.5s$，$t_{act4}^{\text{Ⅲ}}=1.0s$。试对保护 1 进行三段式电流保护整定计算，设 $K_{rel}^{\text{I}}=1.25$，$K_{rel}^{\text{Ⅱ}}=1.1$，$K_{rel}^{\text{Ⅲ}}=1.2$，$K_{re}=0.85$，$K_{ss}=2.0$。

解：（1）保护 1 电流Ⅰ段的整定计算。

1）动作电流 I_{act1}^{I}。按躲过最大运行方式下 B 母线处短路时流过保护 1 的最大短路电流整定，即

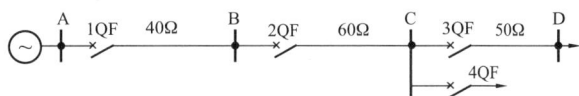

图 2-16 网络接线图

$$I_{act1}^{\text{I}}=K_{rel}^{\text{I}}I_{kBmax}=K_{rel}^{\text{I}}\frac{E_s}{X_{smin}+X_{AB}}=1.25\times\frac{115/\sqrt{3}}{10+40}=1.66(\text{kA})$$

2）动作时限

$$t_1^{\text{I}}=0s$$

3）灵敏系数校验

$$l_{min}=\frac{1}{X_1}\left(\frac{\sqrt{3}}{2}\times\frac{E_s}{I_{act1}^{\text{I}}}-X_{smax}\right)=\frac{1}{X_1}\left(\frac{\sqrt{3}}{2}\times\frac{115/\sqrt{3}}{1.66}-20\right)=\frac{14.64}{X_1}$$

$$\frac{l_{min}}{l_{AB}}=\frac{\dfrac{14.64}{X_1}}{\dfrac{40}{X_1}}\times100\%=36.6\%>15\%$$

满足要求。

（2）保护 1 电流Ⅱ段的整定计算。

1）动作电流 $I_{act1}^{\text{Ⅱ}}$。首先与相邻线路保护 2 的第Ⅰ段动作电流相配合的原则进行整定，即

$$I_{KCmax}=\frac{115}{\sqrt{3}(10+40+60)}=0.604(\text{kA})$$

$$I^{\mathrm{I}}_{\mathrm{act2}} = K^{\mathrm{I}}_{\mathrm{rel}} I_{\mathrm{KCmax}} = 1.25 \times 0.604 = 0.755(\mathrm{kA})$$

$$I^{\mathrm{II}}_{\mathrm{act1}} = K^{\mathrm{II}}_{\mathrm{rel}} I^{\mathrm{I}}_{\mathrm{act2}} = 1.1 \times 0.755 = 0.831(\mathrm{kA})$$

2）动作时限

$$t^{\mathrm{II}}_1 = 0.5\mathrm{s}$$

3）灵敏系数校验

$$I_{\mathrm{KBmin}} = \frac{115\sqrt{3}}{2\sqrt{3}(20+40)} = 0.958(\mathrm{kA})$$

$$K^{\mathrm{II}}_{\mathrm{sen.1}} = \frac{0.958}{0.831} = 1.15 < 1.3$$

灵敏度不满足要求，保护 1 电流 Ⅱ 段应与相邻线路电流保护 2 的第 Ⅱ 段配合，则

$$I_{\mathrm{KDmax}} = \frac{115}{\sqrt{3}(10+40+60+50)} = 0.415(\mathrm{kA})$$

$$I^{\mathrm{I}}_{\mathrm{act.3}} = K^{\mathrm{I}}_{\mathrm{rel}} I_{\mathrm{KD.max}} = 1.25 \times 0.415 = 0.519(\mathrm{kA})$$

$$I^{\mathrm{II}}_{\mathrm{act.2}} = K^{\mathrm{II}}_{\mathrm{rel}} I^{\mathrm{I}}_{\mathrm{act.3}} = 1.1 \times 0.519 = 0.571(\mathrm{kA})$$

$$I^{\mathrm{II}}_{\mathrm{act.1}} = K^{\mathrm{II}}_{\mathrm{rel}} I^{\mathrm{II}}_{\mathrm{act.2}} = 1.1 \times 0.571 = 0.628(\mathrm{kA})$$

此时，保护 1 电流 Ⅱ 段的灵敏系数

$$K^{\mathrm{II}}_{\mathrm{sen.1}} = \frac{0.958}{0.628} = 1.53 > 1.3，\quad 满足要求。$$

动作时限

$$t^{\mathrm{II}}_1 = t^{\mathrm{II}}_2 + \Delta t = t^1_3 + 2\Delta t = 2 \times 0.5 = 1(\mathrm{s})$$

（3）保护 1 电流 Ⅲ 段的整定计算。

1）动作电流 $I^{\mathrm{III}}_{\mathrm{act1}}$。按躲过本线路可能流过的最大负荷电流来整定，即

$$I^{\mathrm{III}}_{\mathrm{act1}} = \frac{K^{\mathrm{III}}_{\mathrm{rel}} K_{\mathrm{ss}}}{K_{\mathrm{re}}} I_{\mathrm{Lmax}} = \frac{1.2 \times 2.0}{0.85} \times 150 = 423.53(\mathrm{A})$$

2）动作时限。阶梯型原则，即

$$t^{\mathrm{III}}_{\mathrm{act1}} = t^{\mathrm{III}}_{\mathrm{act2}} + \Delta t = t^{\mathrm{III}}_{\mathrm{act3}} + 2\Delta t = 0.5 + 2 \times 0.5 = 1.5(\mathrm{s})$$

$$t^{\mathrm{III}}_{\mathrm{act1}} = t^{\mathrm{III}}_{\mathrm{act2}} + \Delta t = t^{\mathrm{III}}_{\mathrm{act4}} + 2\Delta t = 1.0 + 2 \times 0.5 = 2.0(\mathrm{s})$$

取时间最长的 2s 为保护 1 电流 Ⅲ 段的时间整定值。

3）灵敏系数校验。

a. 作近后备时：利用本线路末端短路时流过本保护的最小短路电流校验，即

$$K^{\mathrm{III}}_{\mathrm{sen}} = \frac{I_{\mathrm{kBmin}}}{I^{\mathrm{III}}_{\mathrm{act1}}} = \left(\frac{\sqrt{3}}{2} \times \frac{E_{\mathrm{s}}}{X_{\mathrm{smax}} + X_{\mathrm{AB}}}\right) \Big/ I^{\mathrm{III}}_{\mathrm{act1}} = \left(\frac{\sqrt{3}}{2} \times \frac{115/\sqrt{3}}{20+40}\right) \Big/ 0.42 = 2.28 > 1.3$$

满足灵敏度的要求。

b. 作远后备时：利用下一线路末端短路时流过本保护的最小短路电流校验，即

$$K^{\mathrm{III}}_{\mathrm{sen}} = \frac{I_{\mathrm{kCmin}}}{I^{\mathrm{III}}_{\mathrm{act1}}} = \left(\frac{\sqrt{3}}{2} \times \frac{E_{\mathrm{s}}}{X_{\mathrm{smax}} + X_{\mathrm{AB}} + X_{\mathrm{BC}}}\right) \Big/ I^{\mathrm{III}}_{\mathrm{act1}} = \left(\frac{\sqrt{3}}{2} \times \frac{115/\sqrt{3}}{20+40+60}\right) \Big/ 0.42 = 1.14 < 1.2$$

不满足灵敏度的要求，可考虑采用低电压起动的过电流保护。

第三节　多侧电源电网相间短路的方向性电流保护

一、方向性电流保护的工作原理

单侧电源辐射网络中，三段式电流保护都安装在被保护线路靠近电源的一侧，在发生故障时短路电流从母线流向被保护线路。在此基础上按照选择性的条件协调配合工作。

在双侧电源网络中，如图 2-17 所示，由于两侧都有电源，因此在线路两侧都应装设保护装置。当 k 点发生短路时，应由保护 4 和保护 5 动作切除故障，但由电源 E_1 供给的短路电流流过保护 3。如果保护 3 采用电流速断，且 $I_{k1} > I_{act3}^{I}$ 时，则保护 3 的无时限电流速断就要误动；如果保护 3 采用定时限过电流保护，且当 $t_{act3}^{III} \leqslant t_{act4}^{III} t_{act3}$ 时，则保护 3 的过电流保护也将动作。

由上述分析可见，某一保护（如保护 3）的误动是在所保护的线路（如 AB 线路）反方向发生故障时，由另一个电源（如电源 E_1）供给的短路电

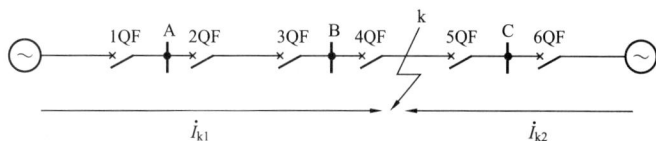

图 2-17　双侧电源网络保护动作方向的分析

流所引起的，并且这种引起误动的电流是由线路流向母线的，与内部故障时的短路功率方向相反。

为了消除双侧电源网络中保护无选择性的动作，就需要在可能误动作的保护上加设一个功率方向继电器。在双侧电源网络中，并不是所有过电流保护装置中都需要装设功率方向继电器，只有在仅靠时限不能满足动作选择性时，才需要装设功率方向继电器。无时限电流速断保护在原理上用于双侧电源线路时，其动作电流要按同时躲过线路首端和末端短路的最大短路电流，才能保证动作的选择性。但是，由于线路两侧电源的容量和系统阻抗不同，当在线路发生短路时，两侧电源供给的短路电流大小并不相同，甚至数值相差很大。这时安装在小电源一侧的电流速断保护就不能满足灵敏度的要求，甚至可能没有保护范围。在这种情况下，小电源一侧需要采用方向电流保护。当保护背后发生短路时，利用功率方向元件闭锁，使保护只根据小电源一侧的短路功率方向来动作。因此，这时小电源侧方向电流速断保护只需躲过线路末端短路时通过该保护的短路电流来整定即可，从而大幅度提高了保护的灵敏度，满足保护范围的要求。

功率方向继电器当短路功率由母线流向线路时动作；当短路功率由线路流向母线时不动作。双侧电源网络相间短路方向保护就是在单侧电源网络相间短路保护的基础上增加了方向判别元件，以保证其选择性的保护。当双侧电源网络上的保护装设方向元件后，就可以把它们拆开成两个单侧电源网络看待，两组方向保护之间不要求配合关系，其整定计算仍可按单侧电源网络保护原则进行。

方向过电流保护是利用功率方向元件与过电流保护配合使用的一种保护装置，以保证在反方向发生故障时把保护闭锁起来而不致发生误动作。方向过电流保护的原理接线图如图 2-18 所示，主要由功率方向继电器、电流元件和时间元件组成。电流元件和时间元件的作用与一般过电流保护相同，而功率方向元件是用来判别通过被保护线路短路功率方向的。功率方向元件内部结构中有两个绕组：一个是电流绕组与电流元件绕组串联后接到电流互感

器上，另一个为电压绕组与母线上电压互感器连接。功率方向元件的触点与电流元件的触点串联后接到时间元件的绕组上，只有电流元件和功率方向元件同时动作，保护装置才能动作于跳闸。

二、功率方向继电器的构成原理

下面以模拟式保护为例，说明功率方向继电器的工作原理。继电保护对功率方向继电器的基本要求如下。

（1）应具有明确的方向性，即在正方向发生各种故障（包括故障点有过渡电阻的情况）时，能可靠动作，而在反方向发生任何故障时可靠不动作。

（2）故障时继电器的动作有足够的灵敏度。

如果按电工技术中测量功率的概念，对 A 相功率方向继电器加入电压 $\dot{U}_r = \dot{U}_a$ 和电流 $\dot{I}_r = \dot{I}_a$，则在图 2-17 所示网络接线中，对保护 4 而言，当正方向 k 点发生三相短路时，母线电压 $\dot{U}_a$ 和短路电流 $\dot{I}_a$ 两个相量间的相位角为 $\arg\dfrac{\dot{U}_a}{\dot{I}_a} = \varphi_r = \varphi_k$（$\varphi_k$ 为线路阻抗角，一般为 60°左右）；而 k 点在发生三相短路时，对保护 3 而言是反方向短路，即进入继电器的电流 $\dot{I}_a$ 是反方向，保护 3 的 $\dot{U}_a$ 和 $\dot{I}_a$ 间的相位角为 $\varphi_r = \varphi_k + 180°$。

假设 $\varphi_k = 60°$，可画出相量关系如图 2-19 所示。因为锐角的余弦是正的，钝角的余弦是负的，即正方向短路和反方向短路时通过保护的有功功率的方向不同，故可用有功功率的表达式作为功率方向继电器的动作方程，即 $U_r I_r \cos\varphi_r > 0$。在保护正方向短路时，$-90° \leqslant \varphi_r \leqslant 90°$；在保护反方向短路时，$\varphi_r < -90°$ 或 $\varphi_r > 90°$。其中，$\dot{U}_r$、$\dot{I}_r$ 为施加于功率方向继电器的电压、电流；φ_r 为 $\dot{U}_r$ 超前 $\dot{I}_r$ 的角度。

$$\dot{U}_a = \dot{U}_r \tag{2-43}$$

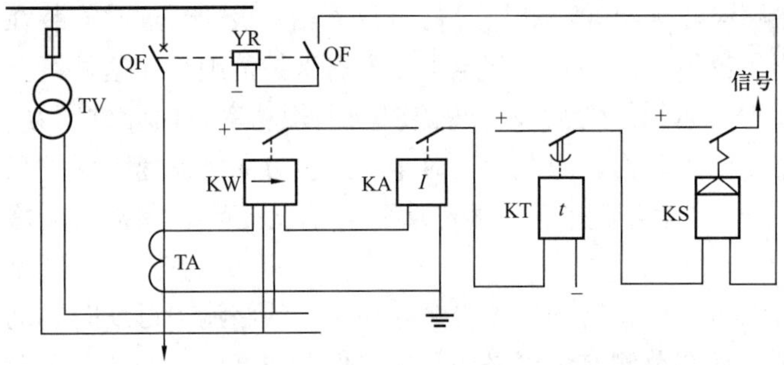

图 2-18 方向过电流保护的原理接线图

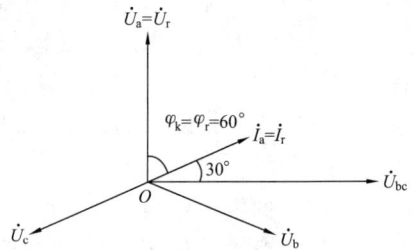

图 2-19 三相短路 $\varphi_k = 60°$ 时的相量图

但这个动作条件只能表示功率方向继电器能动作的条件，不是动作最灵敏，即 $U_r I_r \cos\varphi_r > 0$ 有功功率值最大的条件。一般的功率方向继电器在输入电压和电流的幅值不变时，其输出值（对模拟式保护为转矩或电压，对微机保护为计算值或判断结果，随所用的算法不同而不同）随两者之间相位差 φ_r 的大小而改变，输出为最大时的相位差角称为继电器的最灵敏角 φ_{sen}。为了在最常见的短路情况下使继电器动作最灵敏，则上述接线的功率方向继电器应做成最灵敏角 $\varphi_{sen} = \varphi_k$，又为了保证在发生正方向故障时短路点有过渡电阻，而

φ_k 在 0°～90°范围内变化时，继电器都能可靠动作，继电器动作的角度范围通常定为电压超前电流的角度在 $\varphi_{sen} \pm 90°$ 范围内为动作区。此动作特性在复数平面上是一条直线，如图 2-20 (a) 所示。有阴影线部分为动作区，其动作方程可表示为

$$-90° + \varphi_{sen} \leqslant \arg \frac{\dot{U}_r}{\dot{I}_r} \leqslant 90° + \varphi_{sen} \tag{2-44}$$

式（2-44）三端都减去 φ_{sen} 可得动作方程为

$$-90° \leqslant \arg \frac{\dot{U}_r e^{-j\varphi_{sen}}}{\dot{I}_r} \leqslant 90° \tag{2-45}$$

取 $\varphi_{sen} = \varphi_k$，式（2-45）可写成

$$-90° \leqslant \arg \frac{\dot{U}_r e^{-j\varphi_k}}{\dot{I}_r} \leqslant 90° \tag{2-46}$$

若用有功功率的形式表示动作条件，则式（2-46）可写成

$$U_r I_r \cos(\varphi_r - \varphi_{sen}) > 0 \tag{2-47}$$

式（2-47）为各种接线方式的功率方向继电器的通用动作方程，当余弦项的值、U_r 和 I_r 的值越大时，左端的值也越大，继电器动作越灵敏，而任一项等于零或余弦项为零或负值时，继电器将不能动作。按照接线方式（接入继电器的电压电流相别）和线路阻抗角，确定了最大灵敏角，将其代入式（2-47）即可得不同接线方式下继电器的动作方程。由式（2-47）可见，当接入功率方向继电器的电压超前电流的角度 φ_r 等于最灵敏角 φ_{sen} 时，余弦项为 1，功率输出最大。使功率为正的 φ_r 角度范围为 $-90° + \varphi_{sen} \sim 90° + \varphi_{sen}$，即最灵敏线左右 90°，如图 2-20 所示。

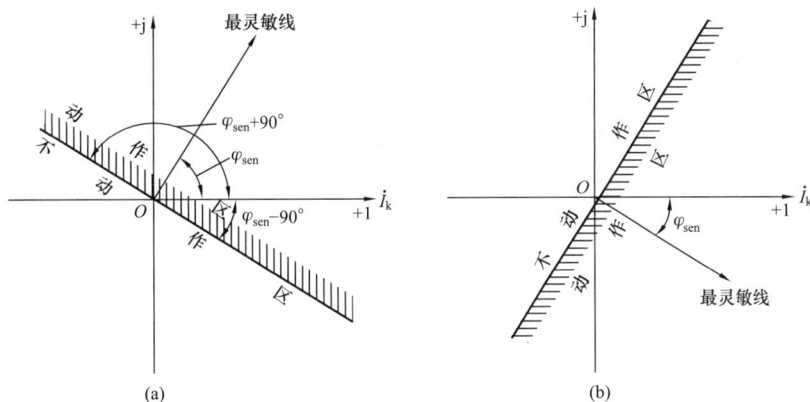

图 2-20　功率方向继电器的最灵敏角和动作范围

三、相间短路功率方向继电器的 90°接线方式

功率方向继电器接线方式是指它与电流互感器和电压互感器的接线方式。功率方向继电器的接线方式必须保证在各种短路故障形式下，能正确判断短路功率方向，并使加到继电器上的电流 $\dot{I}_r$ 和电压 $\dot{U}_r$ 值尽可能大，使 φ_r 接近于最灵敏角 φ_{sen}，以提高功率方向继电器的灵敏度和动作可靠性。

对 A 相的功率方向继电器，加入电压 $\dot{U}_a$ 和电流 $\dot{I}_a$，当在其正方向出口附近发生三相短路、A-B 或 C-A 两相接地短路，以及 A 相接地短路时，由于 $\dot{U}_a = 0$ 或数值很小，使继电器

30 电力系统继电保护（第三版）

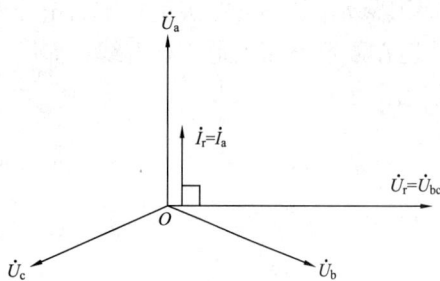

图 2-21 功率方向继电器 90°接线
方式以 A 相为例的相量图

不能动作，称这种情况为继电器的"电压死区"。当上述故障发生在死区范围以内时，整套保护将拒动。这是一个很大的缺点。为了减小和消除死区，相间短路的功率方向继电器广泛采用 90°接线方式。90°接线方式是指系统在三相对称且功率因数为 1 的情况下，接入功率方向继电器的电流 $\dot{I}_r$ 超前所加电压 $\dot{U}_r$ 的相角为 90°的接线方式，如图 2-21 所示。90°接线方式接入继电器的电流电压组合见表 2-1，三相式方向过电流保护的原理接线如图 2-22 所示。

表 2-1 90°接线方式电流电压的组合

功率继电器序号	$\dot{I}_r$	$\dot{U}_r$
1KP	$\dot{I}_a$	$\dot{U}_{bc}$
2KP	$\dot{I}_b$	$\dot{U}_{ca}$
3KP	$\dot{I}_c$	$\dot{U}_{ab}$

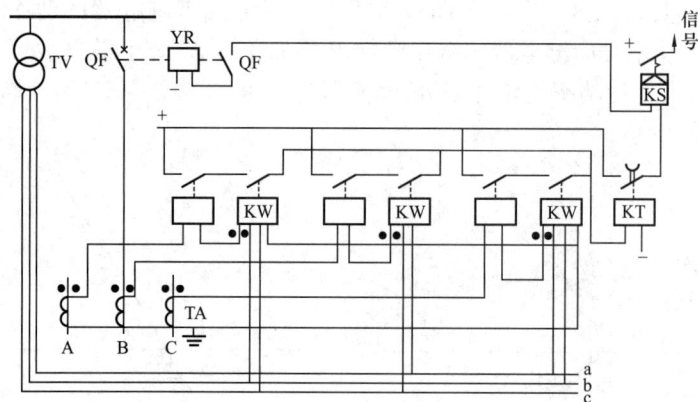

图 2-22 功率方向继电器 90°接线方式三相式方向过电流保护的原理接线图

90°接线方式在包含 A 相的不对称短路时，$\dot{I}_a$ 电流很大，$\dot{U}_{bc}$ 电压很高，此时继电器没有电压死区。为了减小和消除正方向出口附近三相短路时的电压死区，可以采用电压记忆措施，并尽量提高继电器动作时的灵敏度。

对采用 90°接线方式的 A 相功率方向继电器而言，接入功率方向继电器的电压 $\dot{U}_r$ 超前所加电流 $\dot{I}_r$ 的相角为

$$\varphi_r = \arg \frac{\dot{U}_{bc}}{\dot{I}_a}$$

因为 $\dot{U}_{bc}$ 比 $\dot{U}_a$ 落后 90°，当正方向三相短路时，加在 A 相继电器的电压 $\dot{U}_{bc}$ 超前其所加电流 $\dot{I}_a$ 的角度 $\varphi_r = \varphi_k - 90° = -30°$；当反方向短路时，电流转过 180°，即 $\varphi_r = -30° + 180° =$

150°，相量关系参考图 2-23。在这种情况下，继电器的最大灵敏角应设计为 $\varphi_{sen} = \varphi_k - 90° = -30°$，即所加电压超前所加电流的角度（以横轴为 0°）为 $-30°$ 时继电器最灵敏，动作特性如图 2-20 （b）所示，如果动作方程仍按式（2-45），则 $\varphi_{sen} = \varphi_k - 90° = -30°$，因此动作方程应为

$$-90° \leqslant \arg \frac{\dot{U}_r e^{-j\varphi_{sen}}}{\dot{I}_r} \leqslant 90°$$

即

$$-90° \leqslant (\varphi_r - \varphi_{sen}) \leqslant 90°$$

或

$$\varphi_{sen} - 90° \leqslant \arg \frac{\dot{U}_r}{\dot{I}_r} \leqslant \varphi_{sen} + 90° \quad (2\text{-}48)$$

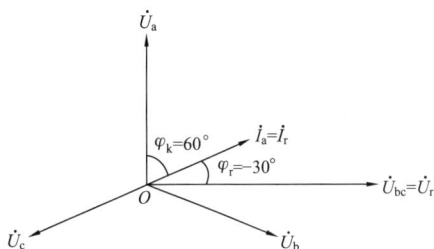

图 2-23　三相短路 $\varphi_k = 60°$ 时的相量图

如用有功功率的形式表示，则式（2-48）可写成

$$U_r I_r \cos(\varphi_r - \varphi_{sen}) > 0$$

对用 $\dot{I}_a$ 和 $\dot{U}_{bc}$ 接线的 A 相功率方向继电器，可用有功功率形式表示为

$$U_{bc} I_a \cos(\varphi_r - \varphi_{sen}) > 0 \quad (2\text{-}49)$$

由式（2-49）可见，当所加电压 $\dot{U}_{bc}$ 超前于所加电流 $\dot{I}_a$ 的角度 $\varphi_r = \varphi_{sen}$ 时（实际上是电压 $\dot{U}_{bc}$ 落后所加电流 $\dot{I}_a$），余弦项为 1，继电器动作最灵敏。

功率方向继电器的动作不仅与其所加的电流和电压间的角度大小有关，还与电流和电压值的幅值大小有关。当 $I_r < I_{actrmin}$ 或 $U_r < U_{actrmin}$ 时，功率方向继电器都将不会动作，$I_{actrmin}$ 为功率方向继电器的最小动作电流，$U_{actrmin}$ 为功率方向继电器的最小动作电压。当保护正向出口附近区域发生相间短路时，如果母线残压均小于最小动作电压 $U_{actrmin}$，三个功率方向继电器都将拒动，因而保护也将拒动，该区域称为"死区"。为了减小和消除三相短路时的死区，可以采用电压记忆回路或利用微机保护的存储（记忆）功能。

功率方向判别元件的"潜动"问题。潜动是指在加入电流信号为零或者加入电压信号为零的情况下，继电器就能够动作的现象。发生潜动的最大危害是在反方向出口处三相短路时测量电压等于零，而测量电流很大，方向元件本应将保护装置闭锁，如果此时出现了潜动，就可能使保护装置失去方向而误动作。造成潜动的原因，对于模拟式继电器主要是由于继电器结构上的不平衡，例如电磁型和感应型继电器磁路中空气隙不均匀；对于集成电路型功率方向元件，造成潜动的原因主要是形成方波的开环运算放大器的零点漂移；对于微机保护，可能由于电流互感器和电压互感器（如电容式电压互感器）的暂态过程或滤波算法不完善等。在做继电保护调试时，一定要做功率方向继电器潜动试验。如果有潜动，必须找出原因并采取措施予以消除，可靠地防止潜动的发生。

四、90°接线功率方向继电器在各种故障类型时的动作情况

功率方向继电器在各种状态下的动作情况取决于它所接的电流、电压，以及它们间的相位差大小。进行以下的分析主要是因为传统的功率方向继电器必须预先选择一个在各种情况下最佳的内角 α 值，选择好以后不能改动，而对于微机保护内角 α 值可以任意改变，没有必要进行这种分析。

分析功率方向继电器在各种工作情况下是否正确动作的关键就是分析其所加入的电流、

电压及其相差是否满足动作条件。下面分析 90°接线下传统的功率方向继电器在各种相间短路情况下的动作行为。

1. 保护线路正方向三相短路

在被保护线路正方向发生三相短路时电压和电流的相量关系如图 2-24 所示，由于三相是对称的，三个功率方向测量元件处在相同的工作条件下，测量到的短路功率角相等，因此只选 A 相功率方向测量元件进行分析。由图 2-24 可见，$\dot{I}_r = \dot{I}_a$，$\dot{U}_r = \dot{U}_{bc}$，$\varphi_r = -(90° - \varphi_k)$。A 相功率方向继电器动作条件应为

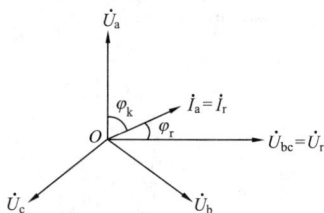

图 2-24　三相短路时保护安装
处电压电流相量图

$$U_{bc} I_a \cos(\varphi_r - \varphi_{sen}) = U_{bc} I_a \cos(\varphi_k - 90° - \varphi_{sen}) > 0$$

为了使功率方向继电器工作于最灵敏条件下，应使 $\cos(\varphi_k - 90° - \varphi_{sen}) = 1$，即要求 $\varphi_k - \varphi_{sen} = 90°$。$\dot{I}_a$ 滞后 $\dot{U}_a$ 的角度为 φ_k，φ_k 的大小取决于线路的阻抗角和故障点的过渡电阻，其值为 $0° < \varphi_k < 90°$。当发生三相金属性短路时，φ_k 等于线路阻抗角；当线路始端经过渡电阻发生三相短路时，$\varphi_k \approx 0°$。为了使功率方向继电器在 $0° < \varphi_k < 90°$ 情况下均能动作，就必须要求 $\cos(\varphi_k - 90° - \varphi_{sen}) > 0$。

当 $\varphi_k \approx 0°$ 时，必须选择继电器灵敏角 $-180° < \varphi_{sen} < 0°$；当 $\varphi_k \approx 90°$ 时，必须选择功率方向继电器灵敏角 $-90° < \varphi_{sen} < 90°$。为了同时满足以上两个条件，使功率方向继电器在任何情况下均能动作，则对于三相短路，应选择 $-90° < \varphi_{sen} < 0°$。

当三相短路发生在保护出口时，由于保护安装处母线的电压 $U_a = U_b = U_c \approx 0$，所有功率方向继电器所加电压 U_{ab}、U_{bc} 和 U_{ca} 也接近于 0，均小于功率方向继电器的最小动作电压 $U_{actrmin}$，三个功率方向继电器都将拒动，因而保护也将拒动，这时功率方向继电器和保护均将出现死区。

2. 保护线路正方向近距离两相短路（以 BC 两相短路为例）

图 2-25 所示系统发生两相短路（如 BC 两相短路）时，按照短路点与保护安装处的距离可分为以下两种情况。

（1）短路点位于保护安装点附近，保护安装处到短路点间的线路阻抗 Z_k 远小于保护安装处到电源中性点间的系统阻抗 Z_s，取极端情况，短路阻抗 $Z_k = 0$，则 $\dot{U}_a = \dot{E}_a$，$\dot{U}_b = \dot{U}_c = -\dot{E}_a/2$，$\dot{I}_b = -\dot{I}_c$，此时的相量图如图 2-26 所示。

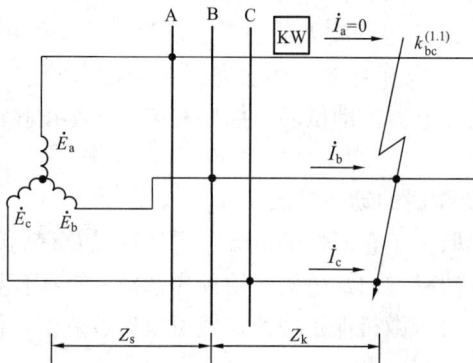

图 2-25　BC 两相短路的系统接线图

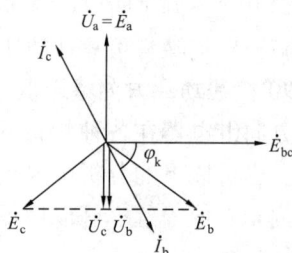

图 2-26　保护出口 BC 两相短路时的相量图

对于 A 相继电器来说，若忽略负荷电流时，有 $\dot{I}_r = \dot{I}_a = 0$，继电器不动作。

对于 B 相继电器来说，$\dot{I}_r = \dot{I}_b$、$\dot{U}_r = \dot{U}_{ca}$。因为 $\dot{I}_b$ 由 $\dot{E}_{bc}$ 产生，所以线路阻抗角 φ_k 为 $\dot{E}_{bc}$ 超前 $\dot{I}_b$ 的角度，由图 2-26 可得，B 相功率方向继电器的测量角 $\varphi_r = -(90° - \varphi_k)$，当 $0° < \varphi_k < 90°$ 时，要满足功率方向继电器动作条件 $U_{ca}I_b\cos(\varphi_r - \varphi_{sen}) > 0$，可得最大灵敏角 φ_{sen} 的取值范围为 $-90° < \varphi_{sen} < 0°$。

于 C 相继电器来说，$\dot{I}_r = \dot{I}_c$、$\dot{U}_r = \dot{U}_{ab}$，$\varphi_r = -(90° - \varphi_k)$，当 $0° < \varphi_k < 90°$ 时，同理可得，满足功率方向继电器动作条件最大灵敏角 φ_{sen} 的取值范围为 $-90° < \varphi_{sen} < 0°$。

（2）当在被保护线路正方向远处两相短路（如 BC 两相短路）时，$Z_k > Z_s$，取极端情况，系统阻抗 $Z_s = 0$，则相量图如图 2-27 所示，$\dot{U}_a = \dot{E}_a$，$\dot{U}_b = \dot{E}_b$，$\dot{U}_c = \dot{E}_c$。

对于 A 相继电器来说，若忽略负荷电流时，有 $\dot{I}_r = \dot{I}_a = 0$，继电器不动作。

对于 B 相继电器来说，$\dot{I}_r = \dot{I}_b$，$\dot{U}_r = \dot{U}_{ca}$，$\varphi_r = -(120° - \varphi_k)$，当 $0° < \varphi_k < 90°$ 时，要满足功率方向继电器动作条件 $U_{ca}I_b\cos(\varphi_r - \varphi_{sen}) > 0$，可得最大灵敏角 φ_{sen} 的取值范围为 $-120° < \varphi_{sen} < -30°$。

对于 C 相继电器来说，$\dot{I}_r = \dot{I}_c$、$\dot{U}_r = \dot{U}_{ab}$，$\varphi_r = -(60° - \varphi_k)$，当 $0° < \varphi_k < 90°$ 时，同理可得，满足功率方向继电器动作条件最大灵敏角 φ_{sen} 的取值范围为 $-60° < \varphi_{sen} < 30°$。

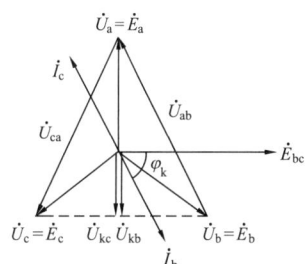

图 2-27　远距离 BC 两相
短路的相量图

综合上述三相和两相短路的分析结果，不同类型相间短路情况下能使功率方向继电器动作的灵敏角 φ_{sen} 的取值范围见表 2-2。当线路阻抗 $0° \leqslant \varphi_k \leqslant 90°$ 时，使故障相功率方向继电器在各种故障情况下都能够动作的条件应为 $-60° < \varphi_{sen} < -30°$。

表 2-2　　　　　　　　各种相间短路时，功率方向继电器正确动作的 φ_{sen} 范围

故障类型	正向三相短路	正向两相短路	
		近处	远处
φ_{sen} 角范围	$-90° \leqslant \varphi_{sen} < 0°$	$-90° \leqslant \varphi_{sen} < 0°$	$-60° \leqslant \varphi_{sen} < -30°$

应该指出，以上的讨论只是功率方向继电器在各种故障情况下均能够动作的条件，而不是动作的最灵敏条件。为了减小死区范围，功率方向继电器动作最灵敏条件应根据三相短路时使 $\cos(\varphi_r - \varphi_{sen}) = 1$ 来确定最大灵敏角。因此，对某一已经确定了阻抗角的输电线路而言，应采用 $\varphi_{sen} = \varphi_k - 90°$，以获得最大灵敏度。

对于微机保护之前的传统功率方向继电器，通常给出 $-30°$ 和 $-45°$ 两个可整定值，用户根据线路的阻抗角来选择。另外，传统功率方向继电器的整定参数往往用继电器的内角 α 表示，它和最大灵敏角的关系为 $\alpha = -\varphi_{sen}$。

五、方向性过电流保护的整定计算

在两端供电或单电源环形网络中，同样可构成无时限方向电流速断保护和带时限方向电流速断保护，它们的整定计算可按一般不带方向的电流速断保护整定计算原则进行。而方向性过电流保护的整定计算与不带方向的过电流保护整定计算原则不同，下面具体介绍方向性

过电流保护的整定计算原则。

1. 保护装置的动作电流

方向过电流保护的动作电流按以下 3 个条件整定：

（1）躲过被保护线路中的最大负荷电流。为防止保护装置在正常负荷电流下和外部短路切除后因电动机的自起动而误动作，而按躲过最大负荷电流 I_{Lmax}（考虑电动机自起动情况），即

$$I_{act}=\frac{K_{rel}}{K_{re}}I_{Lmax} \tag{2-50}$$

式中各参数的意义和取值与定时限过电流保护相同。

（2）躲过非故障相电流。在中性点非直接接地系统中，非故障相电流为负荷电流，故保护装置的动作电流按式（2-50）整定即可。在中性点直接接地系统中，当相邻线路上发生不对称短路时，非故障相电流 $\dot{I}_{unf}$ 除负荷电流 $\dot{I}_L$ 外，还包括故障电流的零序分量 $3\dot{I}_0$，即

$$\dot{I}_{unf}=\dot{I}_L+3K\dot{I}_0 \tag{2-51}$$

式中　K——非故障相中零序电流与故障相电流的比例系数。

因此，方向过电流保护要躲过非故障相电流的动作电流按下式整定，即

$$I_{act}=K_{rel}I_{unf}=K_{rel}(I_L+3KI_0) \tag{2-52}$$

式中　K_{rel}——可靠系数，取 $1.2\sim1.3$。

（3）与同方向相邻线路保护装置灵敏系数相互配合。方向过电流保护常用作下一相邻线路的后备保护。所以各相邻保护的灵敏度应加以配合，以保证动作的选择性。这就是使上一段线路保护的动作电流大于下一段线路保护装置的动作电流。也就是沿着同一动作方向的保护装置，其动作电流应该从距离电源最远处开始逐渐增大，这称为与相邻线路保护装置的灵敏系数相配合，这样可以防止无选择性的越级跳闸。

2. 保护装置的灵敏度校验

方向过电流保护的灵敏系数主要取决于电流元件的灵敏系数，其校验方法与不带方向的过电流保护相同。当作为本线路的近后备保护时，其灵敏系数要求 $K_{sen}\geqslant1.25\sim1.5$；当作为下一相邻线路的远后备保护，其灵敏系数要求 $K_{sen}\geqslant1.2$。如果电流元件的灵敏系数不能满足上述要求，则可采用低电压起动的方向过电流保护，这时电流元件的动作电流计算不必考虑由于电动机自起动而引起的最大负荷电流，而按正常工作时最大负荷电流进行整定计算，这样可以提高保护的灵敏系数。

方向过电流保护的功率方向继电器灵敏度较高，故不需校验，但感应型功率方向继电器在三相短路时有死区，由于一般采用电流速断保护作为方向过电流保护的辅助保护，因此也不需另行计算死区。

3. 保护装置的动作时限

方向过电流保护动作时限的整定是将动作方向一致的保护按阶梯原则进行的。如图 2-17 的保护 1、3、5 为同一方向动作的保护，保护 2、4、6 也为同一方向动作的保护，它们的动作时限应为

$$t_1<t_3<t_5$$
$$t_6<t_4<t_2$$

如果保护装置在起动值、动作时限整定以后，能够满足选择性要求，就可以不用方向元

件，例如：

（1）对电流速断保护来讲，如图 2-17 的保护，如果反方向线路出口处 k 点发生短路时，由电源 E_1 供给的短路电流 $I_k < I_{act3}^{II}$，那么，在反方向任何地点短路时，保护 3 都不会误动，即从整定值上躲开了反方向的短路，这时可以不用方向元件。

（2）对过电流保护来说，仍以上述保护 3 为例，如果其过电流保护的动作时限大于保护 4 过电流保护的时限，即

$$t_3 \geqslant t_4 + \Delta t$$

那么，在反方向发生短路时，从时限上保证了动作的选择性，因此保护 3 可以不用方向元件。

六、对方向性电流保护的评价

方向性电流保护是适应多侧电源辐射形电网和单电源环网的需要，在单侧电源辐射形电网电流保护基础上增设功率方向继电器构成的，因此电流保护的优缺点对方向性电流保护也同样存在。由于保护中采用了方向元件使接线复杂，因此投资成本增大了；另外，当系统运行方式发生变化时，严重影响保护的技术性能；增设功率方向继电器，当保护安装地点附近正方向发生三相短路时，由于母线电压降至零，因此保护装置出现死区；当电压互感器二次侧断线时，功率方向继电器还可能误动作（应加断线闭锁继电器）。因此，在保证选择性和灵敏度的前提下，尽可能不用或少用功率方向继电器。当满足下列条件之一时就可不装设功率方向继电器。

（1）反向最大短路电流小于电流保护的动作电流。

（2）反向保护的延时小于本保护的动作延时。

若不满足上述条件时，就必须装设功率方向继电器。

方向过电流保护常用于 35kV 及以下的两侧电源辐射形网络和单电源环形网络中，采用三段式方向电流保护作为相间短路的主保护。

复习思考题

2-1　何谓保护的最大和最小运行方式，确定最大和最小运行方式时应考虑哪些因素？

2-2　三段式电流保护是如何实现选择性的？各段的灵敏度是如何校验的？为什么电流保护第Ⅲ段整定中考虑自起动系数和返回系数，而电流保护第Ⅰ、Ⅱ段的整定计算中不考虑？

2-3　比较电流保护第Ⅰ、Ⅱ、Ⅲ段的灵敏度，哪一段的灵敏度最好且保护范围最大？为什么？电流保护第Ⅰ、Ⅱ、Ⅲ段各有什么方法提高其灵敏度？

2-4　电流速断保护和过电流保护在什么情况下需要装设方向元件？

2-5　功率方向继电器在什么情况下会有死区？为什么？整流型功率方向继电器是如何消除死区的？

2-6　为什么方向性电流保护要采用按相起动接线？

2-7　已知图 2-28 中两电源电动势均为 115kV，A 处电源的最大、最小等效阻抗分别为 $X_{smax} = 25\Omega$，$X_{smin} = 20\Omega$；B 处电源的最大、最小等效阻抗分别为 $X_{smax} = 20\Omega$，$X_{smin} = 15\Omega$；AB 线的最大负荷电流 $I_{Lmax} = 200A$，$t_{op5}^{III} = 0.5s$；各线路的阻抗为 $X_{AB} = 32\Omega$，$X_{BC} = $

26Ω，$X_{BD}=25\Omega$，$X_{DE}=30\Omega$。试对保护 1 进行三段式电流保护整定计算，设 $K_{rel}^{I}=1.25$，$K_{rel}^{II}=1.1$，$K_{rel}^{III}=1.2$，$K_{re}=0.85$，$K_{ss}=2.0$。

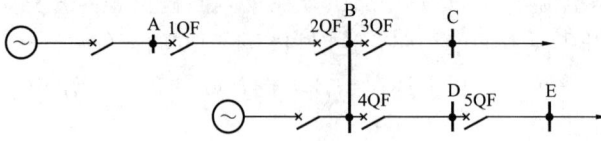

图 2-28　习题 2-7 图

复习思考题参考答案

1.60kA，0s；0.54kA，0.5s；564.71A，1.5s

第三章　电网接地故障的零序保护

由于电力系统输电线路发生接地故障的概率较大，因此对接地短路应该格外重视，必须装设反应接地短路的保护装置并尽快切除故障。

在前面讨论的三段式电流保护中，采用三相完全星形接线方式时，也能反应电网的接地短路，但这种保护通常灵敏度较低、动作时限较长。众所周知，接地短路时必有零序电流，而在正常负荷状态下，零序电流没有或很小，因此采用反应零序电流的接地保护将能取得较高的灵敏度，动作时限较短，而且三相使用一个电流继电器，接线简单。本章专门讨论反应零序电流、零序电压（零序功率）的接地保护。

第一节　中性点直接接地电网中接地短路的零序电流及方向保护

当中性点直接接地的电网中发生接地短路时，在故障相中将出现很大的短路电流，所以中性点直接接地电网又称为大电流接地系统，我国 110kV 及以上的电力系统均为大电流接地系统。

一、单相接地故障时零序电流、零序电压及零序功率的特点

中性点直接接地系统发生单相接地故障时，接地短路电流很大，可以利用对称分量法将不对称的电网电压、电流分解为对称的正序、负序和零序分量，并能用复合序网图表示它们之间的关系，进行短路计算。当 k 点发生接地短路时，短路计算的零序等值网络如图 3-1 （b）所示，零序电流可以看成是在故障点出现一个零序电压 $\dot{U}_{k0}$ 而产生的，它经变压器接地的中性点构成零序回路。按照习惯，零序电压的正负以大地为基准，零序电流的方向以由保护装设处的母线流向被保护线路为正。

根据零序网络可得出保护安装处 A 和 B 及故障点 k 处的零序电压分别为

$$\left.\begin{array}{l}\dot{U}_{A0}=-\dot{I}_{01}Z_{0T1}\\\dot{U}_{B0}=-\dot{I}_{02}Z_{0T2}\\\dot{U}_{k0}=-\dot{I}_{01}(Z_{0T1}+Z_{01})\end{array}\right\} \tag{3-1}$$

式中　Z_{0T1}、Z_{0T2}——变压器 T1、T2 的零序阻抗；

Z_{01}——线路 Ak 段的零序阻抗。

故障点处及通过 T1、T2 的零序电流 $\dot{I}_0$、$\dot{I}_{01}$、$\dot{I}_{02}$ 分别为

$$\left.\begin{array}{l}\dot{I}_0=\dfrac{\dot{E}_\Sigma}{Z_{1\Sigma}+Z_{2\Sigma}+Z_{0\Sigma}}\\\dot{I}_{01}=\dot{I}_0\dfrac{Z_{02}+Z_{0T2}}{Z_{01}+Z_{0T1}+Z_{02}+Z_{0T2}}\\\dot{I}_{02}=\dot{I}_0\dfrac{Z_{01}+Z_{0T1}}{Z_{01}+Z_{0T1}+Z_{02}+Z_{0T2}}\end{array}\right\} \tag{3-2}$$

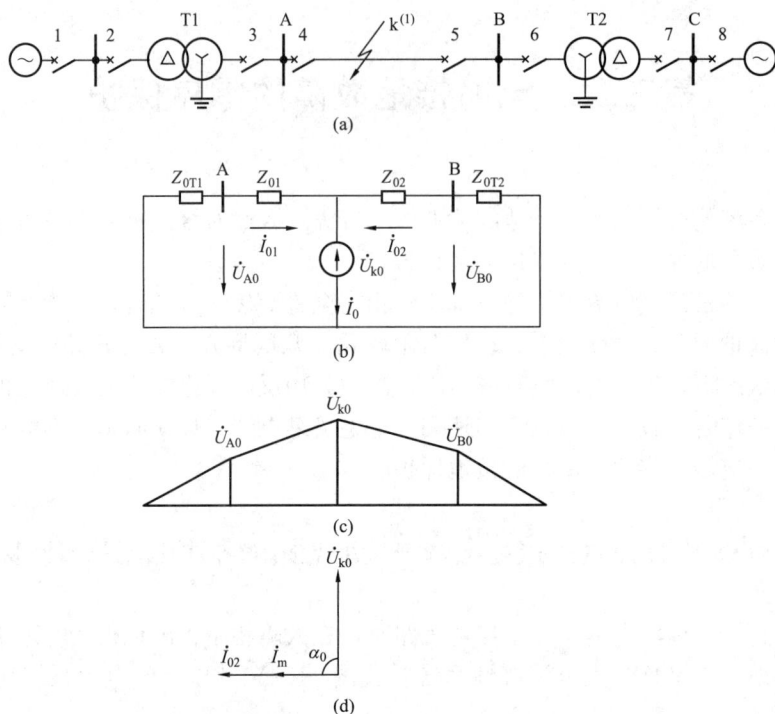

图 3-1 大接地电流系统单相接地短路时的零序等值网络
(a) 电网接线；(b) 零序网络；(c) 零序电压分布；
(d) 零序电流、电压相量图

式中 $\dot{E}_{\Sigma}$——电源的等值电动势；

$Z_{1\Sigma}$、$Z_{2\Sigma}$ 和 $Z_{0\Sigma}$——系统综合正序、负序和零序阻抗；

Z_{02}——线路 Bk 段的零序阻抗。

若 $\dot{U}_{A}$、$\dot{U}_{B}$、$\dot{U}_{C}$ 为故障点处三相对地电压，则有

$$\dot{U}_{k0} = \frac{1}{3}(\dot{U}_{A} + \dot{U}_{B} + \dot{U}_{C}) = -Z_{0\Sigma}\dot{I}_{0} \tag{3-3}$$

由上述对零序网络的分析可知，单相接地故障的零序分量具有以下特点：

(1) 零序电压的最高点位于接地故障处，离故障点越远，零序电压越低。保护装置装设处的母线零序电压大小主要取决于有关变压器的零序阻抗，零序功率方向继电器的输入电压与输入电流之间的相位差则完全取决于变压器的零序阻抗角。

(2) 零序电流的分布取决于线路的零序阻抗和中性点接地变压器的零序阻抗及变压器接地中性点的数量和位置，而与电源的数量和位置无关。

(3) 零序功率是由故障点流向电源，即由故障线路流向母线，通常以母线流向线路的功率为正，所以零序功率方向继电器是在负值零序功率下动作的。

(4) 某一保护安装地点处的零序电压与零序电流之间的相位差取决于背后元件的阻抗角，而与被保护线路的零序阻抗及故障点的位置无关。

(5) 在系统运行方式发生变化时，正、负序阻抗随之发生变化，引起故障点各序分量电压 U_{k1}、U_{k2}、U_{k0} 之间电压分配的改变，因而间接地影响零序分量的大小。

二、零序电流滤过器

在电力系统架空线路上为了取得零序电流，通常采用图 3-2（a）所示的零序电流滤过器获得。零序电流滤过器由 3 台相同型号和相同变比 n_{TA} 的电流互感器构成。此时流入零序电流滤过器的电流 $\dot{I}_r$ 为三相电流之和，即

$$\dot{I}_r = \dot{I}_a + \dot{I}_b + \dot{I}_c = \frac{\dot{I}_A - \dot{I}_{\mu A}}{n_{TA}} + \frac{\dot{I}_B - \dot{I}_{\mu B}}{n_{TA}} + \frac{\dot{I}_C - \dot{I}_{\mu C}}{n_{TA}}$$

$$= \frac{\dot{I}_A + \dot{I}_B + \dot{I}_C}{n_{TA}} - \frac{\dot{I}_{\mu A} + \dot{I}_{\mu B} + \dot{I}_{\mu C}}{n_{TA}} = \frac{3\dot{I}_0}{n_{TA}} - \frac{\dot{I}_{\mu A} + \dot{I}_{\mu B} + \dot{I}_{\mu C}}{n_{TA}} \qquad (3\text{-}4)$$

式中　$\dot{I}_{\mu A}$、$\dot{I}_{\mu B}$、$\dot{I}_{\mu C}$——A、B、C 三相电流互感器的励磁电流；

　　　　n_{TA}——三相相同型号的电流互感器的相同变比。

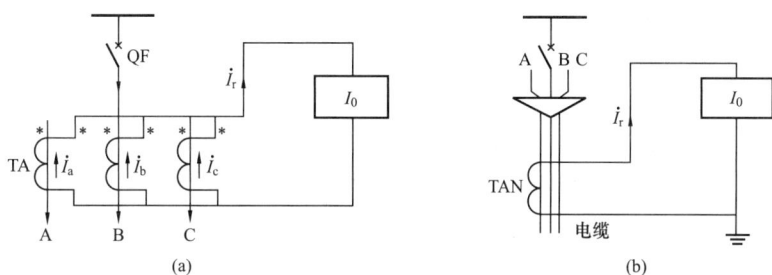

图 3-2　零序电流的获取

（a）零序电流滤过器；（b）零序电流互感器

当电力系统正常运行和相间短路时，$\dot{I}_A$、$\dot{I}_B$、$\dot{I}_C$ 三相电流对称，则

$$\dot{I}_A + \dot{I}_B + \dot{I}_C = 0$$

故

$$\dot{I}_r = -\frac{\dot{I}_{\mu A} + \dot{I}_{\mu B} + \dot{I}_{\mu C}}{n_{TA}} = -\dot{I}_{unb} \qquad (3\text{-}5)$$

式中　$\dot{I}_{unb}$——不平衡电流，它是由于 3 个电流互感器的励磁特性不同、铁芯的饱和程度不同，以及制造过程中某些差别等原因而造成的。

不平衡电流随电流互感器一次侧电流及铁芯饱和程度的增大而增加，当发生相间短路时，尤其在短路暂态开始瞬间，由于短路电流较大，短路电流中含有很大的非周期分量，造成滤过器中 3 个电流互感器的铁芯严重饱和，由于 3 个电流互感器的铁芯磁化性能不完全相同，引起铁芯饱和程度不同而造成励磁电流有很大的差异，因而产生很大的不平衡电流。为了使保护装置避免非选择性动作，通常保护的动作电流按躲过最大不平衡电流的条件来整定，为了减小不平衡电流，提高保护的灵敏系数，就必须选用具有同样磁化特性的电流互感器组成零序电流滤过器，并使它们工作在磁化曲线未饱和部分，同时减轻其二次侧的载荷，并使三相载荷尽量均衡。

零序电流滤过器的最大不平衡电流可用下式计算：

$$I_{unbmax} = K_{np} K_{st} K_{er} I_{kmax}^{(3)} / K_{TA} \qquad (3\text{-}6)$$

式中　K_{np}——短路电流非周期分量系数，采用重合闸后加速时取 1.5～2，否则取 1；

　　K_{st}——电流互感器的同型系数，相同型号取 0.5，不同型号取 1；

　　K_{er}——电流互感器的 10％ 电流误差，取 0.1；

　　$I_{kmax}^{(3)}$——最大外部三相短路电流。

　　当架空输电线路发生接地故障时，三相电流不对称，而对正序和负序分量的电流因三相相加后等于零，因此，$\dot{I}_A + \dot{I}_B + \dot{I}_C = 3\dot{I}_0 \neq 0$，有

$$\dot{I}_r = 3\dot{I}_0 - \dot{I}_{unb} \tag{3-7}$$

即零序电流滤过器输出了接地短路电流中的零序电流。零序电流滤过器的接线实际上就是三相完全星形接线方式中在中性线所流过的电流，因此，在实际应用中，零序电流滤过器并不需要专门用一组电流互感器，而是接入相间保护用电流互感器的中性线上就可以了。

　　此外，对于采用电缆引出的输电线路，还广泛采用零序电流互感器（TAN）接线以获得 $3\dot{I}_0$，如图 3-2（b）所示。零序电流互感器套在电缆外面，电缆是一次侧绕组，一次侧电流为 $\dot{I}_A + \dot{I}_B + \dot{I}_C$。只有当一次侧出现零序电流时，二次侧才有相应的 $3\dot{I}_0$ 输出。零序电流互感器和零序电流滤过器相比，零序电流互感器有一个铁芯，三相电缆线穿过其铁芯，从铁芯的二次绕组取出线路故障电流中的零序电流，故零序电流互感器不存在因为三相电流互感器励磁电流不对称产生的不平衡电流，而只有三相电缆对铁芯不对称而产生的不平衡电流，其值较小；同时零序电流互感器的接线也更简单。

三、零序电压滤过器

　　为了取得零序电压，通常采用图 3-3（a）所示的 3 个单相电压互感器或图 3-3（b）所示的三相五柱式电压互感器构成零序电压滤过器，其一次绕组接成星形并将中性点接地，其二次绕组接成开口三角形，当忽略电压互感器的误差时，从 m、n 端子上得到的输出电压为

$$\dot{U}_{mn} = \dot{U}_a + \dot{U}_b + \dot{U}_c$$

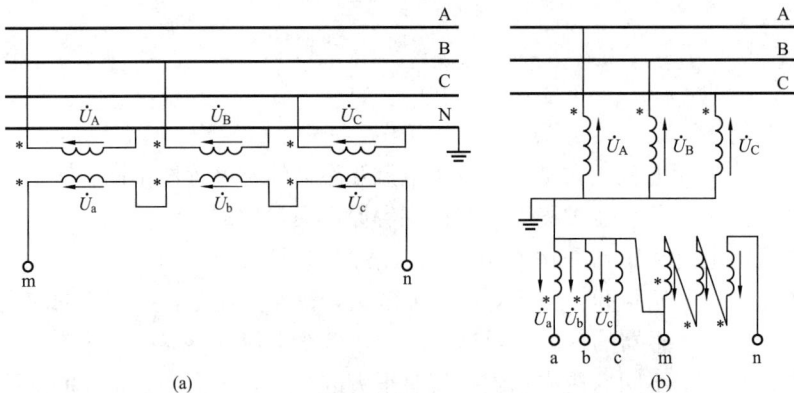

图 3-3　零序电压的获取

（a）单相电压互感器；（b）三相五柱式电压互感器

　　正常运行和电网相间短路时，因为对正序或负序分量的电压三相相加后等于零，忽略电压互感器的误差，理想输出 $U_{mn} = 0$。实际上由于电压互感器的误差及三相系统对地不完全平衡，在开口三角形侧也有电压输出，此电压称为不平衡电压，以 $\dot{U}_{unb}$ 表示，即

$$\dot{U}_{mn} = \dot{U}_{unb} \tag{3-8}$$

发生接地故障时，输出电压为零序电压，即

$$\dot{U}_{mn} = \dot{U}_a + \dot{U}_b + \dot{U}_c = \frac{\dot{U}_A + \dot{U}_B + \dot{U}_C}{n_{TV}} = \frac{3\dot{U}_0}{n_{TV}} \tag{3-9}$$

此外，当发电机的中性点经电压互感器灭弧线圈接地时，可直接从互感器的二次绕组取得零序电压。

四、大接地电流系统中的多段式零序电流保护

1. 无时限零序电流速断（零序电流Ⅰ段）保护

无时限零序电流速断保护的整定计算与相间短路无时限电流速断保护类似，不同的是零序电流速断保护只反应接地短路时通过的零序电流。为保证选择性，保护零序电流Ⅰ段的保护范围不超过本级线路的末端，因此，它的动作电流按下列原则整定。

（1）躲开本级线路末端接地短路时可能出现的最大零序电流 $3I_{0max}$，即

$$I_{0act}^{I} = K_{rel}^{I} \cdot 3I_{0max} \tag{3-10}$$

式中　K_{rel}^{I}——可靠系数，取 1.2～1.3；

I_{0max}——单相接地短路时的零序电流 $I_0^{(1)}$ 和两相接地短路时的零序电流 $I_0^{(1,1)}$ 的最大值。

在接地短路中，当网络正序阻抗等于负序阻抗时，则

$$3I_0^{(1)} = \frac{3E_1}{2Z_1 + Z_0}$$
$$3I_0^{(1,1)} = \frac{3E_1}{Z_1 + 2Z_0} \tag{3-11}$$

式中　Z_1、Z_0——从接地点看进去的网络总的正序阻抗、零序阻抗。

因此，当 $Z_1 < Z_0$ 时，$I_0^{(1)} > I_0^{(1,1)}$，取 I_{0max} 为 $I_0^{(1)}$；当 $Z_1 > Z_0$ 时，$I_0^{(1)} < I_0^{(1,1)}$，取 I_{0max} 为 $I_0^{(1,1)}$。

（2）躲开断路器三相触头不同期合闸（非全相运行）时出现的最大零序电流 $3I_{0ust}$，即

$$I_{0act}^{I} = K_{rel}^{I} \cdot 3I_{0ust} \tag{3-12}$$

式中　K_{rel}^{I}——可靠系数，取 1.1～1.2；

$3I_{0ust}$——断路器不同期接通所引起的最大零序电流。

当断路器一相闭合时，相当于两相断线，最严重情况下（系统两侧电源电动势相差180°）流过断路器的零序电流

$$3I_{0ust} = 3 \times \frac{2E}{2Z_1 + Z_0} \tag{3-13}$$

当断路器两相闭合时，相当于一相断线，最严重情况下流过断路器的零序电流

$$3I_{0ust} = 3 \times \frac{2E}{Z_1 + 2Z_0} \tag{3-14}$$

式中　Z_1、Z_0——从断线点看进去的网络总的正序阻抗、零序阻抗。

根据式（3-13）和式（3-14）计算 $3I_{0ust}$，取较大值。

根据式（3-10）和式（3-12）计算结果进行比较，选取其中较大值作为保护装置的整定值。但在有些情况下，例如在装有管形避雷器的线路上，为了避免在避雷器放电动作时引起保护误动作，可在无时限零序电流速断保护接线中装带小延时的中间继电器，这样可以在时

间上躲过断路器三相不同期合闸的时间，因此在整定动作电流时可以不考虑原则（2）；或者如按照条件整定将使起动电流过大，因而保护范围缩小时，也可以采用在手动合闸及三相自动重合闸时，使零序Ⅰ段带有一个小的延时（约0.1s），以躲开断路器三相不同期合闸的时间，这样定值也就无须考虑原则（2）了。

（3）当被保护线路上采用单相自动重合闸时，无时限零序电流速断保护还应躲过非全相运行又发生系统振荡时所出现的最大3倍零序电流 $3I_{0unc}$，即

$$I_{0act}^{\mathrm{I}}=K_{rel}^{\mathrm{I}} \cdot 3I_{0unc} \begin{cases} K_{rel}^{\mathrm{I}} \geqslant 1.1(3I_{0unc} \text{按实际摇摆角计算}) \\ K_{rel}^{\mathrm{I}} \geqslant 1.2(3I_{0unc} \text{按}180° \text{摇摆角计算}) \\ \text{发电厂出线时} K_{rel}^{\mathrm{I}} \text{应比上述值大} \end{cases} \tag{3-15}$$

在装有综合重合闸的线路上，通常设置两个零序电流Ⅰ段保护。一个是灵敏Ⅰ段，其动作电流按原则（1）和（2）整定。由于其定值较小，保护范围较大，因此，称为它的主要任务是对全相运行状态下的接地故障起保护作用，具有较大的保护范围，但是，按此原则整定的灵敏Ⅰ段不能躲过非全相振荡出现的零序电流 $3I_{0unc}$，因此，当单相自动重合闸起动时，则将灵敏Ⅰ段自动闭锁，需待恢复全相运行时才能重新投入。另一个是不灵敏Ⅰ段，其动作电流按原则（3）整定。装设它的主要目的是在单相重合闸过程中，其他两相又发生接地故障时，用以弥补失去灵敏Ⅰ段的缺陷，尽快将故障切除。当然，不灵敏Ⅰ段也能反应全相运行状态下的接地故障，只是其保护范围较灵敏Ⅰ段小。通过设置两个电流Ⅰ段保护，解决了全相与非全相运行下保护灵敏度和选择性之间产生的矛盾。

零序电流保护Ⅰ段的最小保护范围要求不小于本保护线路长度的15%，其整定的动作延时为0。

2. 带时限零序电流速断（零序电流Ⅱ段）保护

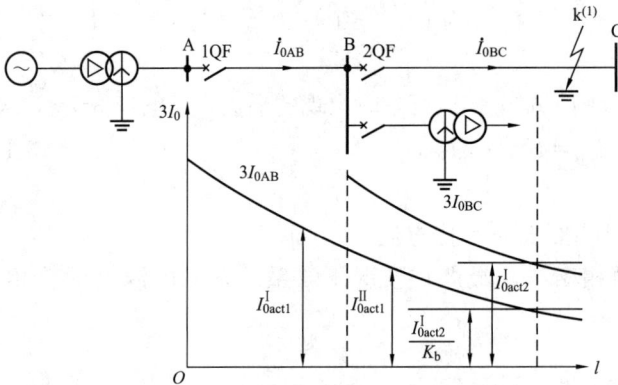

图3-4 带时限零序电流速断保护的整定计算示意图

带时限零序电流速断保护（零序电流Ⅱ段）的工作原理与动作值计算原则与相间电流保护第Ⅱ段的整定计算原则是相同的。

（1）零序Ⅱ段动作电流首先考虑和相邻下一条线路的零序Ⅰ段保护相配合整定，即要躲过下一线路的零序电流Ⅰ段保护范围末端接地短路时，流经本保护装置的最大零序电流。以图3-4所示的电路为例，保护1的零序Ⅱ段动作电流

$$I_{0act1}^{\mathrm{II}}=\frac{K_{rel}^{\mathrm{II}}}{K_{bmin}}I_{0act2}^{\mathrm{I}} \tag{3-16}$$

式中　K_{rel}^{II}——可靠系数，取1.1～1.2；

　　I_{0act2}^{I}——相邻下一线路零序Ⅰ段保护的动作电流；

　　K_{bmin}——最小分支系数，等于下一线路BC零序Ⅰ段保护范围末端接地短路时，流经故障线路的零序电流与本线路的零序电流之比的最小值，即

$$K_{bmin} = \left(\frac{I_{0BC}}{I_{0AB}}\right)_{min} \tag{3-17}$$

计算出保护的整定值要进行灵敏系数校验，即

$$K_{sen}^{II} = \frac{3I_{0min}}{I_{0act1}^{II}} \geqslant 1.3 \sim 1.5 \tag{3-18}$$

式中　$3I_{0min}$——被保护线路末端发生接地短路时，流过保护的最小零序电流。

（2）若灵敏系数校验不满足要求，可采用以下措施。按与下一线路带时限电流速断保护相配合进行整定，即

$$I_{0act1}^{II} = \frac{K_{rel}^{II}}{K_{bmin}} I_{0act2}^{II} \tag{3-19}$$

式中　I_{0act2}^{II}——相邻线路保护 2 零序 II 段保护动作电流。

（3）按式（3-16）整定后，其灵敏系数校验不能满足要求时，可保留此零序 II 段，同时增加一个按式（3-19）整定的零序 II 段，这样装置中具有两个定值和时限不同的零序 II 段，一个定值较大，能在正常运行方式或最大运行方式下，以较短的延时切除本线路所发生的接地短路；另一个定值较小，有较长的延时，它能保证在系统最小运行方式下切除本线路末端所发生的接地短路，并且具有足够的灵敏度。

此外，根据上述原则整定的零序 II 段的动作电流若不能躲过非全相运行时的零序电流，则在装有综合自动重合闸的线路出现非全相运行时将该保护退出工作，或者装设两个零序 II 段保护，其中不灵敏的零序 II 段保护按躲过非全相运行时的最大零序电流整定，当线路在单相自动重合闸过程中和非全相运行时不退出工作；灵敏的零序 II 段保护按与相邻线路零序保护配合的条件整定，当线路在单相自动重合闸过程中和非全相运行时退出工作。或者，从电网接线的全局考虑，改用接地距离保护。

零序 II 段的动作时间整定有两点。

1）当零序 II 段整定值与相邻线路零序 I 段相配合时，其动作时限一般取 0.5s，即

$$t_{01}^{II} = \Delta t = 0.5\text{s} \tag{3-20}$$

当零序 II 段整定值是按与相邻线路零序 II 段配合时，其动作时限

$$t_{01}^{II} = t_{02max}^{II} + \Delta t \tag{3-21}$$

式中　t_{02max}^{II}——相邻线路零序 II 段的最大动作时限。

3. 定时限零序过电流（零序电流 III 段）保护

定时限零序过电流保护主要作为本线段零序 I 段和零序 II 段的近后备保护和相邻线路、母线、变压器接地短路的远后备保护，在中性点直接接地电网中的终端线路上，也可以作为接地短路的主保护使用。它的动作电流整定应当遵守以下原则。

（1）躲过相邻线路出口处三相短路时，流过保护的最大不平衡电流 I_{unbmax}，即

$$I_{0act1}^{III} = K_{rel}^{III} I_{unbmax} \tag{3-22}$$

式中　K_{rel}^{III}——可靠系数，一般取 1.2～1.3；

　　　I_{unbmax}——相邻下一条线路出口处三相短路时，零序电流滤过器中出现的最大不平衡电流，按式（3-6）计算。

（2）与相邻下一段线路零序 III 段相配合，即本保护零序 III 段的保护范围不能超出相邻线路上零序 III 段的保护范围。为此，零序 III 段的动作电流必须进行逐级配合。如图 3-4 所示线

路 AB 保护 1 的零序Ⅲ段的动作电流必须与相邻线路 BC 保护 2 的零序Ⅲ段进行选择性配合整定，即

$$I_{0\text{act}1}^{\text{Ⅲ}} = \frac{K_{\text{rel}}^{\text{Ⅲ}}}{K_{\text{bmin}}} I_{0\text{act}2}^{\text{Ⅲ}} \tag{3-23}$$

式中　$K_{\text{rel}}^{\text{Ⅲ}}$——可靠系数，取 1.1～1.2；

　　　K_{bmin}——最小分支系数；

　　　$I_{0\text{act}2}^{\text{Ⅲ}}$——保护 2 零序Ⅲ段保护动作电流的二次值。

（3）躲过系统非全相运行时出现的最大 3 倍零序电流，即

$$I_{0\text{act}1}^{\text{Ⅲ}} = K_{\text{rel}}^{\text{Ⅲ}} \cdot 3I_{0\text{unc}} \tag{3-24}$$

式中　$K_{\text{rel}}^{\text{Ⅲ}}$——可靠系数，取 1.2～1.3；

　　　$I_{0\text{unc}}$——系统非全相运行时流过保护的最大零序电流的二次值。

（4）对于 110kV 网络，该段应躲过线路末端变压器另一侧短路时可能出现的最大不平衡电流 I_{unbmax}，即

$$I_{0\text{act}1}^{\text{Ⅲ}} = K_{\text{rel}}^{\text{Ⅲ}} I_{\text{unbmax}} \tag{3-25}$$

式中　$K_{\text{rel}}^{\text{Ⅲ}}$——可靠系数，取 1.2～1.3。

$$I_{\text{unbmax}} = K_{\text{np}} K_{\text{st}} K_{\text{er}} I_{\text{kmax}}^{(3)} / K_{\text{TA}} \tag{3-26}$$

式中　K_{np}、K_{st}、K_{er}——各系数的定义与取值同式（3-6）；

　　　$I_{\text{kmax}}^{(3)}$——线路末端变压器另一侧短路时流过保护的最大短路电流。

零序过电流保护灵敏系数校验按下式计算：

$$K_{\text{smin}} = \frac{3I_{0\text{min}}}{I_{0\text{act}1}^{\text{Ⅲ}}} \tag{3-27}$$

式中　$I_{0\text{min}}$——灵敏系数校验点发生接地短路时，流过保护的最小零序电流。

当该保护作为本线路的近后备保护时，校验点在被保护线路末端，灵敏系数按本线路末端发生接地故障时的最小零序电流 $I_{0\text{min}}$ 来校验，要求 $K_{\text{smin}} \geqslant 1.3 \sim 1.5$；当该保护作为相邻线路的远后备保护时，校验点在相邻线路末端，灵敏系数应按照相邻线路保护范围末端发生接地短路时流过本保护的最小零序电流 $3I_{0\text{min}}$ 来校验，要求 $K_{\text{smin}} \geqslant 1.2$。

按上述原则整定的零序过电流保护的起动电流一般都很小，因此，在本电压级网络中发生接地短路时，同一电压级内各零序保护都可能起动，这时，为了保证各保护之间的选择性，各保护的动作时限也按阶梯原则来整定。如图 3-5 所示，只有在两个中性点接地变压器间发生接地故障时，才能引起零序电流，所以只有保护 1、2、3 才能采用零序保护。在 k 点发生单相接地短路时，变压器 T2 由于采用 Yd 接线，所以 T2 二次侧无零序电流，所以零序过流保护 3 可以瞬时动作，不需要和保护 4 配合。所以零序过流保护动作时限应从保护 3 开始逐级加大一时间差，如图 3-5 所示，$t_{01}^{\text{Ⅲ}} > t_{02}^{\text{Ⅲ}} > t_{03}^{\text{Ⅲ}}$。为了便于比较，将反应相间短路的过电流保护的动作时限也画在图 3-5 上。显然，零序过电流保护的动作时间比相间短路保护的动作时限缩短了，这是零序过电流保护的一个突出优点。

五、中性点直接接地系统的零序方向电流保护

1. 零序方向电流保护的构成

在双侧或多侧电源网络中，电源处变压器的中性点一般都是至少有一台要直接接地，以防止发生单相短路接地时，非故障相产生危险的过电压。由于零序电流的实际流向是由故障

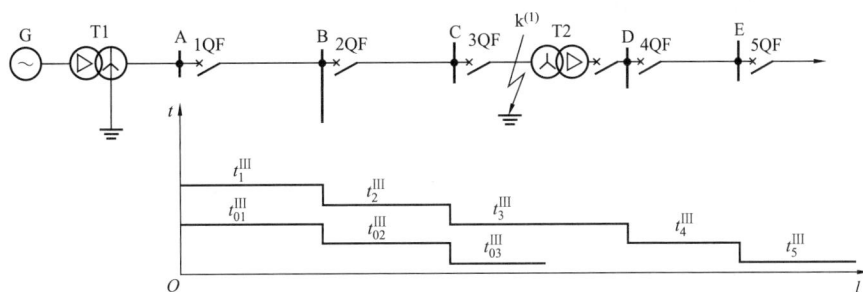

图 3-5　零序过电流保护的时限特性

点流向各中性点接地的变压器，因此在变压器接地数目比较多的复杂环形网络中，为了简化整定计算及保护之间相互的配合，并保证保护的选择性，就需要考虑零序电流保护动作的方向性问题。在零序电流保护上增加功率方向元件，利用正方向和反方向发生故障时，零序功率方向的差别来闭锁可能误动作的保护，才能保证动作的选择性。

多段式方向零序电流保护的构成仅在零序电流保护第Ⅰ、Ⅱ、Ⅲ各段中分别增加一个零序功率方向继电器，并与零序电流测量元件构成与门，共同判别是否在保护线路正方向发生了接地短路。

当被保护的线路上零序电流保护第Ⅰ段范围内发生接地故障时，该处方向零序电流保护的第Ⅰ、Ⅱ、Ⅲ段的电流测量元件和零序功率方向继电器均起动。但因为方向零序电流保护第Ⅰ段无延时动作，跳开被保护线路的断路器，切除了接地故障，该段中的各元件及第Ⅱ、Ⅲ段已起动的所有元件均将返回，方向零序电流保护第Ⅱ、Ⅲ段因延时元件无输出，不能跳闸。

2. 零序功率方向继电器的构成原理

零序功率方向继电器接于零序电压和零序电流之上，它只反应于零序功率的方向而动作。假设母线零序电压为正，零序电流由母线流向线路为正。当保护范围内部发生故障时，按规定的电流、电压正方向来看，故障线路两侧零序电流的实际方向为负，零序功率为负。保护安装处的零序电压和零序电流之间的相差为

$$\varphi_0 = -(180° - \varphi_{K0}) \tag{3-28}$$

而 φ_{K0} 在 $70° \sim 80°$，故 $\varphi_0 = -(110° \sim 95°)$，即零序电流超前零序电压 $95° \sim 110°$。此时，零序功率方向继电器应该工作在最灵敏状态，即零序功率方向继电器的最灵敏角为 $-105°$ 左右。但目前电力系统中广泛使用的静态零序功率方向继电器（如整流型与晶体管形零序功率方向继电器）则把最灵敏角制成 $70° \sim 85°$。为此，加至零序功率方向继电器的电压和电流

$$\dot{U}_{\rm r} = -3\dot{U}_0$$

$$\dot{I}_{\rm r} = 3\dot{I}_0 \tag{3-29}$$

因此在实际工作中要注意功率方向继电器和电流互感器与电压互感器的极性，即把继电器电流绕组中标有" $*$ "的端子与零序电流互感器标有" $*$ "号的同极性端子相连接，以得到输入电流 $\dot{I}_{\rm r} = 3\dot{I}_0$，把继电器电压绕组中不带" $*$ "号的端子与电压互感器开口三角侧标有" $*$ "号的端子相连接，以得到输入电压 $\dot{U}_{\rm r} = -3\dot{U}_0$。故零序功率方向继电器的接线如

图 3-6 所示，所加零序电压、电流之间的相角差 $\varphi_r = 70° \sim 85°$，而零序功率方向继电器的动作区用方程表示为

$$-90° \leqslant \arg \frac{\dot{U}_r}{\dot{I}_r Z_1} \leqslant 90° \tag{3-30}$$

式中　Z_1——模拟阻抗，其阻抗角 φ_1 应取为 $70° \sim 85°$，尽量与 φ_r 相等，Z_1 可用电抗变换器或通过数字算法来模拟。

式（3-30）又可写成

$$-90° + \varphi_1 \leqslant \arg \frac{\dot{U}_r}{\dot{I}_r} \leqslant 90° + \varphi_1 \tag{3-31}$$

式（3-31）为相位比较原理的零序功率方向继电器的动作方程。同理，也可用绝对值比较原理来构成零序功率方向继电器，其动作方程为

$$|\dot{U}_r + \dot{I}_r Z_1| \geqslant |\dot{U}_r - \dot{I}_r Z_1| \tag{3-32}$$

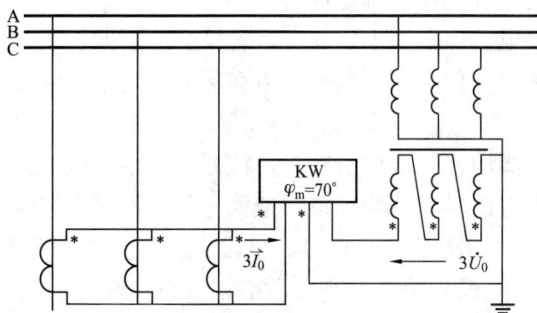

图 3-6　零序功率方向继电器的接线图

相位比较原理和绝对值比较原理的零序功率方向继电器电路图的构成方法与相间短路功率方向继电器电路图的构成方法类似。

3. 零序功率方向继电器的特点

零序功率方向继电器的特点：根据大接地电流系统接地短路零序电压的分布特征可知，越靠近故障点，零序电压越高，因此零序功率方向继电器无保护出口的电压死区；零序功率方向继电器不受系统全相振荡和过负荷的影响；零序功率方向测量元件在远离故障点时，由于保护安装处的零序电压很小，因此继电器可能发生拒动。

零序电流保护是发生动作概率很高的保护，作为测量元件之一的零序功率方向继电器不应影响和限制保护的灵敏度，所以零序功率方向继电器的灵敏度应满足 DL/T 584—2017《3kV～110kV 电网继电保护装置运行整定规程》的要求。

零序功率方向继电器应校验灵敏系数 K_{sen}，即

$$K_{sen} = \frac{1}{S_{act}} (3U_0 \times 3I_0)_{min} \tag{3-33}$$

式中　$(3U_0 \times 3I_0)_{min}$——保护区末端发生接地短路时，保护安装处的最小零序功率；

　　　S_{act}——零序功率方向继电器的动作功率。

根据 DL/T 584—2017 的要求，用于远、近后备保护中的零序功率方向继电器在下一段线路末端发生接地短路时，K_{sen} 应不小于 1.5；在本线路末端发生接地短路时，K_{sen} 应不小于 2。

六、对零序电流保护和方向性零序电流保护的评价

在分析相间短路电流保护的接线方式中曾经指出，采用三相星形接线方式时，它也可以保护单相接地短路。那么，为什么还要采用专门的零序电流保护呢？这是因为两者相比，后者具有更多的优点，如：

（1）相间短路的过电流保护系按照大于负荷电流整定，继电器的起动电流一般为5～7A，而零序过电流保护则按照躲开不平衡电流的原则整定，其值一般为2～3A，由于发生单相接地短路时，故障相的电流与零序电流相等，因此，零序过电流保护的灵敏度高。此外，零序过电流保护的动作时限也较相间保护短。

（2）相间短路的电流速断和限时电流速断保护直接受系统运行方式变化的影响很大，而零序电流保护受系统运行方式变化的影响要小得多。此外，由于线路零序阻抗较正序阻抗大，$Z_0 = (2 \sim 3.5)Z_1$，故线路始端与末端发生短路时，零序电流变化显著，曲线较陡；因此，零序Ⅰ段的保护范围较大，也较稳定；零序Ⅱ段的灵敏系数也易于满足要求。

（3）当系统中发生某些不正常运行状态时，例如，系统振荡、短时过负荷等，三相是对称的，相间短路的电流保护均将受它们的影响而可能误动作，因而需要采取必要的措施予以防止，而零序保护则不受它们的影响。

（4）在110kV及以上的高压和超高压系统中，单相接地故障占全部故障的70％～90％且其他的故障也往往是由单相接地发展起来的，因此，采用专门的零序保护就具有显著的优越性，我国电力系统的实际运行经验也充分证明了这一点。

零序电流保护的缺点：

（1）对于短线路或运行方式变化很大的情况，保护往往不能满足系统运行所提出的要求。

（2）随着单相重合闸的广泛应用，在重合闸动作的过程中将出现非全相运行状态，再考虑系统两侧的电动势发生摇摆，则可能出现较大的零序电流，因而影响零序电流保护的正确工作。此时应从整定值上予以考虑，或在单相重合闸动作过程中使之短时退出运行。

（3）当采用自耦变压器联系两个不同电压等级的网络时（如110kV和220kV电网），则任一网络的接地短路都将在另一网络中产生零序电流，这将使零序保护的整定计算复杂化，并且增大第Ⅱ段保护的动作时限。

实际上在中性点直接接地的电网中，由于零序电流保护简单、经济、可靠，因而获得了广泛的应用。

第二节　中性点非直接接地电网中单相接地故障的保护

电压为3～35kV的电网，采用中性点不接地或经灭弧线圈接地方式，统称为中性点非直接接地电网。中性点非直接接地电网发生单相接地故障时，虽然系统的中性点电位发生变化，相电压不对称，但相间电压还保持对称状态，因此不影响供电，可维持电网在故障后短时间运行，不必立即跳该故障线路的断路器（在危及人身、设备安全时则应立即跳闸），但为了防止事故扩大，应发出报警信号以便运行人员及时检查和排除故障。为此，必须分析这种系统中单相接地故障的特征，以制定对这种故障进行监视和控制的保护方案。

一、中性点不接地电网中单相接地故障的特点及保护方式

1. 中性点不接地电网单相接地故障的特点

如图3-7所示，令l_1到l_n线路和发电机三相对地电容分别为C_{01}、…、C_{0n}、C_{0G}。正常运行时，母线各相电压$\dot{U}_A$、$\dot{U}_B$、$\dot{U}_C$对称，电源各相对地电容的电流分别为$\dot{I}_{AG}$、$\dot{I}_{BG}$、$\dot{I}_{CG}$；线路l_1和l_n各相对地电容的电流分别为$\dot{I}_{A1}$、$\dot{I}_{B1}$、$\dot{I}_{C1}$和$\dot{I}_{An}$、$\dot{I}_{Bn}$、$\dot{I}_{Cn}$。各相电容器

的电流超前于其相电压 90°，且

$$\dot{I}_{A1} + \dot{I}_{B1} + \dot{I}_{C1} = 0$$

$$\dot{I}_{An} + \dot{I}_{Bn} + \dot{I}_{Cn} = 0, \quad n = 1, 2, \cdots$$

$$\dot{I}_{AG} + \dot{I}_{BG} + \dot{I}_{CG} = 0 \tag{3-34}$$

即各线路或元件流入地中的电流为 0。

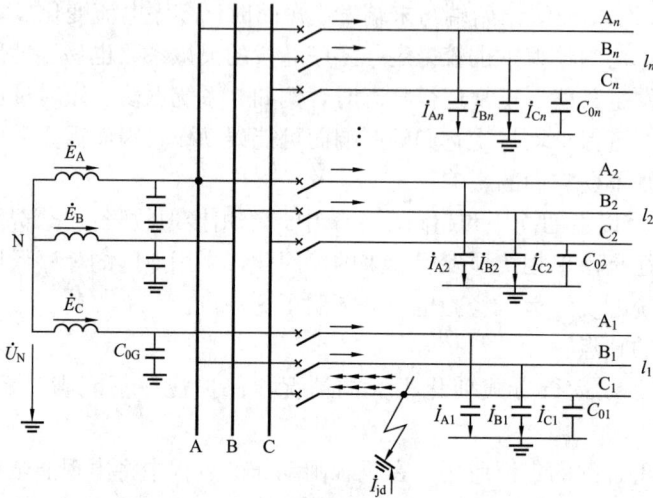

图 3-7　中性点不接地系统中的单相接地故障

当电网中发生单相（如 C 相）金属性接地时，忽略相对极小的线路和电源的阻抗，则母线处的各相对地电压分别为

$$\dot{U}_{Cd} = 0, \quad \dot{U}_N = -\dot{E}_C$$

$$\dot{U}_{Ad} = \sqrt{3}\dot{E}_C e^{-j150°} \tag{3-35}$$

$$\dot{U}_{Bd} = \sqrt{3}\dot{E}_C e^{j150°}$$

这时各元件 C 相对地电容的电流为

$$\dot{I}_{C1} = \dot{I}_{C2} = \cdots = \dot{I}_{Cn} = \dot{I}_{CG} = 0 \tag{3-36}$$

忽略线路负荷电流时，母线处各线路元件非故障相对地电流分别为

$$\dot{I}_{A1} = \dot{U}_{Ad} j\omega C_{01}, \quad \dot{I}_{Ai} = \dot{U}_{Ad} j\omega C_{0i}$$

$$\dot{I}_{An} = \dot{U}_{Ad} j\omega C_{0n}, \quad \dot{I}_{AG} = \dot{U}_{Ad} j\omega C_{0G}$$

$$\dot{I}_{B1} = \dot{U}_{Bd} j\omega C_{01}, \quad \dot{I}_{Bi} = \dot{U}_{Bd} j\omega C_{0i}$$

$$\dot{I}_{Bn} = \dot{U}_{Bd} j\omega C_{0n}, \quad \dot{I}_{BG} = \dot{U}_{Bd} j\omega C_{0G} \tag{3-37}$$

可求得故障点的电流

$$\dot{I}_{jd} = j\dot{U}_{Ad}\omega\left(\sum_{i=1}^{n}C_{0i} + C_{0G}\right) + j\dot{U}_{Bd}\omega\left(\sum_{i=1}^{n}C_{0i} + C_{0G}\right)$$

$$= j\omega\left(\sum_{i=1}^{n}C_{0i} + C_{0G}\right)(\dot{U}_{Ad} + \dot{U}_{Bd}) \tag{3-38}$$

令 $\sum\limits_{i=1}^{n}C_{0i}+C_{0G}=C_{0\sum}$，得

$$\dot{I}_{jd}=j\omega C_{0\sum}(\dot{U}_{Ad}+\dot{U}_{Bd}) \tag{3-39}$$

而 $\dot{U}_{Ad}+\dot{U}_{Bd}+\dot{U}_{Cd}=\dot{U}_{Ad}+\dot{U}_{Bd}=3\dot{U}_0=-3\dot{E}_C$ 为母线处的零序电压，此时零序电压值 U_0 等于母线正常运行时的相电压 U_φ，发生 C 相单相金属性接地时的相量图如图 3-8 所示，故障点的接地电流

$$\dot{I}_{jd}=j\omega C_{0\sum}3\dot{U}_0,\ I_{jd}=\omega C_{0\sum}3U_\varphi \tag{3-40}$$

而故障线故障相电流为 $\dot{I}_K=-\dot{I}_{jd}$，方向与非故障相电流相反。若流过故障线的零序电流为 $3\dot{I}_{01}$，则

$$3\dot{I}_{01}=-\dot{I}_{jd}+\dot{I}_{Bl}+\dot{I}_{Al}=-j\omega(C_{0\sum}-C_{01})\times 3\dot{U}_0 \tag{3-41}$$

流过非故障线的零序电流为

$$3\dot{I}_{0i}=\dot{I}_{Bi}+\dot{I}_{Ai}=j3\dot{U}_0\omega C_{0i},\ i=0,\ 2,\ 3,\ \cdots,\ n,\ i\neq 1 \tag{3-42}$$

从以上分析可见，中性点不接地电网发生单相接地时有以下特征：

（1）在发生单相接地时，全系统出现零序电压和零序电流。

（2）非故障线的零序电流为该线路非故障相对地电容电流之和，容性电流方向为由母线指向线路且超前零序电压 $3\dot{U}_0 90°$。

（3）故障点的电流为全系统非故障相对地电容电流之和，容性电流相位超前零序电压 $3\dot{U}_0 90°$。

（4）故障线的零序电流等于除故障线外的全系统中其他元件非故障相的电容电流之和，其值远大于非故障线的零序电流，且方向与非故障线电流的方向相反，由线路指向母线，容性电流相位超前零序电压 $3\dot{U}_0 90°$。

（5）故障线的零序功率与非故障线的零序功率方向相反。

2. 中性点不接地电网的接地保护方式

根据中性点不接地系统发生单相接地时的各种特征，这种系统可构成以下原理的接地短路保护方式。

（1）绝缘监视装置。

利用发生单相接地故障时系统出现零序电压的特点，构成反应零序电压动作的绝缘监视装置，接地故障时发出告警信号，但它发出的是无选择性的信号。只要本网络中发生单相接地故障，则在所有发电厂和变电站的母线上（指同一电压级）都将出现零序电压，因此这种方法给出的信号是没有选择性的，要想发现故障是在哪一条线路上，还需要由运行人员顺次短时断开每条线路。当断开某条线路时，零序电压的信号消失，即表明故障是在该线路上，检查出故障所在线路并排除故障线路。

绝缘监视装置广泛安装在发电厂和变电站的母线上，用以监视本网络中是否发生了单相

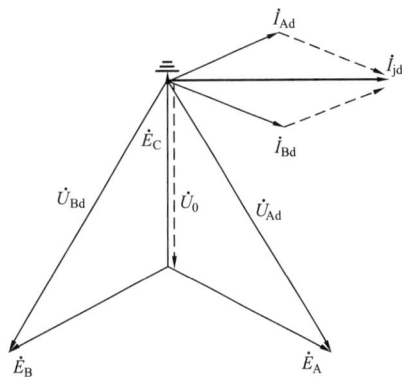

图 3-8　C 相单相金属性接地时的相量图

接地故障；在线路数量不多且允许短时停电的网络中，可以利用本装置来构成单相接地保护，采用依次断开线路并辅以自动重合闸的方法来寻找故障线路。

（2）零序电流保护。

利用故障线路零序电流大于非故障线路零序电流的特点来实现有选择性地发出信号或动作于跳闸。零序电流保护一般使用在有条件安装零序电流互感器的线路上（如电缆线路或经电缆引出的架空线路）；当单相接地电流较大，足以克服零序电流过滤器中不平衡电流的影响时，保护装置也可以接于 3 个电流互感器构成的零序回路中。

根据以前的分析，当其他线路上发生单相接地时，非故障线路上的零序电流为本身的电容电流，因此，为了保证动作的选择性，考虑暂态过程中暂态电流的影响，零序电流保护装置的动作电流应大于本线路的电容电流，即为

$$I_{0act} = K_{rel} 3U_j \omega C_{0i} \tag{3-43}$$

式中　　K_{rel}——可靠系数，一般取 4～5；

　　　　C_{0i}——被保护线路对地电容。

按式（3-43）整定后，还需要校验在本线路上发生单相接地故障时的灵敏系数，灵敏系数

$$K_{sen} = \frac{C_{0\Sigma} - C_{0i}}{K_{rel} C_{0i}} \tag{3-44}$$

校验时应采用系统中电容电流为最小的运行方式，即 $C_{0\Sigma}$ 为最小运行方式下全系统的每相等效对地电容。当全网络的电容电流越大（变电站出线越多，$C_{0\Sigma}$ 越大）或被保护线路的电容电流越小（C_{0i} 越小）时，零序电流保护越灵敏。DL/T 400—1991《继电保护和安全自动装置技术规程》要求架空线路的灵敏系数满足大于或等于 1.5 的要求，电缆线路上的灵敏系数满足大于或等于 1.25 的要求。

（3）零序功率方向保护。

利用故障线路与非故障线路零序电流方向不同的特点来实现有选择性的保护，动作于信号或跳闸。这种方式适用于零序电流保护不能满足灵敏系数的要求，以及接线复杂的网络中。

零序功率方向保护是反应于零序的电容电流方向，在故障线路上，由线路流向母线的容性电流为超前电压 90°，如按照规定的正方向来看，即由母线流出的感性电流为落后电压 90°，这一特点与中性点直接接地系统是不同的，使用中应该予以注意。

二、中性点经灭弧线圈接地电网中单相接地故障的特点及保护方式

1. 中性点经灭弧线圈接地电网中单相接地故障的特点

根据以上的分析，当中性点不接地系统中发生单相接地故障时，在接地点要流过全系统中各线路非故障相的对地电容电流之和，如果此接地电流太大，就可能会在接地点燃起电弧，引起弧光过电压，从而使非故障相的对地电压进一步升高，使绝缘损坏，形成两点或多点接地短路，造成停电事故。为了防止这个缺点，可以在中性点和大地之间接入一个带铁芯的电感线圈 L，如图 3-9 所示，这样当发生单相接地故障时，在接地点就有一个电感分量的电流通过，此电流和原系统中的电容电流相抵消，就可以减少故障点的接地电流，因此称它为灭弧线圈。3～6kV 电网系统中，如果单相接地时接地电容电流的总和大于 30A，10kV 系统如果大于 20A，22～66kV 系统如果大于 10A，那么单相接地短路会过渡到相间短路，

在电源中性点均应加装一个电感线圈。

L 为灭弧线圈，经 L 流入地中的电流为感性电流

$$\dot{I}_L = -j\frac{\dot{U}_0}{X_L} \qquad (3\text{-}45)$$

这时流入故障点的电流 $\dot{I}_{jd}$ 是全系统中各线路非故障相的对地电容电流之和 $\dot{I}_{C\Sigma}$ 与 $\dot{I}_L$ 的相量和，即

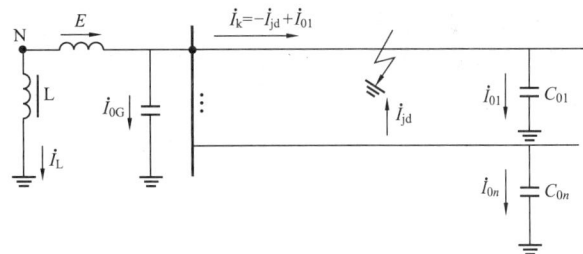

图 3-9　中性点经灭弧线圈接地系统中单相接地时的零序网络

$$\dot{I}_{jd} = j3\dot{U}_0\omega C_{0\Sigma} - j\frac{\dot{U}_0}{X_L} = \dot{I}_{C\Sigma} + \dot{I}_L \qquad (3\text{-}46)$$

式中两项电流的方向相反，相互抵消，即 $\dot{I}_L$ 起补偿作用，使 $\dot{I}_{jd}$ 值减小。根据对电容电流补偿程度的不同，灭弧线圈可以有下列三种补偿方式。

（1）完全补偿方式，即要使 $I_{C\Sigma} = I_L$，须接地电流 $\dot{I}_{jd}$ 等于零。

从消除故障点的电弧，避免出现弧光过电压的角度来看，这种完全补偿方式是最好的，但是从其他方面来看，又存在严重的缺点。因为完全补偿时，正是电感和三相对地电容对 50Hz 交流电串联谐振的条件，这样，在正常情况下，如果架空线路三相对地电容不完全相等，则电源中性点对地之间就有一个电压偏移。此外，在断路器合闸三相触头不同时闭合时，也将短时出现一个数值更大的零序分量电压。

在上述两种情况下所出现的零序电压将在串联谐振的回路中产生很大的电流，因而在灭弧线圈上产生很大的电压降落，也就是使电源中性点的对地电压要大幅度升高，这是不允许的。因此，在现实中不能采用完全补偿方式。

（2）欠补偿方式，即要使 $I_{C\Sigma} > I_L$，须补偿后的接地电流 $\dot{I}_{jd}$ 仍然是电容性的。

采用这种欠补偿方式时，仍然不能避免完全补偿中存在的问题。因为当系统运行方式发生变化时，例如，某元件被切除或因发生故障而跳闸，则电容电流就将减小，这时很可能又出现两个电流相等的情况，从而引起过电压。

因此欠补偿方式一般也是不采用的。

（3）过补偿方式，即要使 $I_{C\Sigma} < I_L$，须补偿后的接地电流 $\dot{I}_{jd}$ 是电感性的。

采用这种方法不可能发生串联谐振过电压问题，因此在实际中获得了广泛的应用。

系统中为避免出现谐振过电压，常采用过补偿方式，其补偿系数

$$K = \frac{I_L - I_{C\Sigma}}{I_{C\Sigma}} \times 100\% = 5\% \sim 10\% \qquad (3\text{-}47)$$

总结以上分析的结果可知，采用过补偿后，该系统中零序分量的特征如下：

1）全系统出现零序电压和零序电流。

由于过补偿作用使该系统经故障点、故障线路的零序电流大幅度减小，因此它的大小与非故障线路的零序电流值差别不大，其次由于补偿系数不大，因此采用零序电流保护很难满足灵敏系数的要求。

2）采用过补偿方式后故障线零序电流和零序功率方向与非故障线零序电流和零序功率方向相同，就无法利用零序功率方向保护来选择故障线路。

3）在接地短路暂态过程中，接地电流中含有丰富的高次谐波分量。

4）接地故障时，暂态过程中的暂态电容电流比稳态电容电流大得多，且在过渡过程中首半波幅值出现最大。

2. 中性点经灭弧线圈接地电网的保护方式

由上述可知，零序电流和零序功率方向保护均不适合中性点经灭弧线圈接地系统，这种系统一般用以下保护方式。

（1）采用绝缘监视装置。

利用中性点经灭弧线圈接地电网发生单相接地时，电网出现零序分量特点，构成绝缘监视装置，实现无选择性的接地保护。当电网中任一线路发生单相接地时，全电网都会出现零序电压，发出告警信号，因此，它发出的是无选择性信号。为找出故障线路，必须由值班人员依次短时断开每条线路，并继之以自动重合闸将断开线路重新投入运行。当断开某一线路，零序电压信号消失，说明该线路便是故障线路。

（2）零序电流保护。

当中性点经灭弧线圈接地电网发生单相接地时，补偿后的残余电流较大，能满足选择性和灵敏度的要求时，可采用零序电流保护。

（3）反应接地电流有功分量的保护。

其特点是在灭弧线圈两端并联接入一个电阻，在正常运行情况下，此电阻由断路器断开，在线路发生接地故障的瞬时将电阻投入，这时在接地点将产生一个有功分量的电流，该有功分量电流作用于余弦型功率方向继电器并动作，从而实现接地保护，同时有选择性地发出接地信号，在保护装置动作以后，再把电阻自动切除。这种保护方式的缺点是投入电阻时，接地电流加大，可能导致故障扩大；同时还需要增加电阻和断路器等一次设备，因此，投资成本较高。目前，对于中性点经灭弧线圈接地的电网，在线路发生接地故障的瞬时短时投入电阻，还是一个比较有效的方法。

（4）反应高次谐波分量的保护。

在电力系统中，5次谐波分量数值最大，它是由于电源电动势中存在高次谐波分量和负荷的非线性而产生的，并随系统运行方式的改变而变化。在中性点经灭弧线圈接地的电网中，5次谐波电容电流不能被灭弧线圈所补偿，所以可以不考虑灭弧线圈存在的影响。5次谐波电容电流在中性点经灭弧线圈接地的电网中的分布与基波在中性点不接地电网中分布一致。因此，当发生单相接地时，故障线路上5次谐波零序电流基本上等于非故障线路上5次谐波电容电流之和，而非故障线路上5次谐波零序电流基本上等于本身的5次谐波电容电流，在出线较多的情况下，二者差别很大。所以5次谐波电流分量的接地保护能灵敏地反应单相接地故障。

（5）反应暂态过程的接地保护。

根据理论分析和实验结果可以得出，中性点经灭弧线圈接地电网发生单相接地的暂态过程与中性点不接地电网单相接地的暂态过程相同。根据单相接地暂态过程的特点，可以构成反应暂态过程的接地保护。一般反应暂态过程的接地保护方式有如下两种：①反应暂态电流幅值的接地保护。利用在暂态过程中接地电容电流首半波幅值很大的特点构成零序保护，考虑到暂态过程的迅速衰减，应采用速动继电器，并在起动后实现自保持。②反应暂态零序分量首半波方向的接地保护。这种保护是应用反应暂态零序电流和零序电压首半波方向原理构成的。对于辐射型网络，非故障线路始端暂态零序电压和零序电流首半波方向相同；而接地故障线路暂态零序电压和零序电流首半波方向相反。根据这一特点，可以构成接地保护装置。

直到目前为止，中性点经灭弧线圈接地系统中的单相接地保护还没有获得完善的和令人满意的解决方法，因此这也是继电保护领域中需进一步研究的课题之一。在中性点不接地的系统中当电容电流较小时，也同样存在这个问题需要解决。

三、对中性点非直接接地电网的接地保护的评价

绝缘监视是一种无选择性的信号装置，它的优点是简单、经济，但在寻找接地故障线路的过程中，不仅要短时中断对用户的供电，而且操作工作量大。这种装置广泛安装在发电厂和变电站母线上，用以监视本网络中的单相接地故障。

当中性点不接地系统中出现线路数较多，全系统对地电容电流较大时，可采用零序电流保护实现有选择性的接地保护；当灵敏系数不够时，可利用接地故障时故障线路与非故障线路电容电流方向不同的特点来实现零序功率方向保护。

在中性点经灭弧线圈接地的系统中，仍可用零序电压保护原理构成绝缘监视，但不能采用反应零序电流或零序电流方向构成有选择性的保护，可以利用零序电流的高次谐波分量构成高次谐波（5次）电流方向保护，或根据反应暂态电流的幅值，反应暂态零序分量首半波构成接地保护，但是其效果都不理想。目前，对中性点经灭弧线圈接地的系统实行有选择性的接地保护的课题还没有很好地解决。

复习思考题

3-1　在中性点直接接地电网中，为何不采用三相式相间电流保护兼做单相接地保护？大接地电流系统中的接地保护有哪些？

3-2　何谓中性点非直接接地电网？在这种网络中发生单相接地故障时，出现的零序电压和零序电流有什么特点？它与中性点直接接地电网中，接地故障时出现的零序电压和零序电流在大小、分布及相位上都有什么不同？

3-3　为什么中性点不接地电网的零序方向电流保护的功率方向继电器最灵敏角选择 $\varphi_{sen} = 90°$？

3-4　中性点经灭弧线圈接地电网中，发生单相接地故障时，故障相零序电压和零序电流有什么特点？保护方式如何确定？

3-5　何谓欠补偿、过补偿及完全补偿？通常采用哪种补偿方式较好，为什么？

3-6　何谓绝缘监视？作用如何？如何实现？

第四章　电网的距离保护

第一节　距离保护概述

一、距离保护的基本概念

电流保护的主要优点是简单、可靠、经济，但是电流保护整定值的选择、保护范围及灵敏度等方面都直接受电网接线方式及系统运行方式的影响。对于容量大、电压高和结构复杂的网络，难以满足电网对保护的要求。例如，对于高压长距离重负荷线路，由于负荷电流大，线路末端发生短路时，短路电流的数值与负荷电流相差不大，故电流保护就往往不能满足灵敏度的要求；对于电流速断保护，其保护范围受电网运行方式的变化而变化，保护范围不稳定，某些情况下可能无保护区；对于多电源复杂网络，方向过电流保护的动作时限往往不能按选择性的要求整定，且动作时限长，难以满足电力系统对保护快速动作的要求。所以电流保护一般只适用于 35kV 及以下电压等级的配电网，对于 110kV 及以上电压等级的复杂电网，必须采用性能更加完善的保护装置，距离保护就是适应这种要求的一种保护原理。

距离保护是反应保护安装地点至故障点之间的距离，并根据距离的远近而确定动作时限的一种保护装置，它可根据其端子上所加的电压和电流测知保护安装处至故障点间的阻抗值，此阻抗值称为距离保护的测量阻抗，反应故障位置的远近，所以距离保护又称为阻抗保护。与电流保护一样，距离保护也有一个保护范围，短路发生在这一范围内，保护动作，否则保护不动作。正常运行时保护安装处测量到的阻抗为负荷阻抗 Z_L，即

$$Z_m = \frac{\dot{U}_m}{\dot{I}_m} = Z_L \tag{4-1}$$

式中　$\dot{U}_m$——被保护线路母线的相电压、测量电压；

$\dot{I}_m$——被保护线路的电流、测量电流；

Z_m——测量电压与测量电流之比、测量阻抗。

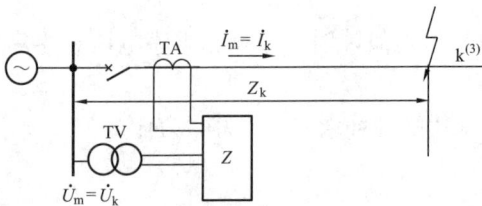

图 4-1　距离保护接线示意图

在被保护线路任一点发生故障时，如图 4-1 所示，保护安装处的测量电压为 $\dot{U}_m = \dot{U}_k$，测量电流为故障电流 $\dot{I}_k$，这时的测量阻抗为保护安装处到短路点的短路阻抗 Z_k，即

$$Z_m = \frac{\dot{U}_m}{\dot{I}_m} = \frac{\dot{U}_k}{\dot{I}_k} = Z_k \tag{4-2}$$

在短路以后，母线电压下降，而流经保护安装地点的电流增大，这样短路阻抗 $|Z_k|$ 比正常时测到的负荷阻抗 $|Z_L|$ 大幅度降低。所以，阻抗保护的测量阻抗可以区分正常运行和短路故障。测量阻抗 Z_m 为短路点到保护安装处的线路阻抗 Z_k，测量阻抗 Z_m 反应了短路点到保护安装处的距离远近，可以构成反应一端电气量的保护。所以距离保护反应的信息量 Z_m 在故障前后变化比电流变化量大，因而比反应单一物理量的电流保护灵敏度高。

距离保护的实质是用整定阻抗 Z_{set} 与被保护线路的测量阻抗 Z_{m} 进行比较。当短路点在保护范围以外时，即 $|Z_{\text{m}}| > |Z_{\text{set}}|$ 时继电器不动。当短路点在保护范围内，即 $|Z_{\text{m}}| < |Z_{\text{set}}|$ 时继电器动作。顺便指出，使距离保护刚能动作的最大测量阻抗称为动作阻抗（Z_{act}）或起动阻抗。

二、时限特性

距离保护的动作时间 t 与保护安装处到故障点之间的距离 l 的关系称为距离保护的时限特性，目前获得广泛应用的是阶梯型时限特性，如图 4-2 所示，分别称为距离保护的Ⅰ、Ⅱ、Ⅲ段，这种时限特性与3段式电流保护的时限特性相同，一般也作成三阶梯式，即有与三个动作范围相应的三个动作时限 t^{I}、t^{II}、t^{III}。

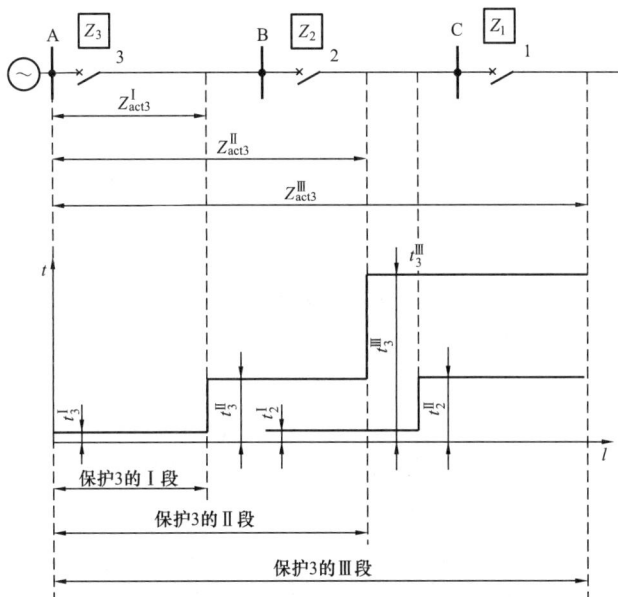

图 4-2　三段式距离保护各段的保护范围和动作时间示意图

距离保护的第Ⅰ段是瞬时动作的，t^{I} 是保护本身的固有动作时间。以保护3为例，其第Ⅰ段本应保护线路 A-B 的全长，然而实际上是不可能的，因为当线路 B-C 出口处发生短路时，保护3的第Ⅰ段不应动作，其起动阻抗的整定值必须躲开这一点短路时所测量到的阻抗 Z_{AB}，即 $Z^{\text{I}}_{\text{act3}}$ 小于 Z_{AB}。考虑到阻抗继电器和电流、电压互感器的误差，需引入可靠系数 K_{rel}（一般取 0.8～0.85），则

$$Z^{\text{I}}_{\text{act3}} = (0.8 \sim 0.85)Z_{\text{AB}}$$

整定后，距离Ⅰ段只能包括本线路全长的 80%～85%，为了切除本线路末端 15%～20% 范围以内的故障，需要设置距离保护第Ⅱ段。距离Ⅱ段整定值的选择与限时电流速断保护相似，即应使其不超过下一条线路距离Ⅰ段的保护范围，同时高出一个 Δt 的时限，以保证选择性。例如，当保护2第Ⅰ段末端发生短路时，保护3的测量阻抗

$$Z_3 = Z_{\text{AB}} + Z^{\text{I}}_{\text{act2}}$$

引入可靠系数 $K^{\text{II}}_{\text{rel}}$，则保护3的起动阻抗

$$Z^{\text{II}}_{\text{act3}} = K^{\text{II}}_{\text{rel}}(Z_{\text{AB}} + Z^{\text{I}}_{\text{act2}})$$

距离Ⅰ段和Ⅱ段的联合工作构成本线路的主保护。

为了作为相邻线路保护装置和断路器拒绝动作的后备保护，同时也作为距离Ⅰ段和Ⅱ段的后备保护，还应该装设距离Ⅲ段保护。对距离Ⅲ段的整定和过电流保护相似，其起动阻抗要按躲开正常运行时的负荷阻抗来选择，动作时限高出相邻与之配合的元件保护的动作时限一个 Δt。

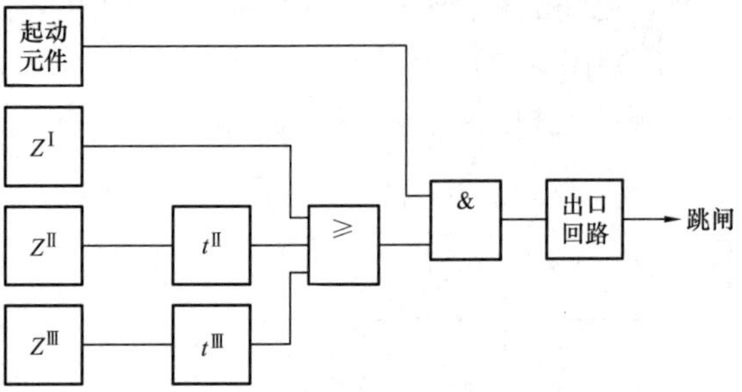

图 4-3　三段式距离保护的组成元件和逻辑框图

三、距离保护的组成

三段式距离保护装置一般由起动元件、阻抗元件、时间元件组成，其逻辑关系如图 4-3 所示。

1. 起动元件

起动元件的主要作用是在发生故障的瞬间起动整套保护。起动元件可由过电流继电器、低阻抗继电器或反应于负序和零序电流及相电流突变量或相电流差突变量等的继电器构成。

2. 阻抗元件

阻抗元件（Z^{I}、Z^{II}、Z^{III}）的主要作用是测量短路点到保护安装处的距离（即测量阻抗），并与定值进行比较，判断是否起动。

3. 时间元件

时间元件（t^{II}、t^{III}）的主要作用是按照故障点到保护安装处的远近，根据预定的时限特性确定动作的时限，以保证保护动作的选择性，一般采用时间继电器，微机保护则用计数器或计时器实现。

正常运行时，起动元件不起动，保护装置处于闭锁状态。当正方向发生故障时，起动元件动作，距离保护投入工作。如果故障点位于第Ⅰ段保护范围内，则 Z^{I} 动作，瞬时作用于出口回路，动作于跳闸。如果故障点位于距离Ⅰ段之外的距离Ⅱ段保护范围内，则 Z^{I} 不动作，而 Z^{II} 动作，经 t^{II} 时限，使断路器跳闸，切除故障。如果故障点位于距离Ⅱ段之外的距离Ⅲ段保护范围内，则 Z^{I} 和 Z^{II} 不动作，而 Z^{III} 动作，经 t^{III} 时限，使断路器跳闸，切除故障。距离Ⅲ段是后备保护，只要故障位于Ⅲ段保护范围内，当 Z^{III} 动作且 t^{III} 延时到达后，而故障未被 Z^{I}、Z^{II} 或其他保护切除的情况下，仍可通过"与门"和出口回路跳闸。

第二节　阻抗继电器的接线方式

由上一节分析可知，距离保护是反应故障点至保护安装地点之间的距离（阻抗），并根据距离的远近而确定动作时间的一种保护装置。该装置的核心部件为阻抗元件，习惯上称为阻抗继电器。

依据引入电压和电流量的不同，可以分为单相式阻抗元件（第Ⅰ类阻抗元件）和多相补偿式阻抗元件（第Ⅱ类阻抗元件）。对于单相式阻抗元件，根据其端子上所加的一个电压（可以是相电压或线电压）和一个电流（可以是相电流或两相电流之差）测知保护安装处至短路点的阻抗值，此阻抗称为继电器的测量阻抗。对于多相补偿式阻抗元件，其端子上所加的是多相电压和电流，不能直接测知保护安装处至短路点间的阻抗值，只能根据其端子上所加的电压和电流间接测定保护安装处至短路点间的距离。本书只介绍单相式阻抗元件，多相补偿式阻抗元件可参考其他书籍。

阻抗继电器（阻抗元件）的接线方式是指接入阻抗元件的一定相别电压和一定相别电流的组合。不同的接线方式将影响继电器的测量阻抗，因此，阻抗继电器的接线方式必须满足下列要求。

（1）继电器的测量阻抗应能准确判断故障地点，即与故障点至保护安装处的距离成正比。

（2）继电器的测量阻抗应与故障类型无关，即保护范围不随故障类型而变化。

说明，阻抗继电器的接线方式是沿用模拟式保护的说法。在模拟式保护中，每个阻抗继电器都有相应的硬件，接入的电压、电流就称为该阻抗继电器的接线方式。在微机保护中，阻抗继电器是由软件的算法实现的，其接线方式实际上指的是在计算阻抗继电器工作电压（又称补偿电压）时所用到的电压和电流。为了便于理解和说明，下面仍然在模拟式距离保护的基础上对这些原理进行阐述。

常用的接线方式有两种：①反应相间短路的0°接线方式；②反应接地短路的带零序电流补偿的接线方式。当采用3个阻抗继电器K1、K2、K3分别接于三相时，两种接线方式接入的电压和电流见表4-1。对第一种接线方式，假设系统三相对称且功率因数为1的情况下，加入阻抗继电器的相间电压（如 $\dot{U}_{AB}$）和两相电流差（如 $\dot{I}_A - \dot{I}_B$）之间的夹角为零度，所以称为0°接线。第二种接线方式，又称为相电压、相电流及 $3K\dot{I}_0$ 补偿的接线方式。为了便于讨论，假设为金属性短路，忽略负荷电流，并假设电流互感器和电压互感器变比都为1。

表 4-1　　　　　　　　　　　　　阻抗继电器的常用接线方式

继电器	接线方式			
	$\dfrac{\dot{U}_{\varphi\varphi}}{\dot{I}_{\varphi\varphi}}$ (0°)		$\dfrac{\dot{U}_{\varphi}}{\dot{I}_{\varphi} + 3K\dot{I}_0}$	
	$\dot{U}_K$	$\dot{I}_K$	$\dot{U}_K$	$\dot{I}_K$
K1	$\dot{U}_{AB}$	$\dot{I}_A - \dot{I}_B$	$\dot{U}_A$	$\dot{I}_A + 3K\dot{I}_0$
K2	$\dot{U}_{BC}$	$\dot{I}_B - \dot{I}_C$	$\dot{U}_B$	$\dot{I}_B + 3K\dot{I}_0$
K3	$\dot{U}_{CA}$	$\dot{I}_C - \dot{I}_A$	$\dot{U}_C$	$\dot{I}_C + 3K\dot{I}_0$

一、反应相间短路阻抗继电器的0°接线

这种接线方式在距离保护中得到了广泛应用，对各种相间短路继电器测量阻抗的分析如下。

1. 三相短路

如图4-4所示，由于三相对称，三个阻抗继电器K1、K2、K3的工作情况完全相同，故仅以K1为例分析之。设短路点至保护安装地点之间的距离为 L 千米，线路每千米的正序阻抗为 $Z_1\Omega$，则保护安装地点的电压 $\dot{U}_{AB}$ 应为

$$\dot{U}_{AB} = \dot{U}_A - \dot{U}_B = \dot{I}_A Z_1 L - \dot{I}_B Z_1 L = (\dot{I}_A - \dot{I}_B) Z_1 L$$

此时，阻抗继电器的测量阻抗

$$Z_{\mathrm{m}}^{(3)}=\frac{\dot{U}_{\mathrm{AB}}}{\dot{I}_{\mathrm{A}}-\dot{I}_{\mathrm{B}}}=Z_1 L$$

在三相短路时，3个继电器的测量阻抗均等于短路点到保护安装地点之间的正序阻抗，3个继电器均能正确动作。

2. 两相短路

如图 4-5 所示，设以 AB 两相短路为例，分析此时 3 个阻抗继电器的测量阻抗。对 K1 而言，有

$$\dot{U}_{\mathrm{AB}}=\dot{I}_{\mathrm{A}}Z_1 L-\dot{I}_{\mathrm{B}}Z_1 L=(\dot{I}_{\mathrm{A}}-\dot{I}_{\mathrm{B}})Z_1 L$$

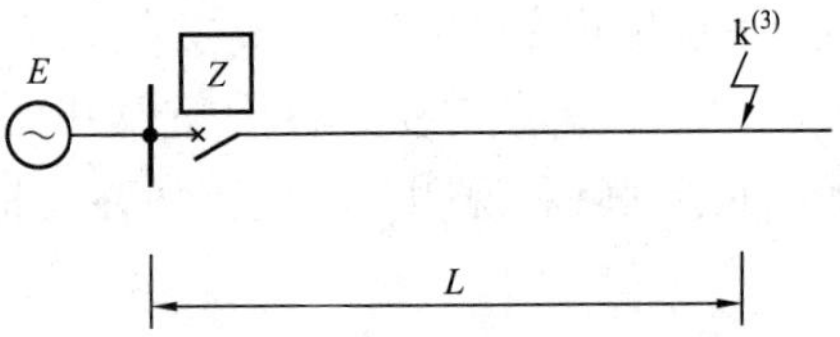

图 4-4　三相短路测量阻抗分析 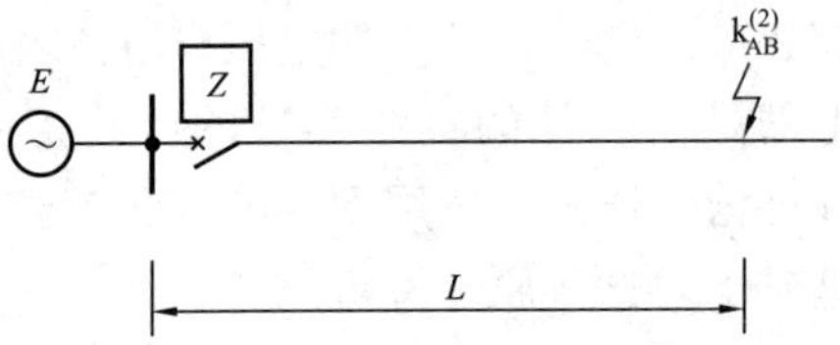　　　　图 4-5　两相短路测量阻抗分析

则

$$Z_{\mathrm{m}}^{(2)}=\frac{\dot{U}_{\mathrm{AB}}}{\dot{I}_{\mathrm{A}}-\dot{I}_{\mathrm{B}}}=Z_1 L$$

与三相短路时的测量阻抗相同，因此 K1 能正确动作。但对 K2 和 K3，由于所加电压为故障相与非故障相间的电压，其值较 $\dot{U}_{\mathrm{AB}}$ 高，而电流又只有一个故障相的电流，数值较（$\dot{I}_{\mathrm{A}}-\dot{I}_{\mathrm{B}}$）小，因此，其测量阻抗必然大于 $Z_1 L$，不能动作。但由于 K1 能正确动作，因此 K2 和 K3 拒动不会影响整套保护的动作。

同理，在 BC 或 CA 发生两相短路时，相应地分别有 K2 和 K3 能准确测量出 $Z_1 L$ 而正确动作。

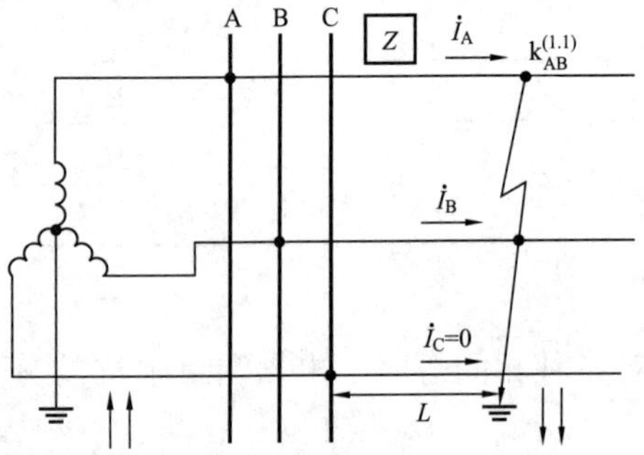

图 4-6　两相接地短路测量阻抗分析

3. 中性点直接接地电网中两相接地短路

如图 4-6 所示，设故障发生在 AB 相，它与两相短路不同之处是地中有电流流回，因此 $\dot{I}_{\mathrm{A}}\neq-\dot{I}_{\mathrm{B}}$。我们可以把 A 相和 B 相看成两个"导线—地"的送电线路并有互感耦合在一起，设 Z_{L} 表示每千米的自感阻抗，Z_{M} 表示每千米的互感阻抗，则保护安装地点的故障相电压应为

$$\dot{U}_{\mathrm{A}}=\dot{I}_{\mathrm{A}}Z_{\mathrm{L}}L+\dot{I}_{\mathrm{B}}Z_{\mathrm{M}}L$$

$$\dot{U}_{\mathrm{B}}=\dot{I}_{\mathrm{B}}Z_{\mathrm{L}}L+\dot{I}_{\mathrm{A}}Z_{\mathrm{M}}L$$

继电器 K1 的测量阻抗

$$Z_{\mathrm{m}}^{(1.1)}=\frac{\dot{U}_{\mathrm{AB}}}{\dot{I}_{\mathrm{A}}-\dot{I}_{\mathrm{B}}}=\frac{(\dot{I}_{\mathrm{A}}-\dot{I}_{\mathrm{B}})(Z_{\mathrm{L}}-Z_{\mathrm{M}})L}{\dot{I}_{\mathrm{A}}-\dot{I}_{\mathrm{B}}}$$

$$= (Z_\text{L} - Z_\text{M})L = Z_1 L$$

由此可见，当发生 A-B 两相接地短路时，K1 的测量阻抗与三相短路时相同，保护能够正确动作。但对 K2 和 K3，由于所加电压为故障相与非故障相间的电压，其值较 $\dot{U}_\text{AB}$ 高，而电流又只有一个故障相的电流，数值较（$\dot{I}_\text{A} - \dot{I}_\text{B}$）小，因此，其测量阻抗必然大于 $Z_1 L$，不能动作。但由于 K1 能正确动作，因此 K2 和 K3 拒动不会影响整套保护的动作。

由以上分析可知，阻抗继电器的接线适合各种类型相间短路故障，但它不能反应单相接地故障。

二、反应接地短路阻抗继电器的接线

在大接地电流系统中，零序电流保护不能满足要求时，一般采用接地距离保护。单相接地故障时，只有故障相电压降低，电流增大，而任何相间电压都是很高的。因此应将故障相的电压和电流加入继电器中，即采用表 4-1 所示的第二种接线方式。

设短路点至保护安装地点之间的距离为 L 千米，线路每千米的正序阻抗为 $Z_1 \Omega$，故障点电压分别为 $\dot{U}_\text{kA}$、$\dot{U}_\text{kB}$、$\dot{U}_\text{kC}$，保护安装处测量的相电压分别为 $\dot{U}_\text{A}$、$\dot{U}_\text{B}$、$\dot{U}_\text{C}$，以 A 相作为特殊相，

$$
\begin{aligned}
\dot{U}_\text{A} &= \dot{U}_\text{kA} + \dot{I}_1 Z_1 L + \dot{I}_2 Z_2 L + \dot{I}_0 Z_0 L \\
&= \dot{U}_\text{kA} + \dot{I}_\text{A} Z_1 L - \dot{I}_0 Z_1 L + \dot{I}_0 Z_0 L \\
&= \dot{U}_\text{kA} + \left(\dot{I}_\text{A} + \frac{Z_0 - Z_1}{Z_1} \dot{I}_0 \right) Z_1 L \\
&= \dot{U}_\text{kA} + \left(\dot{I}_\text{A} + \frac{Z_0 - Z_1}{3 Z_1} \times 3\dot{I}_0 \right) Z_1 L \\
&= \dot{U}_\text{kA} + \left(\dot{I}_\text{A} + K \times 3\dot{I}_0 \right) Z_1 L \\
\dot{U}_\text{B} &= \dot{U}_\text{kB} + \alpha^2 \dot{I}_1 Z_1 L + \alpha \dot{I}_2 Z_2 L + \dot{I}_0 Z_0 L \\
&= \dot{U}_\text{kB} + \left(\alpha^2 \dot{I}_1 + \alpha \dot{I}_2 + \dot{I}_0 + \dot{I}_0 \frac{Z_0}{Z_1} - \dot{I}_0 \right) Z_1 L \\
&= \dot{U}_\text{kB} + \left(\dot{I}_\text{B} + \frac{Z_0 - Z_1}{3 Z_1} \times 3\dot{I}_0 \right) Z_1 L \\
&= \dot{U}_\text{kB} + \left(\dot{I}_\text{B} + K \times 3\dot{I}_0 \right) Z_1 L
\end{aligned}
$$

同理

$$\dot{U}_\text{C} = \dot{U}_\text{kC} + \left(\dot{I}_\text{C} + K \times 3\dot{I}_0 \right) Z_1 L$$

其中，$K = \dfrac{Z_0 - Z_1}{3 Z_1}$，称为零序补偿系数；$Z_1$、$Z_2$、$Z_0$ 分别为线路的正序阻抗、负序阻抗和零序阻抗，且 $Z_1 = Z_2$。当同一条线路发生故障时，零序补偿系数可以看作和故障位置无关的常数。

接入继电器的电流 $\dot{I}_\text{k} = \dot{I}_\text{A} + 3K\dot{I}_0$，则故障相阻抗继电器的测量阻抗

$$Z_\text{mA}^{(1)} = \frac{\dot{U}_\text{k}}{\dot{I}_\text{k}} = \frac{\dot{U}_\text{A}}{\dot{I}_\text{A} + 3K\dot{I}_0} = Z_1 L$$

它能正确地测量从短路点到保护安装地点间的阻抗。为了反应任一相的单相接地短路，接地

距离保护也必须采用 3 个阻抗继电器，其接线方式分别为 $\dot{U}_A$、$\dot{I}_A + 3K\dot{I}_0$，$\dot{U}_B$，$\dot{I}_B + 3K\dot{I}_0$，$\dot{U}_C$、$\dot{I}_C + 3K\dot{I}_0$。

这种接线方式同样能够正确反应两相接地短路和三相短路。此时接于故障相的阻抗继电器的测量阻抗均为 Z_1L，能正确动作；接于非故障相的阻抗继电器的测量阻抗均大于 Z_1L，不动作。

通过以上第一和第二部分的分析可知，对所有短路类型，选择 6 个阻抗元件就能实现所有故障类型情况下的阻抗测量。当发生某种故障类型时，6 个阻抗元件中至少有一个的测量阻抗值等于短路点到保护安装地点之间的正序阻抗。

反应相间短路的阻抗元件：

$$\begin{cases} Z_{mAB} = \dfrac{\dot{U}_{AB}}{\dot{I}_A - \dot{I}_B} \\[3mm] Z_{mBC} = \dfrac{\dot{U}_{BC}}{\dot{I}_B - \dot{I}_C} \\[3mm] Z_{mCA} = \dfrac{\dot{U}_{CA}}{\dot{I}_C - \dot{I}_A} \end{cases} \tag{4-3}$$

反应接地短路的阻抗元件：

$$\begin{cases} Z_{mA} = \dfrac{\dot{U}_A}{\dot{I}_A + K \times 3\dot{I}_0} \\[3mm] Z_{mB} = \dfrac{\dot{U}_B}{\dot{I}_B + K \times 3\dot{I}_0} \\[3mm] Z_{mC} = \dfrac{\dot{U}_C}{\dot{I}_C + K \times 3\dot{I}_0} \end{cases} \tag{4-4}$$

式（4-3）及式（4-4）都可以用下式来表示：

$$Z_m = \frac{\dot{U}_m}{\dot{I}_m} \tag{4-5}$$

只不过对于不同的阻抗元件，对应的电压和电流不同。例如，反应 AB 两相短路的阻抗元件，$\dot{U}_m = \dot{U}_{AB}$，$\dot{I}_m = \dot{I}_A - \dot{I}_B$；而反应 A 相接地短路的阻抗元件，$\dot{U}_m = \dot{U}_A$，$\dot{I}_m = \dot{I}_A + K \times 3\dot{I}_0$。

第三节　阻抗继电器的构成原理

单相式阻抗元件是指引入一个电压 $\dot{U}_m$（可以是相电压或线电压）和一个电流 $\dot{I}_m$（可以是相电流或两相电流之差）的阻抗元件。$\dot{U}_m$ 和 $\dot{I}_m$ 的比值称为元件的测量阻抗 Z_m，即 $Z_m = \dot{U}_m / \dot{I}_m$。由于 Z_m 可以写成 $R + jX$ 的复数形式，因此可以利用复数平面来分析单相式阻抗元件的动作特性，并用几何图形表示出来，如图 4-7 所示。

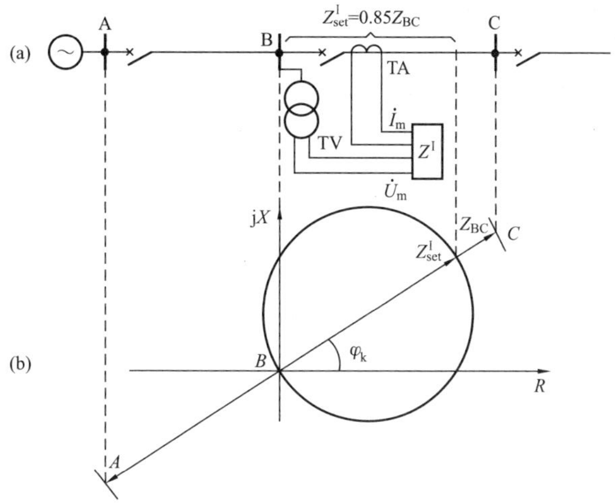

图 4-7 用复数平面分析阻抗继电器的特性

(a) 系统图;(b) 阻抗特性图

我们以图 4-7 (a) 中线路 BC 的距离保护第 I 段为例进行说明。设其整定阻抗 $Z_{\text{set}}^{\text{I}}=0.85Z_{\text{BC}}$,并假设整定阻抗角 φ_{set} 与线路阻抗角 φ_{k} 相等,即 $\varphi_{\text{set}}=\varphi_{\text{k}}$,线路始端 B 位于坐标的原点,则 $Z_{\text{set}}^{\text{I}}$ 在阻抗复平面上的位置应与 Z_{BC} 相重合,只是在 $0.85Z_{\text{BC}}$ 处。当正方向发生短路时测量阻抗 Z_{m} 在第一象限,正向测量阻抗与 R 轴的夹角为线路的阻抗角 φ_{k},反方向发生短路时,测量阻抗 Z_{m} 在第三象限。如果测量阻抗 Z_{m} 的相量落在 $Z_{\text{set}}^{\text{I}}$ 相量以内,则阻抗继电器动作;反之,阻抗元件不动作。然而,阻抗元件的动作特性如果是一条线段,是不行的。例如,在出口附近发生通过过渡电阻的短路,测量阻抗 Z_{m} 相量将偏离 Z_{BC} 的方向,阻抗元件将不动作。另外,在实际系统的接线中,加于阻抗元件上的电压和电流分别来自电压互感器和电流互感器的二次侧,因此它与从互感器一次侧测量到的阻抗,即保护安装处的一次侧测量阻抗之间存在下列关系

$$Z_{\text{m}}=\frac{\dot{U}_{\text{m}}}{\dot{I}_{\text{m}}}=\frac{\dot{U}_{\text{B}}/n_{\text{TV}}}{\dot{I}_{\text{BC}}/n_{\text{TA}}}=Z_{\text{k}}\frac{n_{\text{TA}}}{n_{\text{TV}}}$$

式中 $\dot{U}_{\text{B}}$——加于保护装置的一次侧电压,即母线 B 的电压;

$\dot{I}_{\text{BC}}$——接入保护装置的一次侧电流,即从 B 流向 C 的电流;

n_{TV}——电压互感器的变比;

n_{TA}——电流互感器的变比;

Z_{k}——一次侧的测量阻抗,即线路的短路阻抗。

由于互感器有数值误差和相位误差,元件也有误差,它们导致测量阻抗不能与 Z_{BC} 方向完全一致。因此,阻抗元件的动作特性不应只是一条线段,而应是包含该线段在内的某些简单图形的面积。

为了能消除过渡电阻及互感器误差的影响,尽量简化元件的接线,可以把阻抗元件的动作特性扩大为一个圆。图 4-7 (b) 所示的阻抗元件的动作特性为方向特性圆,圆内为动作区,圆外为非动作区。

一、阻抗继电器的动作特性和动作方程

阻抗继电器的动作特性用阻抗复平面上的几何图形来描述，比如，下面要介绍的圆特性、直线特性和多边形特性。此外，描述阻抗继电器动作条件的数学方程称为阻抗继电器的动作方程，比如，下面要介绍的幅值比较动作方程和相位比较动作方程。

1. 全阻抗元件

（1）幅值比较。

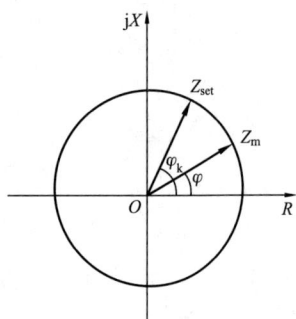

图 4-8　全阻抗继电器的动作特性

全阻抗元件的动作特性如图 4-8 所示，它是以整定阻抗 Z_{set} 为半径，以坐标原点为圆心的一个圆，动作区在圆内。测量阻抗在圆内任何象限时，阻抗元件都能动作，没有方向性。全阻抗元件的动作与边界条件：

$$|Z_{set}| \geqslant |Z_m| \tag{4-6}$$

或

$$|Z_{set}\dot{I}_m| \geqslant |Z_m\dot{I}_m| \tag{4-7}$$

令 $\dot{A}=\dot{I}_m Z_{set}$，$\dot{B}=\dot{I}_m Z_m$，式（4-6）或式（4-7）变为 $|\dot{A}| \geqslant |\dot{B}|$，这便是比较两电压相量幅值大小的比幅式元件的动作与边界条件。

（2）相位比较。

相位比较的动作特性如图 4-9 所示，元件的动作与边界条件为 Z_m+Z_{set} 与 Z_m-Z_{set} 的夹角大于等于 90°，即

$$90° \leqslant \arg \frac{Z_m+Z_{set}}{Z_m-Z_{set}} = \theta \leqslant 270° \tag{4-8}$$

两边同乘电流量，得

$$90° \leqslant \arg \frac{\dot{U}_m+\dot{I}_m Z_{set}}{\dot{U}_m-\dot{I}_m Z_{set}} = \arg \frac{\dot{C}}{\dot{D}} = \theta \leqslant 270° \tag{4-9}$$

式（4-9）中，$\dot{C}$ 量超前于 $\dot{D}$ 量时 θ 角为正，反之为负。

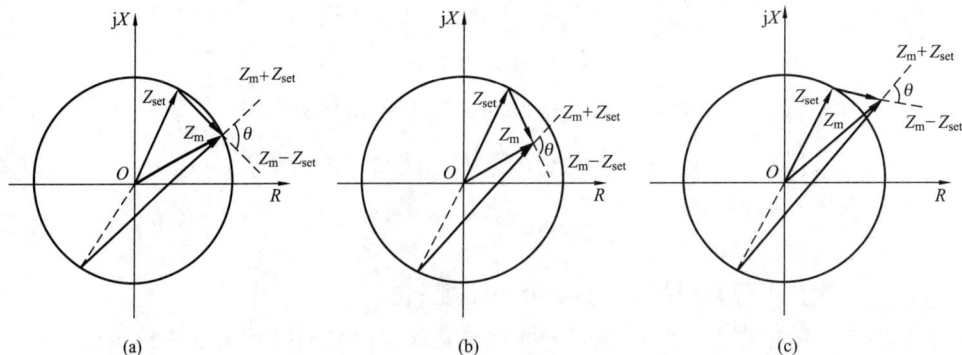

图 4-9　相位比较方式分析全阻抗继电器的动作特性

（a）测量阻抗在圆上；（b）测量阻抗在圆内；（c）测量阻抗在圆外

2. 方向阻抗元件

（1）幅值比较。

方向阻抗元件的动作特性为一个圆，如图 4-10（a）所示，圆的直径为整定阻抗 Z_{set}，圆周通过坐标原点，动作区在圆内。当正方向发生短路时，若故障在保护范围内部，则元件动作；当反方向发生短路时，测量阻抗在第Ⅲ象限，元件不动。因此，这种元件的动作具有方向性，幅值比较的动作与边界条件为

$$\left| \frac{1}{2} Z_{\text{set}} \right| \geqslant \left| Z_{\text{m}} - \frac{1}{2} Z_{\text{set}} \right| \tag{4-10}$$

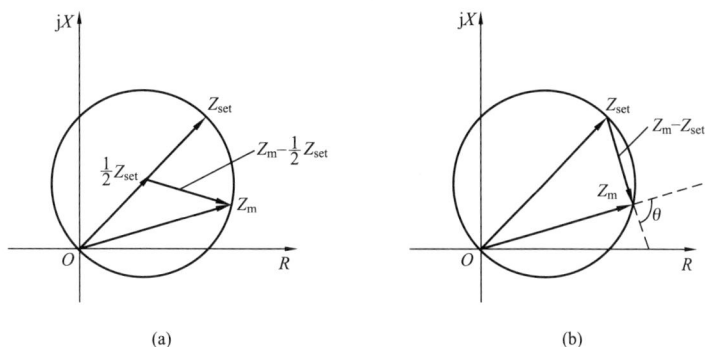

图 4-10 方向阻抗继电器的动作特性
（a）幅值比较的分析；（b）相位比较的分析

两边同乘电流，得

$$|\dot{A}| = \left| \frac{1}{2} \dot{I}_{\text{m}} Z_{\text{set}} \right| \geqslant \left| \dot{U}_{\text{m}} - \frac{1}{2} \dot{I}_{\text{m}} Z_{\text{set}} \right| = |\dot{B}| \tag{4-11}$$

（2）相位比较。

相位比较的方向阻抗元件动作特性如图 4-10（b）所示，其动作与边界条件为

$$90° \leqslant \arg \frac{Z_{\text{m}}}{Z_{\text{m}} - Z_{\text{set}}} = \theta \leqslant 270° \tag{4-12}$$

分式上下同乘电流，得

$$90° \leqslant \arg \frac{\dot{U}_{\text{m}}}{\dot{U}_{\text{m}} - \dot{I}_{\text{m}} Z_{\text{set}}} = \arg \frac{\dot{C}}{\dot{D}} \leqslant 270° \tag{4-13}$$

3. 偏移特性阻抗元件

（1）幅值比较。

偏移特性阻抗元件的动作特性，如图 4-11 所示，圆的直径为 Z_{set} 与 $\dot{\alpha} Z_{\text{set}}$ 之差。其中，$\dot{\alpha} = （-0.1 \sim -0.2）$，圆心坐标 $Z_{oo'} = \frac{1}{2}（Z_{\text{set}} + \dot{\alpha} Z_{\text{set}}）$，圆的半径为 $\frac{1}{2}（Z_{\text{set}} - \dot{\alpha} Z_{\text{set}}）$，其动作与边界条件为

$$\left| \frac{1}{2}(Z_{\text{set}} - \dot{\alpha} Z_{\text{set}}) \right| \geqslant |Z_{\text{m}} - Z_{oo'}| \tag{4-14}$$

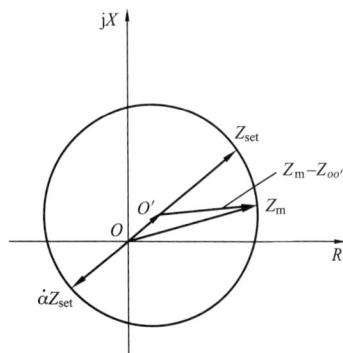

图 4-11 偏移特性阻抗继电器动作特性

即

$$\left|\frac{1}{2}(Z_{set}-\dot{\alpha}Z_{set})\right| \geqslant \left|Z_m-\frac{1}{2}(Z_{set}+\dot{\alpha}Z_{set})\right| \tag{4-15}$$

两边同乘电流，得

$$|\dot{A}|=\left|\frac{1}{2}(1-\dot{\alpha})\dot{I}_mZ_{set}\right| \geqslant \left|\dot{U}_m-\frac{1}{2}(1+\dot{\alpha})\dot{I}_mZ_{set}\right| \tag{4-16}$$

（2）相位比较。

偏移特性阻抗元件相位比较分析，如图 4-12 所示，其相位比较的动作与边界条件为

$$90° \leqslant \arg\frac{Z_m-\dot{\alpha}Z_{set}}{Z_m-Z_{set}}=\theta \leqslant 270°$$

两边同乘电流，得

$$90° \leqslant \arg\frac{\dot{U}_m-\dot{\alpha}\dot{I}_mZ_{set}}{\dot{U}_m-\dot{I}_mZ_{set}}=\arg\frac{\dot{C}}{\dot{D}} \leqslant 270° \tag{4-17}$$

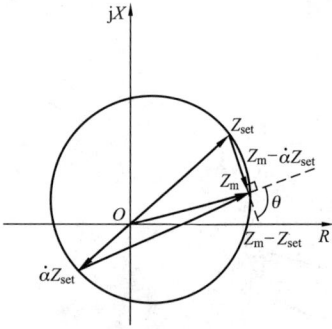

图 4-12　偏移特性阻抗继电器相位比较分析

4. 直线特性阻抗元件

阻抗圆的半径为无穷大时，圆特性变为直线特性，如图 4-13（a）、（b）所示，AA' 为动作特性边界线，直线的一侧为动作区（如下侧阴影区域），另一侧为不动作区。其整定阻抗 Z_{set} 为垂直于边界线 AA' 的有向线段 OC，延长 Z_{set} 的 2 倍便得 $2Z_{set}$ 相量，则幅值比较的动作与边界条件为

$$|2Z_{set}-Z_m| \geqslant |Z_m| \tag{4-18}$$

两边同乘电流 $\dot{I}_m$，得

$$|\dot{A}|=|2\dot{I}_mZ_{set}-\dot{U}_m| \geqslant |\dot{U}_m|=|\dot{B}| \tag{4-19}$$

相位比较的动作与边界条件为

$$90° \leqslant \arg\frac{Z_{set}}{Z_m-Z_{set}}=\theta \leqslant 270° \tag{4-20}$$

式（4-20）中分子分母同乘电流 $\dot{I}_m$，有

$$90° \leqslant \arg\frac{\dot{U}_{set}}{\dot{U}_m-\dot{I}_mZ_{set}}=\arg\frac{\dot{C}}{\dot{D}} \leqslant 270° \tag{4-21}$$

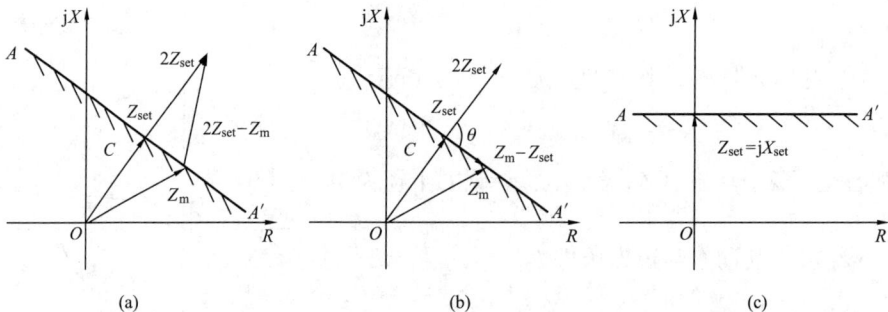

图 4-13　直线特性阻抗继电器动作特性

（a）幅值比较式的分析；（b）相位比较式的分析；（c）电抗型继电器

当 $Z_{set}=jX_{set}$ 时，动作特性直线与 R 轴平行，称为电抗型继电器，如图 4-13（c）所示。该继电器的动作行为与 R 值的大小无关，因而有较好的避越电弧电阻的能力。

功率方向继电器可看成方向阻抗继电器的一个特例，即当整定阻抗 Z_{set} 趋向于无穷大的特性圆时就趋于和直径 Z_{set}（如图 4-10 所示）垂直的一条圆的切线，即直线 AA'（见图 4-14 所示）。因此，如果从阻抗继电器的观点来理解功率方向继电器，那就意味着只要是正方向短路，而不管测量阻抗的数值多大，继电器都能起动，而真正的方向阻抗继电器除了必须是正方向短路以外，还必须测量阻抗小于一定的数值才能起动。

在最大灵敏角的方向上任取两个量 Z_{set} 和 $-Z_{set}$，如图 4-14（a）所示。当测量阻抗 Z_m 位于直线 AA' 上方时，元件动作。作相量 Z_m-Z_{set} 和 Z_m+Z_{set}，则幅值比较的功率方向元件的动作与边界条件为

$$|Z_m+Z_{set}| \geqslant |Z_m-Z_{set}| \tag{4-22}$$

式（4-22）两边均以电流 $\dot{I}_m$ 乘之，则变为如下两个电压的比较

$$|\dot{A}|=|\dot{U}_m+\dot{I}_m Z_{set}| \geqslant |\dot{U}_m-\dot{I}_m Z_{set}|=|\dot{B}| \tag{4-23}$$

如果用相位比较方式来分析功率方向元件的动作特性，则如图 4-14（b）所示。只要 Z_m 超前 $-Z_{set}$ 的角度 θ 位于 $90° \leqslant \theta \leqslant 270°$，就是它能够动作的条件。将 Z_m 和 $-Z_{set}$

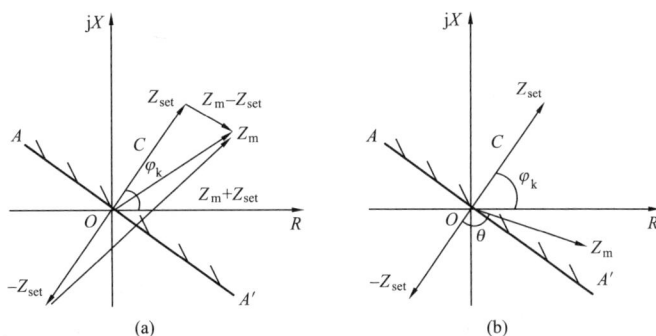

图 4-14　功率方向阻抗继电器的动作特性
（a）比幅式；（b）比相式

均以电流 $\dot{I}_m$ 乘之，则变为如下两个电压的比较

$$90° \leqslant \arg\frac{\dot{U}_m}{-\dot{I}_m Z_{set}}=\arg\frac{\dot{C}}{\dot{D}}=\theta \leqslant 270° \tag{4-24}$$

5. 幅值比较动作方程和相位比较动作方程的互换关系

全阻抗元件、方向阻抗元件、偏移特性阻抗元件或直线动作特性的阻抗元件幅值比较的 $\dot{A}$、$\dot{B}$ 相量与相位比较的 $\dot{C}$、$\dot{D}$ 相量之间在忽略 $\frac{1}{2}$ 或 2 倍关系时，如图 4-15 和图 4-16 所示，满足下列关系

$$\dot{C}=\dot{B}+\dot{A}$$
$$\dot{D}=\dot{B}-\dot{A}$$

或者说，满足

$$\dot{A}=\dot{C}-\dot{D}$$

$$\dot{B}=\dot{C}+\dot{D}$$

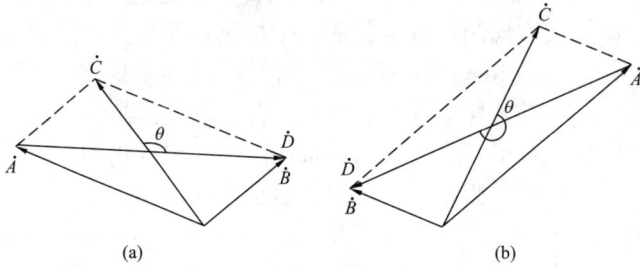

图 4-15　$|\dot{A}|>|\dot{B}|$ 相量图

(a) $90°<\arg\dfrac{\dot{C}}{\dot{D}}$ ；（b）$\arg\dfrac{\dot{C}}{\dot{D}}<270°$

从上面的分析可知，幅值比较原理和相位比较原理之间具有互换性，这种转换的依据是平行四边形法则。不论实际继电器是由哪一种方式构成的，都可以根据需要采用任一种比较方式来分析其动作特性。但是应该指出，这种转换关系只适用于正弦波的交流电气量，且相位比较动作范围 $90°\leqslant\arg\dfrac{\dot{C}}{\dot{D}}\leqslant270°$ 和幅值比较动作条件 $|\dot{A}|\geqslant|\dot{B}|$。

6. 具有多边形动作特性的阻抗继电器

除了圆特性和直线特性外，阻抗继电器的动作特性在复数阻抗平面上还可以是各种形状的多边形。图 4-17 示出了一种类型的阻抗元件多边形动作特性，多边形以内为动作区，多边形以外为不动作区，即测量阻抗 Z_m 末端位于多条边上为动作边界。

图 4-17 中直线 3 和直线 4 保证了阻抗继电器的方向性，第Ⅲ象限不动作。直线 1 是向右下倾斜的电抗型继电器动作特性，是为了防止区外经过渡电阻短路时出现的稳态超越（见 4.4 节）而引起误动作，提高耐受过渡电阻的能力。直线 2 是向右倾斜 α_3 角的电阻型继电器动作特性，用来躲事故过负荷时的最小负荷阻抗；R_{set} 按躲过最小负荷阻抗整定，防止正常运行时测量阻抗落入四边形特性区域内。X_{set} 和 R_{set} 可以独立整定，多边形特性容易满足长线路和短线路的不同要求。

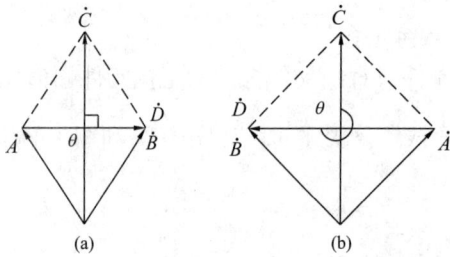

图 4-16　$|\dot{A}|=|\dot{B}|$ 相量图

(a) $90°=\arg\dfrac{\dot{C}}{\dot{D}}$ ；（b）$\arg\dfrac{\dot{C}}{\dot{D}}=270°$

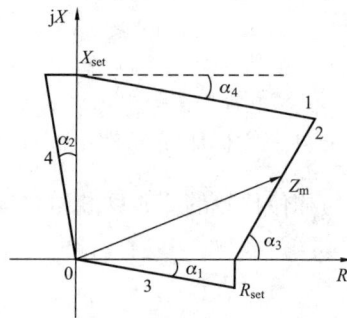

图 4-17　阻抗继电器的多边形动作特性

多边形动作特性的阻抗元件，在微机保护中是先用傅氏算法计算出测量电压 $\dot{U}_{\mathrm{m}}$ 和测量电流 $\dot{I}_{\mathrm{m}}$ 基波分量的正弦和余弦分量，然后求出测量阻抗 Z_{m}。或者采用接微分方程算法直接算出电阻 R 和电感 L，进而得到测量阻抗 Z_{m}。设测量阻抗 Z_{m} 的实部为 R_{m}，虚部为 X_{m}，则图 4-17 在第Ⅳ象限部分的特性可以表示为

$$\left.\begin{array}{l} R_{\mathrm{m}} \leqslant R_{\mathrm{set}} \\ X_{\mathrm{m}} \geqslant -R_{\mathrm{set}} \tan\alpha_1 \end{array}\right\}$$

第Ⅱ象限部分的特性可以表示为

$$\left.\begin{array}{l} X_{\mathrm{m}} \leqslant X_{\mathrm{set}} \\ R_{\mathrm{m}} \geqslant -X_{\mathrm{set}} \tan\alpha_2 \end{array}\right\}$$

第Ⅰ象限部分的特性可以表示为

$$\left.\begin{array}{l} R_{\mathrm{m}} \leqslant R_{\mathrm{set}} + X_{\mathrm{m}} \cot\alpha_3 \\ X_{\mathrm{m}} \leqslant X_{\mathrm{set}} - R_{\mathrm{m}} \tan\alpha_4 \end{array}\right\}$$

二、阻抗继电器工作电压和极化电压的物理意义

圆特性全阻抗继电器、方向阻抗继电器、偏移特性阻抗继电器相位比较动作方程分别为式（4-9）、式（4-13）和式（4-17），通过比较不难发现，各式的分母具有相同的形式，记为

$$\dot{U}'_{\mathrm{m}} = \dot{U}_{\mathrm{m}} - \dot{I}_{\mathrm{m}} Z_{\mathrm{set}} \tag{4-25}$$

$\dot{U}'_{\mathrm{m}}$ 称为阻抗继电器的工作电压，又称为补偿电压。图 4-18 是一个双电源网络，给出了输电线路上不同地点发生短路时工作电压 $\dot{U}'_{\mathrm{m}}$ 的变化情况。由图 4-18 可见，在所有保护区以外发生金属性短路时，工作电压 $\dot{U}'_{\mathrm{m}}$ 都等于保护范围末端的真实电压。当保护范围内部短路时，由电源 $\dot{E}_{\mathrm{M}}$ 提供的电流 $\dot{I}_{\mathrm{m}}$ 只流到故障点，此时的工作电压 $\dot{U}'_{\mathrm{m}}$ 仅是一个计算值，可由电压分布线延长到保护范围末端得到。

如果以某一个电压为基准，测量工作电压 $\dot{U}'_{\mathrm{m}}$ 相位的变化，就可以构成阻抗继电器。这个作为基准的电压，称为极化电压，又称为参考电压。选择不同的极化电压，就可以构成不同特性的阻抗继电器。

如果以保护安装处的母线电压 $\dot{U}_{\mathrm{m}}$ 为极化电压，就构成了方向阻抗继电器。由图 4-18 可知，当外部短路时，$\dot{U}_{\mathrm{m}}$ 与 $\dot{U}'_{\mathrm{m}}$ 相位相同，如图 4-18（a）和（d）所示。当保护范围末端短路时，$\dot{U}'_{\mathrm{m}} = 0$，阻抗继电器处于临界动作状态，如图 4-18（b）所示。当保护范围内部短路时，$\dot{U}_{\mathrm{m}}$ 与 $\dot{U}'_{\mathrm{m}}$ 相位相反，如图 4-18（c）所示。

三、以故障前电压为极化电压的阻抗元件

对于方向阻抗继电器，当保护出口短路时，故障线路母线上的残余电压将降低到零，即 $\dot{U}_{\mathrm{m}} = 0$。对幅值比较的方向阻抗继电器，其动作条件为 $\left| \dfrac{1}{2} \dot{I}_{\mathrm{m}} Z_{\mathrm{set}} \right| \geqslant \left| \dot{U}_{\mathrm{m}} - \dfrac{1}{2} \dot{I}_{\mathrm{m}} Z_{\mathrm{set}} \right|$，当 $\dot{U}_{\mathrm{m}} = 0$ 时，该式变为 $\left| \dfrac{1}{2} \dot{I}_{\mathrm{m}} Z_{\mathrm{set}} \right| \geqslant \left| -\dfrac{1}{2} \dot{I}_{\mathrm{m}} Z_{\mathrm{set}} \right|$，此时被比较的两个电压变为相等，理论上处于动作边界，实际上，由于继电器的执行元件动作需要消耗一定的功率，因此，在这样的情况下继电器不动作。对于相位比较的方向阻抗继电器，其动作条件为 $90° \leqslant \arg$

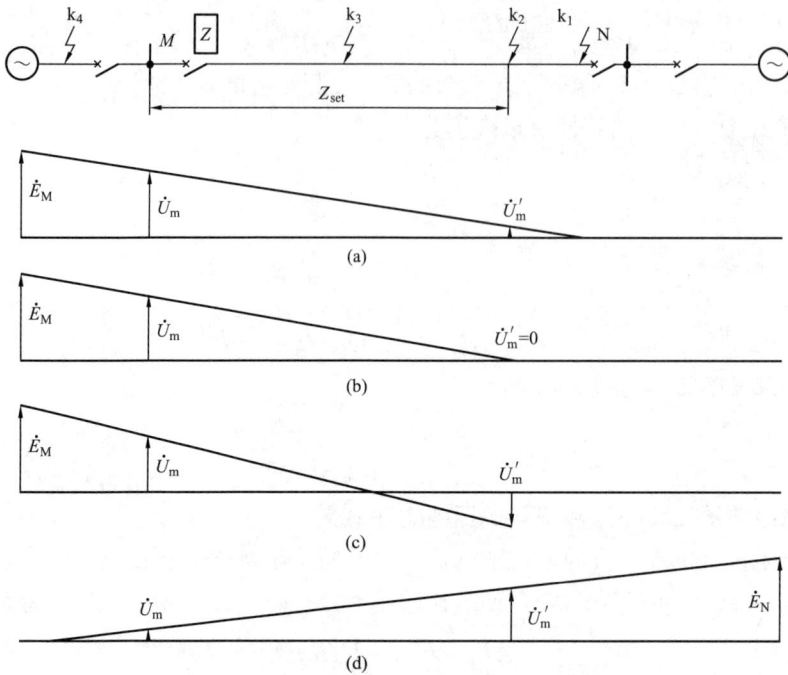

图 4-18 不同地点发生短路时 $\dot{U}'_{\mathrm{m}}$ 的变化

（a）k_1 点短路；（b）k_2 点短路；（c）k_3 点短路；（d）k_4 点短路

$\dfrac{\dot{U}_{\mathrm{m}}}{\dot{U}_{\mathrm{m}}-\dot{I}_{\mathrm{m}}Z_{\mathrm{set}}}\leqslant 270°$，当 $\dot{U}_{\mathrm{m}}=0$ 时，无法进行比相，因而继电器也不动作。这种不动作的范围，称为保护的"死区"。

为了减小和消除方向阻抗继电器保护出口短路时的死区，常采用的一种方法是对方向阻抗继电器的极化电压 $\dot{U}_{\mathrm{m}}$ 进行"记忆"，用故障前的母线电压 $\dot{U}_{\mathrm{m}}$ 作为极化电压。因为正常运行时的母线相电压或相间电压不为零，从而保证了出口短路时"记忆"期间的继电器能够正确动作。除此之外的另一种方法是用正序电压 $\dot{U}_{\mathrm{m1}}$ 作为极化电压，在下一节进行介绍。

设记忆的故障前电压为 $\dot{U}_{\mathrm{m|0|}}$，以其为极化电压构成方向阻抗继电器的比相动作方程为

$$90°\leqslant \arg \frac{\dot{U}_{\mathrm{m|0|}}}{\dot{U}_{\mathrm{m}}-\dot{I}_{\mathrm{m}}Z_{\mathrm{set}}}\leqslant 270° \tag{4-26}$$

由于故障前的电压 $\dot{U}_{\mathrm{m|0|}}$ 和系统的运行方式有关，式（4-26）的动作方程不能转化为测量阻抗 Z_{m} 单一变量形式。也就是说，式（4-26）不再是单相式阻抗元件（第 I 类阻抗元件），而是类似于多相补偿式阻抗元件，其动作特性的分析只能根据故障前的状态和具体的故障条件进行分析。

1. 正方向短路时的动作特性分析

正方向短路时系统的接线及其有关参数如图 4-19 所示，由图可见

$$\dot{I}_{\mathrm{m}}=\frac{\dot{E}_{\mathrm{M}}}{Z_{\mathrm{m}}+Z_{\mathrm{x}}}$$

此处 Z_m 为 Z_k 和短路点过渡阻抗之和，从而有

$$\dot{U}_m - \dot{I}_m Z_{set} = \dot{I}_m(Z_m - Z_{set}) = \frac{\dot{E}_M}{Z_m + Z_x}(Z_m - Z_{set}) \tag{4-27}$$

将式（4-27）代入式（4-26），得

$$90° \leqslant \arg \frac{\dot{U}_{m|0|}}{\dot{E}_M} \frac{Z_m + Z_x}{Z_m - Z_{set}} \leqslant 270°$$

如果短路前为空载，则 $\dot{U}_{m|0|} = \dot{E}_M$，从而有

$$90° \leqslant \arg \frac{Z_m + Z_x}{Z_m - Z_{set}} \leqslant 270°$$

此时继电器的动作特性为以相量 Z_{set} 和 $-Z_x$ 末端的连线为直径所作的圆，圆内为动作区，如图 4-20 所示。动作特性圆虽然包括坐标原点，但并不意味着失去方向性，因为上述特性是在保护正方向短路的前提下导出的，不适用于保护反方向短路的情况。

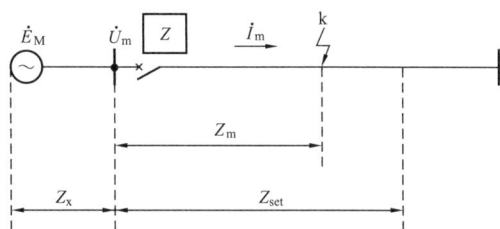

图 4-19　正方向短路时系统接线图　　　　图 4-20　正方向短路时的动作特性

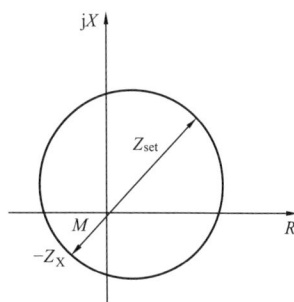

2. 反方向短路时的动作特性分析

反方向短路系统的接线图如图 4-21 所示，此时短路电流由 $\dot{E}_N$ 供给，但仍假定电流的正方向由母线流向被保护线路，且 $Z'_x > Z_{set}$，则

$$\dot{U}_m - \dot{I}_m Z_{set} = \dot{I}_m(Z_m - Z_{set}) = -\frac{\dot{E}_N}{Z'_x - Z_m}(Z_m - Z_{set}) \tag{4-28}$$

将式（4-28）代入式（4-26），得

$$90° \leqslant \arg \frac{\dot{U}_{m|0|}}{\dot{E}_N} \frac{Z_m - Z'_x}{Z_m - Z_{set}} \leqslant 270° \tag{4-29}$$

如果短路前为空载，则 $\dot{U}_{m|0|} = \dot{E}_N$，从而有

$$90° \leqslant \arg \frac{Z_m - Z'_x}{Z_m - Z_{set}} \leqslant 270° \tag{4-30}$$

此时继电器的动作特性为以相量（$Z'_x - Z_{set}$）为直径所作的圆，如图 4-22 所示，圆内为动作区。

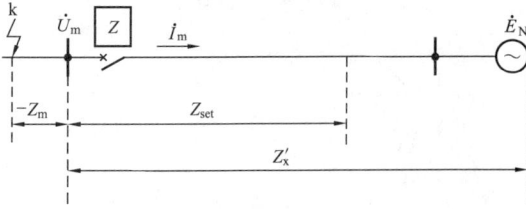

图 4-21 反方向短路系统接线图

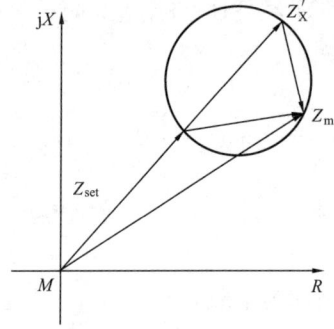

图 4-22 反向短路时的动作特性

此结果表明，当反方向短路时，必须出现一个正的短路阻抗才可能引起继电器的动作，但实际上继电器测量到的 $-Z_m$ 在第Ⅲ象限。因此，在反方向发生短路时，以记忆故障前电压 $\dot{U}_{m|0|}$ 为极化电压构成的阻抗元件不会动作，具有明确的方向性。

四、以正序电压为极化电压的阻抗元件

上一节分析了故障前保护安装处母线电压 $\dot{U}_m$ 作为极化电压，本节介绍正序电压 $\dot{U}_{m1}$ 作为极化电压。用正序电压作为极化电压是基于这样的考虑，正序电压在系统中的分布是电源处的正序电压最高，短路点的正序电压最低。只要发生的是不对称故障，即使是故障点，其正序电压也是比较高的。比如，发生 A 相金属性短路接地，短路点 A 相电压为零，但是短路点 A 相的正序电压不为零，而且其值很大。因此，在发生不对称短路时，无论短路点远近，保护安装处的正序电压都很大，而且还能够正确比相。传统模拟量保护是通过引入第三相电压来实现的，微机保护可以直接计算正序电压。

以正序电压为极化电压的阻抗继电器的动作方程为

$$90° \leqslant \arg \frac{\dot{U}_{m1}}{\dot{U}_m - \dot{I}_m Z_{set}} \leqslant 270° \tag{4-31}$$

为了分析其动作特性，仍按正方向短路和反方向短路两种情况分别进行讨论。

1. 正方向短路

以图 4-19 所示的单侧电源系统为例，不计负荷电流的影响，分别对 k 点发生两相短路和三相短路进行分析。设电源电动势为 $\dot{E}_A$、$\dot{E}_B$、$\dot{E}_C$，保护测量的相电流分别为 $\dot{I}_A$、$\dot{I}_B$、$\dot{I}_C$，正序电流为 $\dot{I}_{A1}$、$\dot{I}_{B1}$、$\dot{I}_{C1}$，系统的各序阻抗为 Z_{X1}、Z_{X2}、Z_{X0}。

以 BC 两相短路为例，工作电压

$$\dot{U}'_{BC} = \dot{U}_m - \dot{I}_m Z_{set} = \dot{U}_{BC} - (\dot{I}_B - \dot{I}_C)Z_{set} = (\dot{I}_B - \dot{I}_C)(Z_m - Z_{set})$$
$$= 2\dot{I}_B(Z_m - Z_{set}) \tag{4-32}$$

BC 相间阻抗继电器极化电压

$$\dot{U}_{BC1} = \dot{U}_{m1} = \dot{U}_{B1} - \dot{U}_{C1} = (\dot{E}_{MB} - \dot{I}_{B1}Z_{X1}) - (\dot{E}_{MC} - \dot{I}_{C1}Z_{X1})$$
$$= \dot{E}_{MBC} - (\dot{I}_{B1} - \dot{I}_{C1})Z_{X1} = (\dot{I}_B - \dot{I}_C)(Z_m + Z_{X1}) - \dot{I}_B Z_{X1}$$
$$= 2\dot{I}_B(Z_m + 0.5Z_{X1}) \tag{4-33}$$

上面推导中用到了 BC 两相短路时的一些基本关系式 $\dot{I}_B = -\dot{I}_C$ 和 $\dot{I}_{B1} - \dot{I}_{C1} = \dot{I}_B$。将

式（4-32）和式（4-33）代入动作方程式（4-31），得

$$90° \leqslant \arg \frac{Z_m + 0.5Z_{X1}}{Z_m - Z_{set}} \leqslant 270° \tag{4-34}$$

正方向三相短路时，由于三相短路的对称关系，反应各种短路的阻抗继电器动作特性都相同，以 BC 相为例进行分析，有

$$\dot{U}'_{BC} = \dot{U}_m - \dot{I}_m Z_{set} = \dot{I}_m Z_m - (\dot{I}_B - \dot{I}_C)Z_{set} = (\dot{I}_B - \dot{I}_C)(Z_m - Z_{set})$$
$$= 2\dot{I}_B(Z_m - Z_{set}) \tag{4-35}$$

BC 相间阻抗继电器极化电压

$$\dot{U}_{BC1} = \dot{U}_{m1} = \dot{U}_{B1} - \dot{U}_{C1} = \dot{U}_{BC} = (\dot{I}_B - \dot{I}_C)Z_m \tag{4-36}$$

将式（4-35）和式（4-36）代入动作方程式（4-31），得

$$90° \leqslant \arg \frac{Z_m}{Z_m - Z_{set}} \leqslant 270° \tag{4-37}$$

图 4-23（a）为正方向两相短路和三相短路时的动作特性。正方向两相短路的动作特性是以 Z_{set} 和 $-0.5Z_{X1}$ 两点连线为直径的圆，Z_{X1} 是保护背后电源的等值正序阻抗；由于坐标原点位于动作特性圆内，因此正向出口两相短路时没有死区，不必再采取其他措施。正方向三相短路时的动作特性是以 Z_{set} 和坐标原点（M）两点连线为直径的圆，由于动作特性经过坐标原点会造成正方向出口三相短路有死区。

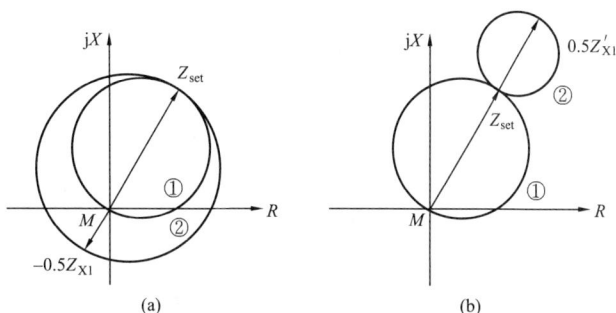

图 4-23 以正序电压为极化电压的阻抗继电器动作特性分析
(a) 正向短路时的动作特性；(b) 反向短路时的动作特性
①三相短路时的动作特性；②两相短路时的动作特性

2. 反方向短路

以图 4-21 所示的单侧电源系统为例，不考虑负荷电流的影响，分别对 k 点发生两相短路和三相短路进行分析。

BC 两相发生短路时，工作电压

$$\dot{U}'_{BC} = \dot{U}_m - \dot{I}_m Z_{set} = \dot{U}_{BC} - (\dot{I}_B - \dot{I}_C)Z_{set}$$
$$= -(\dot{I}_B - \dot{I}_C)(-Z_m) - (\dot{I}_B - \dot{I}_C)Z_{set}$$
$$= 2\dot{I}_B(Z_m - Z_{set}) \tag{4-38}$$

BC 相间阻抗继电器极化电压

$$\dot{U}_{BC1} = \dot{U}_{m1} = \dot{U}_{B1} - \dot{U}_{C1} = (\dot{E}_{NB} + \dot{I}_{B1}Z'_{X1}) - (\dot{E}_{NC} + \dot{I}_{C1}Z'_{X1})$$
$$= \dot{E}_{NBC} + (\dot{I}_{B1} - \dot{I}_{C1})Z'_{X1} = -(\dot{I}_B - \dot{I}_C)(-Z_m + Z'_{X1}) + \dot{I}_B Z'_{X1}$$
$$= 2\dot{I}_B(Z_m - 0.5Z'_{X1}) \tag{4-39}$$

将式（4-38）和式（4-39）代入动作方程式（4-31），得

$$90° \leqslant \arg \frac{Z_m - 0.5Z'_{X1}}{Z_m - Z_{set}} \leqslant 270° \tag{4-40}$$

反方向发生三相短路时，由于三相短路的对称关系，反应各种短路的阻抗继电器动作特性都相同，以 BC 相为例进行分析，有

$$\dot{U}'_{BC} = \dot{U}_m - \dot{I}_m Z_{set} = -\dot{I}_m(-Z_m) - \dot{I}_m Z_{set} = \dot{I}_m(Z_m - Z_{set}) \tag{4-41}$$

BC 相间阻抗继电器极化电压

$$\dot{U}_{BC1} = \dot{U}_{m1} = \dot{U}_{B1} - \dot{U}_{C1} = \dot{U}_{BC} = -\dot{I}_m(-Z_m) = \dot{I}_m Z_m \tag{4-42}$$

将式（4-41）和式（4-42）代入动作方程式（4-31），得

$$90° \leqslant \arg \frac{Z_m}{Z_m - Z_{set}} \leqslant 270° \tag{4-43}$$

图 4-23（b）为反方向两相短路和三相短路时的动作特性。反向两相短路时的动作特性是以 Z_{set} 和 $0.5Z'_{X1}$ 两点连线为直径的圆，Z'_{X1} 是保护正方向的等值正序阻抗；由于该圆向第一象限上抛，反向出口两相短路时测量阻抗落在第三象限，不会发生误动作。反方向三相短路时的动作特性是以 Z_{set} 和坐标原点（M）两点连线为直径的圆。

第四节　影响距离保护正确工作的因素及采取的防止措施

影响距离保护正确动作的因素很多，如电网的接线中可能具有分支电路；在 Y/$\triangle$（Yd）接线变压器后面发生短路；输电线路可能具有串联电容补偿；电力系统发生振荡；短路点具有过渡电阻；电流互感器和电压互感器的误差、过渡过程及二次回路断线等。以下分析几个主要的影响因素。

一、短路点过渡电阻对距离保护的影响

当短路点存在过渡电阻时，必然直接影响阻抗元件的测量阻抗。例如，对图 4-24（a）所示的单电源网络，当线路 L_2 的始端经过渡电阻 R_g 发生短路时，保护 1 的测量阻抗为 R_g，保护 2 的测量阻抗为 $Z_{AB} + R_g$。由图 4-24（b）可见，在这种情况下，过渡电阻会使测量阻抗增大，且增大的数值是不同的。当 R_g 较大时，可能出现 Z_{m1} 已超出保护 1 第 I 段整定的特性圆范围，而 Z_{m2} 仍位于保护 2 第 II 段整定的特性圆范围以内。此时保护 1 和保护 2 将同时以第 II 段的时限动作，因而失去了选择性。

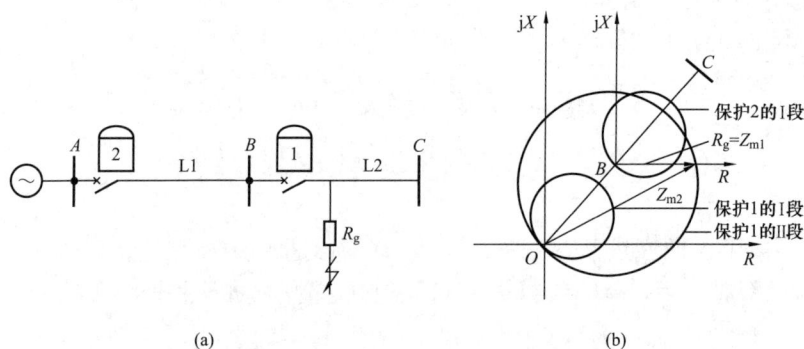

图 4-24　过渡电阻对不同安装地点距离保护的影响

（a）电网接线图；（b）保护范围图

由以上分析可见，保护装置距短路点越近，受过渡电阻的影响越大，同时保护装置的整

定值越小，则相对地受过渡电阻的影响也越大。

但是，对图 4-25（a）所示的双侧电源网络中，短路点的过渡电阻可能使测量阻抗增大，也可能使测量阻抗减小。设 $\dot{I}_{k1}$ 和 $\dot{I}_{k2}$ 分别为两侧电源供给的短路电流，在线路 AB 上经过渡电阻发生短路时，流经过渡电阻 R_g 的电流为 $\dot{I}_k = \dot{I}_{k1} + \dot{I}_{k2}$。加在保护 2 阻抗继电器上的电压 $\dot{U}_m$、电流 $\dot{I}_m$ 直接理解为阻抗继电器接线方式中规定的电压、电流。下述分析既适用于接地阻抗继电器，也适用于相间阻抗继电器。电压 $\dot{U}_m$ 规定的正方向为母线电位为正，中性点电位为负，箭头表示电位降方向；电流 $\dot{I}_m$ 规定的正方向为从母线流向被保护线路的方向为正方向。保护 2 故障相或故障相间的阻抗继电器测量阻抗为

$$Z_{m \cdot 2} = \frac{\dot{U}_m}{\dot{I}_m} = \frac{\dot{I}_{k1} Z_k + \dot{I}_k R_g}{\dot{I}_{k1}} = Z_k + \frac{I_k}{I_{k1}} R_g e^{j\alpha} = Z_k + Z_\alpha$$

式中　α——$\dot{I}_k$ 超前 $\dot{I}_{k1}$ 的角度；

Z_α——由过渡电阻产生的附加阻抗。

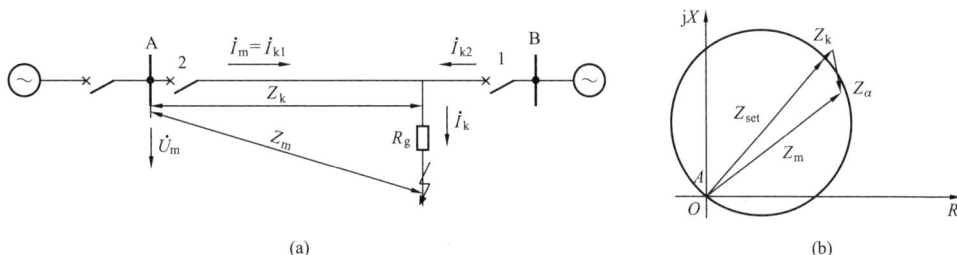

图 4-25　双侧电源通过短路的接线及阻抗电流相量图
（a）系统图；（b）相量图

当 α 为正时，Z_α 为电阻感性，测量阻抗 Z_m 增大，可能会造成区内发生短路时阻抗继电器的拒动；当 α 为负时，Z_α 为电阻容性，测量阻抗 Z_m 的电抗部分将减小，可能会造成区外发生短路时阻抗继电器误动。当保护 2 采用方向阻抗继电器时，其动作特性是图 4-25（b）所示的圆。当 Z_α 为电阻容性时，从图 4-25（b）中可见，当发生区外短路时，阻抗继电器可能会误动，这种区外短路的误动一般称为超越。

顺便指出，在继电保护中发生区外短路时，误动产生的超越分为暂态超越和稳态超越两种。暂态超越是由于短路电流中非周期分量电流和谐波分量电流造成的超越，随着非周期分量电流和谐波分量电流的衰减，这种超越也就不存在了，所以这种超越只发生在短路初期的暂态过程中，称为暂态超越。而由于过渡电阻的影响产生的超越是稳态超越，在短路稳态时也会引起区外短路产生误动。

从以上分析可知，过渡电阻可能会引起阻抗继电器的误动或拒动，为了使阻抗继电器能正确动作，必须采取措施来消除或减小过渡电阻的影响。

研究表明，短路点的过渡电阻主要是纯电阻性的电弧电阻 R_g，且电弧的长度和电流的大小都随时间而变化，在短路开始瞬间电弧电流很大，电弧的长度很短，R_g 很小。随着电弧电流的衰减和电弧长度的增加，R_g 随之增大，经 0.1～0.15s 后，R_g 剧烈增大。

根据电弧电阻的变化规律，为了减小过渡电阻对距离保护的影响，通常采用瞬时测定措

施和允许较大过渡电阻的阻抗继电器。

（1）采用瞬时测定措施。

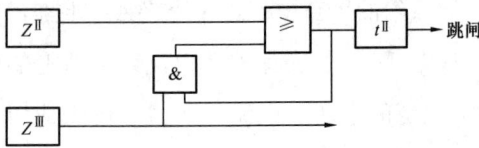

图 4-26 瞬时测定工作原理示意图

"瞬时测定"就是把Ⅱ段阻抗元件最初动作状态自保持一段时间，以保证在Ⅱ段发生区内故障时，Ⅱ段阻抗元件不因电弧发展和弧光电阻增大而返回，以保证在Ⅱ段时限后跳闸。图 4-26 是瞬时测定工作原理示意图，图中 Z^{II}、Z^{III} 分别为距离Ⅱ段和距离Ⅲ段阻抗测量元件，在 Z^{II} 保护区内发生短路，开始时弧光电阻尚未发展，Z^{II} 能正确动作，Z^{III} 较 Z^{II} 灵敏，在这种情况下肯定会动作，于是通过与门，Z^{II} 动作信号得以通过或门而自保持。在这种情况下，即使短路点弧光电阻增大，在 Z^{II} 时限尚未到达前，Z^{II} 虽返回，其动作状态仍通过或门自保持，直到 t^{II} 时限到达，距离保护Ⅱ段就可以跳闸。故障切除后 Z^{III} 返回，自保持撤销。

（2）采用允许较大过渡电阻的阻抗继电器。

采用能允许较大过渡电阻而不致发生拒动的阻抗继电器，如电抗继电器、多边形动作特性的阻抗继电器、偏移特性阻抗继电器等。

二、电力系统振荡对距离保护的影响及振荡闭锁回路

电力系统在正常运行时，所有接入系统的发电机都处于同步运行状态。当系统因短路切除太慢或因遭受较大冲击时，并列运行的发电机失去同步，系统发生振荡，振荡时，系统中各发电机电动势间的相角差发生变化。因此，可能导致保护发生误动。但通常系统振荡若干周期后可以被拉入同步，恢复正常运行。因此，距离保护必须考虑系统振荡对其工作的影响。

（一）电力系统发生振荡时电流、电压的分布

图 4-27 为简化系统等效电路图，当系统发生振荡时，设 $\dot{E}_M$ 超前于 $\dot{E}_N$ 的相位角为 δ，$|\dot{E}_M| = |\dot{E}_N| = E$，且系统中各元件的阻抗角相等，则振荡电流

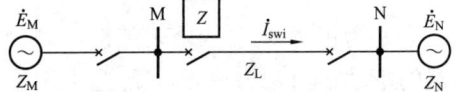

图 4-27 系统振荡的等值图

$$\dot{I}_{swi} = \frac{\dot{E}_M - \dot{E}_N}{Z_M + Z_L + Z_N} = \frac{\dot{E}_M - \dot{E}_N}{Z_\Sigma} = \frac{\dot{E}_M(1 - e^{-j\delta})}{Z_\Sigma}$$

振荡电流滞后于电动势差 $\dot{E}_M - \dot{E}_N$ 的角度为系统振荡阻抗角

$$\varphi = \arg\tan \frac{X_M + X_L + X_N}{R_M + R_L + R_N}$$

系统 M、N、Z 点的电压分别为

$$\dot{U}_M = \dot{E}_M - \dot{I}_{swi} Z_M$$

$$\dot{U}_N = \dot{E}_N + \dot{I}_{swi} Z_N$$

$$\dot{U}_Z = \dot{E}_M - \dot{I}_{swi} \frac{1}{2} Z_\Sigma$$

系统振荡时电压、电流相量图如图 4-28 所示。

Z 点位于 $\frac{1}{2}Z_\Sigma$ 处。当 $\delta=180°$ 时，$I_{swi}=\frac{2E}{Z_\Sigma}$ 达最大值，

电压 $\dot{U}_Z=0$，此点称为系统振荡中心。从电压、电流的数值来看，这和在此点发生三相短路无异。但是系统振荡属于不正常运行状态而非故障，继电保护装置不应动作切除振荡中心所在的线路。因此，继电保护装置必须具备区别三相短路和系统振荡的能力，才能保证在系统振荡状态下的正确工作。当系统振荡，δ 角在 $360°$ 范围变化时，振荡电

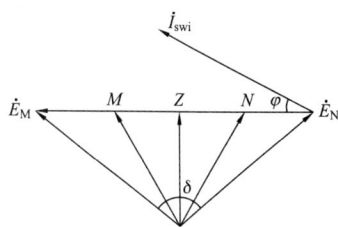

图 4-28　系统振荡时电压、电流相量图

流 I_{swi} 和系统各点电压（U_M、U_N 和 U_Z）随 δ 角变化的波形如图 4-29 所示。

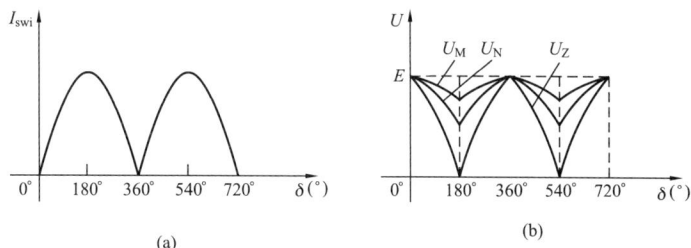

图 4-29　系统振荡时，振荡电流和各点电压的变化

（a）振荡电流 I_{swi}；（b）电压 U_M、U_N、U_Z

（二）电力系统振荡对距离保护的影响

设 $E_M=E_N$，$\dot{E}_M$ 超前 $\dot{E}_N$ 的角度为 δ，则图 4-27 所示的系统振荡时，M 母线上阻抗元件的测量阻抗

$$Z_{m\cdot M}=\frac{\dot{U}_M}{\dot{I}_{swi}}=\frac{\dot{E}_M-\dot{I}_{swi}Z_M}{\dot{I}_{swi}}=\frac{\dot{E}_M}{\dot{I}_{swi}}-Z_M$$

$$=\frac{\dot{E}_M}{(\dot{E}_M-\dot{E}_N)}Z_\Sigma-Z_M=\frac{1}{1-e^{-j\delta}}Z_\Sigma-Z_M$$

应用尤拉公式及三角公式，有

$$e^{-j\delta}=\cos\delta-j\sin\delta$$

$$1-e^{-j\delta}=\frac{2}{1-j\cot\dfrac{\delta}{2}}$$

于是

$$Z_{Mcl}=\left(\frac{1}{2}Z_\Sigma-Z_M\right)-j\frac{1}{2}Z_\Sigma\cot\frac{\delta}{2}$$

将此元件测量阻抗随 δ 变化的关系，画在以保护安装地点 M 为原点的复数阻抗平面上，当系统所有元件的阻抗角都相同时，阻抗元件的测量阻抗将在 Z_Σ 的垂直平分线 OO' 上移动，如图 4-30 所示。当 $\delta=0°$ 时，测量阻抗 $Z_{Mcl}=\infty$；当 $\delta=180°$ 时，测量阻抗 $Z_{m\cdot M}=\frac{1}{2}Z_\Sigma-Z_M$，即为保护安装地点到振荡中心 Z 点的线路阻抗。垂直平分线 OO' 上任一点 K 与 M 点的连线即为 $\dot{E}_M$ 端当电动势夹角为 δ 时所对应的测量振荡阻抗。

　　系统振荡对距离保护的影响如仍以变电站 M 处的保护为例，其距离 I 段起动阻抗整定为 $0.85Z_L$，在图 4-31 中以长度 MA 表示，由此可绘出各种继电器的动作特性曲线。其中，曲线 1 为方向椭圆继电器的特性，曲线 2 为方向阻抗继电器的特性，曲线 3 为全阻抗继电器的特性。当系统振荡时，测量阻抗的变化如图 4-31 中直线 OO' 所示，动作特性与直线 OO' 两个交点处对应角度分别为 δ' 和 δ''，在这两个交点范围以内继电器的测量阻抗均位于动作特性圆内，因此继电器就要起动，即在此范围内距离保护受振荡的影响可能会误动。由图 4-31 可见，在同样整定值的条件下全阻抗元件受振荡的影响最大，而椭圆元件所受的影响最小。一般而言，元件的动作特性在阻抗平面沿 OO' 方向所占的面积越大，受振荡的影响就越大。此外，距离保护受振荡的影响还与保护的安装地点有关。当保护安装地点越靠近于振荡中心，受到的影响就越大，而振荡中心在保护范围以外时，系统振荡，距离保护不会误动。当保护的动作带有较大的延时（≥1.5s）时，如距离 III 段，可利用延时躲开振荡的影响。

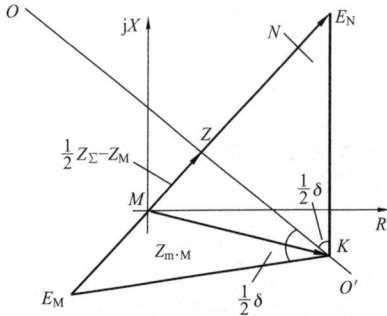

图 4-30　系统振荡时，测量阻抗的变化

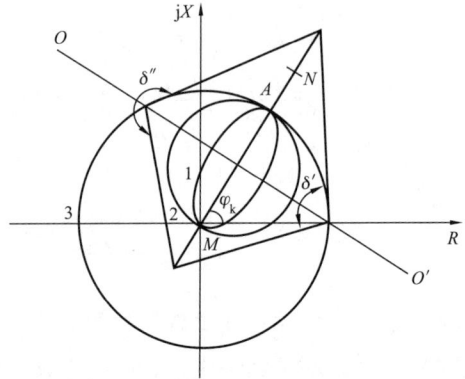

图 4-31　系统振荡时，变电站 M 外测量阻抗的变化图

（三）振荡闭锁回路

　　对于在系统振荡时可能误动的保护装置，应该装设专门的振荡闭锁回路，以防止系统发生振荡时误动。当系统振荡使两侧电源之间的角度摆到 $\delta = 180°$ 时，保护所受到的影响与在系统振荡中心处三相短路时的效果是一样的，因此，就必须要求振荡闭锁回路能够有效区分系统振荡和发生三相短路这两种不同的情况。

　　1. 电力系统振荡和短路时的主要区别

　　电力系统振荡和短路时的主要区别如下。

　　（1）振荡时电流和各电压幅值的变化速度 $\left(\dfrac{\mathrm{d}i}{\mathrm{d}t}、\dfrac{\mathrm{d}u}{\mathrm{d}t}\right)$ 较慢，而发生短路时电流是突然增大的，电压也是突然降低的。

　　（2）振荡时电流和各点电压幅值均作周期变化，各点电压与电流之间的相位角也作周期变化。

　　（3）振荡时三相完全对称，电力系统中不会出现负序分量；而发生短路时，总要长期（在不对称短路过程中）或瞬间（在三相短路开始时）出现负序分量。

　　2. 对振荡闭锁回路的要求

　　对振荡闭锁回路的要求如下。

（1）系统振荡而没发生故障时，应可靠地将保护闭锁。

（2）系统发生各种类型故障，保护不应被闭锁。

（3）在振荡过程中发生故障时，保护应能正确动作。

（4）先故障且故障发生在保护范围之外，而后振荡，保护不能无选择性动作。

3. 振荡闭锁回路的工作原理

振荡闭锁回路的工作原理如下。

（1）利用负序（和零序）分量或其增量起动的振荡闭锁回路。图 4-32 是微机距离保护采用的一种振荡闭锁回路简化原理方框图。图中，Z^{I}、Z^{II} 为 I、II 段阻抗元件，它们的动作输出信号受振荡闭锁控制。振荡闭锁回路起动元件利用负序电流及零序电流或它们的突变量构成。当系统发生短路时，振荡闭锁回路起动元件动作，起动时间元件 t_2，使距离保护 I、II 段开放 t_2 时间（一般取 160ms）。由于距离 II 段保护动作时延大于 t_2，为了保证 II 段动作，一旦 Z^{II} 起动，起动信号经或门自保持。如为距离保护 I、II 段区外故障，则因 Z^{I}、Z^{II} 不动作，160ms 后，保护又重新闭锁，进入复归状态。

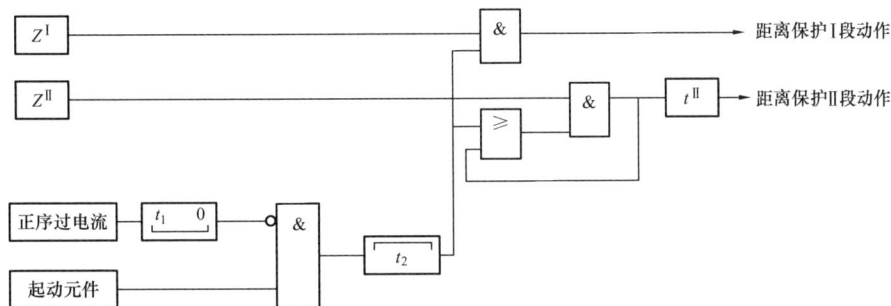

图 4-32　振荡闭锁回路简化原理方框图

图 4-32 中，振荡闭锁起动元件的起动信号受正序过电流元件的闭锁，由于振荡时系统出现很大的正序电流，在此情况下，起动元件的动作信号经与门被闭锁。由于系统发生短路时也出现大的电流和正序电流，因此正序过电流元件提供的闭锁信号经 t_1 后才起作用，以保证系统发生短路时 Z^{I}、Z^{II} 能开放，t_1 通常取 10ms。

因为上面介绍的距离保护快速段（距离 I、II 段）的振荡闭锁多是按扰动后短时开放，长时间闭锁，振荡消失后（或定时）复归方式工作的，所以在振荡闭锁过程中，如被保护线路发生或相继发生故障，则因距离保护 I、II 段属于闭锁状态，距离保护只能依靠长延时的第 III 段距离保护来跳闸。为克服此缺点，振荡闭锁回路中可以增设振荡过程中再故障的判别逻辑，在判断出振荡过程中又发生内部故障时，将保护再次开放，详细内容可参考其他相关书籍。

（2）利用测量阻抗变化率不同构成振荡闭锁回路。在电力系统发生短路时，测量阻抗 Z_m 由负荷阻抗 Z_L 突变为短路阻抗 Z_k，随后，又几乎不变；而在系统振荡时，测量阻抗 Z_m 端点沿振荡轨迹缓慢变化，最小的幅值为保护安装处到振荡中心的线路阻抗。

利用上述二者阻抗变化速度的不同可构成振荡闭锁回路，其原理示意图如图 4-33 所示。图中，KZ1 为整定值较大的阻抗元件，KZ2 为整定值较小的阻抗元件。在 KZ1 动作后先开放一个较小的 Δt 时间，如果在 Δt 时间内 KZ2 也动作，则表明 Z_m 的变化速度很快，具有短路特征，开放距离保护；如果在 Δt 时间内 KZ2 不动作，则表明 Z_m 的变化速度缓慢，属于振荡特征，闭锁距离保护。在最小振荡周期情况下，由 KZ1 边界到 KZ2 边界的时间应当小于 Δt，否则，会将振荡状态误认为是短路状态，仍然会误动。

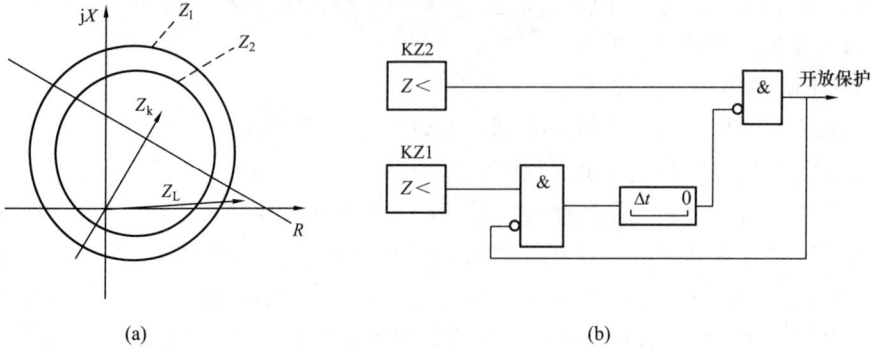

图 4-33　利用测量阻抗变化率不同构成振荡闭锁回路
（a）原理示意图；（b）原理框图

由于对测量阻抗变化率的判断是由两个不同大小的阻抗圆完成的，因此，这种振荡闭锁方法习惯上又称为"大圆套小圆"的方法。

三、分支电流的影响

当短路点与保护安装处之间存在分支电路时，就出现分支电流，距离保护受到此分支电流的影响，其阻抗元件的测量阻抗将增大或减小。

如图 4-34 所示的电路，当在 BC 线路上的 D 点发生短路时，通过故障线路的电流 $\dot{I}_{BC}=\dot{I}_{AB}+\dot{I}_{A'B}$。此值将大于 $\dot{I}_{AB}$，这种使故障线路电流增大的现象称为助增。这时在变电站 A 距离保护 1 的测量阻抗

$$Z_{m1}=\frac{\dot{U}_A}{\dot{I}_{AB}}=\frac{\dot{I}_{AB}Z_{AB}+\dot{I}_{BC}Z_k}{\dot{I}_{AB}}=Z_{AB}+\frac{\dot{I}_{BC}}{\dot{I}_{AB}}Z_k=Z_{AB}+K_{bra}Z_k \qquad (4\text{-}44)$$

式中，K_{bra} 为分支系数，$K_{bra}=\dfrac{\dot{I}_{BC}}{\dot{I}_{AB}}$。一般情况下，$K_{bra}$ 为一个复数，但在实际中可以近似认为两个电流同相位，而取为实数，在有助增电流时 $K_{bra}>1$。由于助增电流 $\dot{I}_{A'B}$ 的存在，使保护 A 的测量阻抗增大，保护范围缩短。

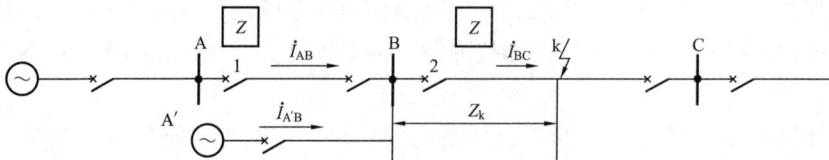

图 4-34　有助增电流的网络接线

又如图 4-35 所示的电路，当在平行线路上的 D 点发生短路时，通过故障线路的电流 $\dot{I}_{BC}$ 将小于线路 AB 中的电流 $\dot{I}_{AB}$。这种使故障线路中电流减小的现象称为外汲。

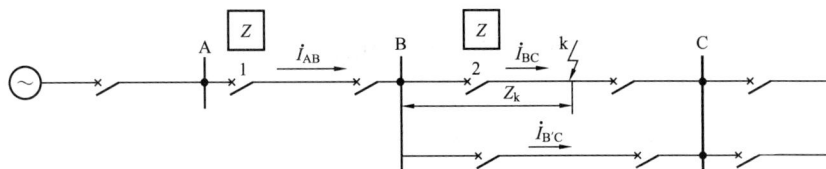

图 4-35　有外汲电流的网络接线

这时在变电站 A 距离保护 1 的测量阻抗

$$Z_{m1} = \frac{\dot{U}_A}{\dot{I}_{AB}} = \frac{\dot{I}_{AB}Z_{AB} + \dot{I}_{BC}Z_k}{\dot{I}_{AB}} = Z_{AB} + \frac{\dot{I}_{BC}}{\dot{I}_{AB}}Z_k = Z_{AB} + K_{bra}Z_k \qquad (4\text{-}45)$$

式中，K_{bra} 为分支系数，$K_{bra} = \dfrac{\dot{I}_{BC}}{\dot{I}_{AB}}$，具有外汲电流时，$K_{bra}<1$，与无分支的情况相比，将使保护 1 的测量阻抗减小，保护范围增大，可能引起无选择性动作。

四、电压回路断线对距离保护的影响

当电压互感器二次回路断线时，距离保护将失去电压，这时阻抗元件失去电压而电流回路仍有负荷电流通过，可能造成误动作。对此，在距离保护中应装设断线闭锁装置。对断线闭锁装置的主要要求：当电压互感器发生各种可能导致保护误动作的故障时，断线闭锁装置均应动作，将保护闭锁并发出相应的信号。而当被保护线路发生各种故障时，不因故障电压的畸变错误地将保护闭锁，以保证保护可靠动作。

当距离保护的振荡闭锁回路采用负序电流和零序电流（或它们的增量）起动时，它可兼作断线闭锁，因为 TV 断线时不会有突变的负序电流和零序电流。为了避免在断线后又发生外部故障，造成距离保护无选择性动作，一般还应装设断线信号装置，以便值班人员能及时发现并处理之。

断线信号装置大都是反应于电压互感器（TV）二次回路断线后所出现的零序电压来构成的。当 TV 二次回路一相或两相断线时，都会出现零序电压，可利用此电压去闭锁会误动的阻抗继电器并发出断线报警信号。为防止 TV 二次回路三相断线时不会出现零序电压，需在 TV 二次侧一相熔丝上并联一个电阻或并联一个参数适当的电容器。这种反应于零序电压的断线信号装置，在系统中发生接地故障时也要动作，这是不允许的。为此，可采用如下措施解决。

（1）利用 TV 开口三角形二次侧出现的 $3\dot{U}_0$ 实现反闭锁，当系统一次侧发生接地短路时，虽然 TV 二次侧出现零序电压，但由于 TV 开口三角形输出 $3\dot{U}_0$，如整定得当，即可消除误闭锁。而单纯 TV 二次断线时，TV 开口三角形绕组不出现 $3\dot{U}_0$，故能实现闭锁。

（2）当不采用 TV 开口三角形输出的 $3\dot{U}_0$ 实现反闭锁时，也可采用零序电流进行反闭锁，逻辑框图如图 4-36 所示。图 4-36 中，$3U_{0set}$ 和 $3I_{0set}$ 为识别零序电压和零序电流出现的整定值，$3I_{0set}$ 可整定为正常运行时线路的最大不平衡电流。

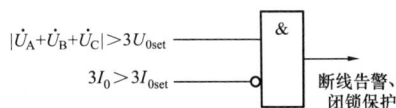

图 4-36　零序电流闭锁的电压回路断线逻辑框图

第五节　距离保护的整定计算

本节将以图 4-37 为例，说明三段式距离保护的整定计算方法，主要有以下 3 种。

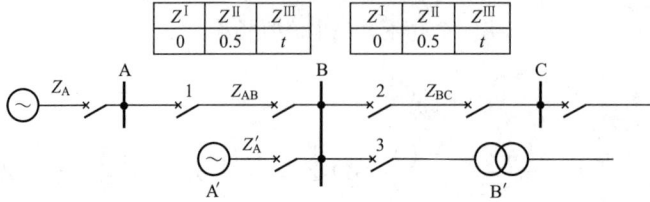

图 4-37　电力系统接线图

一、距离保护第 I 段的整定

1. 动作阻抗

对输电线路，按躲过本线路末端短路来整定，即取

$$Z_{act1}^{I} = K_{rel}^{I} Z_{AB} \tag{4-46}$$

式中　K_{rel}^{I}——可靠系数，取 $0.8 \sim 0.85$。

2. 动作时限

距离保护 I 段的动作时限是由保护装置的元件固有动作时限决定的，人为延时为 0，即 $t^{I} \approx 0s$。

二、距离保护第 II 段的整定

1. 动作阻抗

（1）与下一线路的第一段保护范围配合，并用分支系数考虑助增及外汲电流对测量阻抗的影响，即

$$Z_{act1}^{II} = K_{rel}^{II}(Z_{AB} + K_{bra}K_{rel}^{I}Z_{BC}) \tag{4-47}$$

式中　K_{rel}^{II}——可靠系数，取 0.8；

　　　K_{bra}——分支系数，取相邻线路距离保护第一段保护范围末端短路时，流过相邻线路的短路电流与流过被保护线路的短路电流实际可能的最小比值，即

$$K_{bra} = \left(\frac{I_{BC}}{I_{AB}}\right)_{min}$$

（2）与相邻变压器的快速保护相配合

$$Z_{act1}^{II} = K_{rel}^{II}(Z_{AB} + K_{bra}Z_{B}) \tag{4-48}$$

式中，Z_B 为变压器短路阻抗；考虑到 Z_B 的数值有较大的偏差，所以取 $K_{rel}^{II}=0.7$；K_{bra} 也取实际可能的最小值。

取（1）、（2）计算结果中的偏小的作为 Z_{act1}^{II}。

2. 动作时限

保护第 II 段的动作时限，应比下一线路保护第 I 段的动作时限大一个时限阶段，即

$$t_1^{II} = t_2^{I} + \Delta t \approx \Delta t \tag{4-49}$$

3. 灵敏度校验

$$K_{sen} = \frac{Z_{act}^{II}}{Z_{AB}} \geqslant 1.5 \tag{4-50}$$

如灵敏度不能满足要求，可按照与下一线路保护第Ⅱ段相配合的原则选择动作阻抗，即

$$Z_{act1}^{II} = K_{rel}^{II}(Z_{AB} + K_{bra}Z_{act2}^{II})$$

这时，第Ⅱ段的动作时限应比下一线路第Ⅱ段的动作时限大一个时限阶段，即

$$t_1^{II} = t_2^{II} + \Delta t$$

三、距离保护第Ⅲ段的整定

1. 动作阻抗

按躲开最小负荷阻抗来选择，若第Ⅲ段采用全阻抗元件，其动作阻抗

$$Z_{act1}^{III} = \frac{1}{K_{rel}^{III}K_{re}K_{ss}}Z_{Lmin} \tag{4-51}$$

$$Z_{Lmin} = \frac{0.9U_N}{\sqrt{3}I_{Lmax}}$$

式中　K_{rel}^{III}——可靠系数，取 $1.2\sim1.3$；

K_{re}——元件返回系数，取 $1.1\sim1.15$；

K_{ss}——考虑电动机自起动时的自起动系数，其值大于1；

Z_{Lmin}——最小负荷阻抗；

U_N——电网的额定线电压；

I_{Lmax}——被保护线路可能最大负荷电流。

2. 动作时限

保护第Ⅲ段的动作时限较相邻与之配合的元件保护的动作时限大一个时限阶段，即

$$t_1^{III} = t_2^{III} + \Delta t \tag{4-52}$$

3. 灵敏度校验

作近后备保护时

$$K_{sen\cdot near} = \frac{Z_{act1}^{III}}{Z_{AB}} \geqslant 1.5 \tag{4-53}$$

作远后备保护时

$$K_{sen\cdot far} = \frac{Z_{act1}^{III}}{Z_{AB} + K_{bra}Z_{BC}} \geqslant 1.2 \tag{4-54}$$

式中，K_{bra} 为分支系数，取最大可能值。

当灵敏度不能满足要求时，可采用方向阻抗元件，以提高灵敏度，它的动作阻抗的整定原则与全阻抗元件相同。考虑到正常运行时，负荷阻抗的阻抗角 φ_L 较小（约为 $25°$），而发生短路时，架空线路短路阻抗角 φ_k 较大（一般为 $65°\sim85°$）。如果选取方向阻抗元件的最大灵敏角 $\varphi_{sen}=\varphi_k$，则方向阻抗元件的动作阻抗

$$Z_{act1}^{III} = \frac{Z_{Lmin}}{K_{rel}^{III}K_{re}K_{ss}\cos(\varphi_k - \varphi_L)}$$

因此，采用方向阻抗元件时，保护的灵敏度比采用全阻抗元件时可提高 $1/\cos(\varphi_k - \varphi_L)$，如图 4-38 所示。

以上动作阻抗的整定计算都是一次动作值，当换算到元件动作阻抗时，必须计及互感器

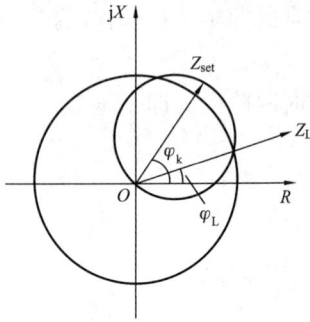

图 4-38　全阻抗继电器和方向阻抗继电器灵敏度比较

的变比及元件的接线方式。

四、对距离保护的评价

1. 主要优点

距离保护的主要优点如下。

（1）能满足多电源复杂电网对保护动作选择性的要求。

（2）阻抗元件是同时反应电压的降低与电流的增大而动作的，因此距离保护较电流保护有较高的灵敏度。其中，Ⅰ段距离保护基本不受运行方式的影响，而Ⅱ、Ⅲ段仍受系统运行方式变化的影响，但比电流保护要小，保护区域和灵敏度比较稳定。

2. 主要缺点

距离保护的主要缺点如下。

（1）不能实现全线瞬动。对双侧电源线路，将有全线的 30%～40% 范围以第Ⅱ段时限跳闸，这对稳定有较高要求的超高压远距离输电系统来说是不能接受的。

（2）阻抗元件本身较复杂，还增设了振荡闭锁装置，电压断线闭锁装置，因此，距离保护装置调试比较麻烦，可靠性也相对较低。

【例 4-1】 在图 4-39 所示的网络中，各线路均装有距离保护，试对其中保护 1 的相间短路保护Ⅰ、Ⅱ、Ⅲ段进行整定计算。已知线路 AB 的最大负荷电流 $I_{Lmax}=350A$，功率因数 $\cos\varphi_L=0.9$，各线路每千米阻抗 $Z_1=0.4\Omega/km$，阻抗角 $\varphi_1=70°$，电动机的自起动系数 $K_{ss}=1$，正常时母线最低工作电压 U_{Lmin} 取等于 $0.9U_N$（$U_N=110kV$）。

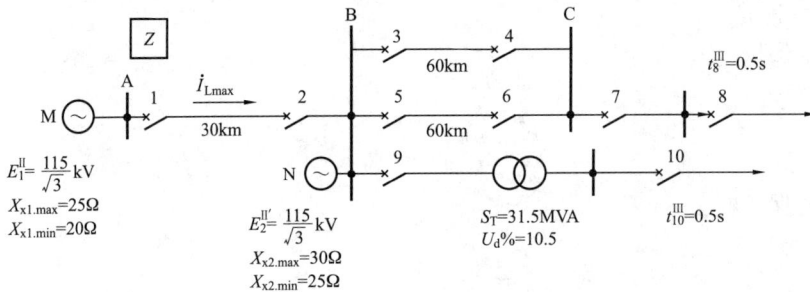

图 4-39　网络接线图

解：（1）有关各元件阻抗值的计算。

AB 线路的正序阻抗：$Z_{AB}=Z_1 l_{AB}=0.4\times30=12(\Omega)$

BC 线路的正序阻抗：$Z_{BC}=Z_1 l_{BC}=0.4\times60=24(\Omega)$

变压器的等值阻抗：$Z_B=\dfrac{U_d\%}{100}\dfrac{U_B^2}{S_B}=\dfrac{10.5}{100}\times\dfrac{115^2}{31.5}=44.1(\Omega)$

（2）距离Ⅰ段的整定。

1）动作阻抗：$\qquad Z_{act1}^I=K_{rel}^I Z_{AB}=0.85\times12=10.2(\Omega)$

2）动作时间：$t_1^I=0s$（指不人为的增设延时，第Ⅰ段实际动作时间为保护装置固有的动作时间）。

（3）距离Ⅱ段。

1）动作阻抗：按下列两个条件选择。

①与相邻线路 BC 的保护 3（或保护 5）的 Ⅰ 段配合。

$$Z^{\text{II}}_{\text{act1}} = K^{\text{II}}_{\text{rel}}(Z_{\text{AB}} + K^{\text{I}}_{\text{rel}} K_{\text{bra. min}} Z_{\text{BC}})$$

式中，取 $K^{\text{I}}_{\text{rel}} = 0.85$，$K^{\text{II}}_{\text{rel}} = 0.8$，$K_{\text{bra. min}}$ 为保护 3 的 Ⅰ 段末端发生短路时对保护 1 而言的最小分支系数，如图 4-40 所示。当保护 3 的 Ⅰ 段末端 k_1 点发生短路时，分支系数计算式为

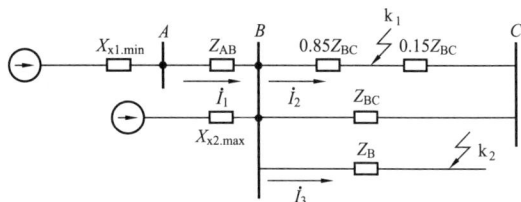

图 4-40　整定距离 Ⅱ 段时求 $K_{\text{bra. min}}$ 的等效电路

$$K_{\text{bra}} = \frac{I_2}{I_1} = \frac{X_{\text{X1}} + Z_{\text{AB}} + X_{\text{X2}}}{X_{\text{X2}}} \times \frac{(1 + 0.15)Z_{\text{BC}}}{2Z_{\text{BC}}} = \left(\frac{X_{\text{X1}} + Z_{\text{AB}}}{X_{\text{X2}}} + 1\right) \times \frac{1.15}{2}$$

可以看出，为了得出最小分支系数 K_{Lmin}，上式中应尽可能取最小值，即应取电源 1 最大运行方式下的等值阻抗 $X_{\text{X1. min}}$，而 X_{X2} 时应尽可能取最大值，即取电源 2 的最小运行方式下的最大等值阻抗 $X_{\text{X2. max}}$，而相邻双回线路应投入，因而

$$K_{\text{bra. min}} = \left(\frac{20 + 12}{30} + 1\right) \times \frac{1.15}{2} = 1.19$$

于是

$$Z^{\text{II}}_{\text{act1}} = 0.8 \times (12 + 1.19 \times 0.85 \times 24) = 29.02(\Omega)$$

②按躲开相邻变压器低压侧出口 k_2 点短路整定（在此认为变压器装有可保护变压器全部的差动保护，此原则为与该快速差动保护相配合）

$$Z^{\text{II}}_{\text{act1}} = K^{\text{II}}_{\text{rel}}(Z_{\text{AB}} + K_{\text{bra. min}} \cdot Z_{\text{B}})$$

此处分支系数 $K_{\text{bra. min}}$ 为在相邻变压器出口 k_2 点发生短路时对保护 1 的最小分支系数，由图 4-40 可见

$$K_{\text{bra. min}} = \frac{I_3}{I_1} = \frac{X_{\text{x1. min}} + Z_{\text{AB}}}{X_{\text{x2. max}}} + 1 = \frac{20 + 12}{30} + 1 = 2.07$$

$$Z^{\text{I}}_{\text{act1}} = 0.7 \times (12 + 2.07 \times 44.1) = 72.3(\Omega)$$

此处取 $K^{\text{II}}_{\text{rel}} = 0.7$。

取以上两个计算值中较小者为 Ⅱ 段定值，即取 $Z^{\text{II}}_{\text{act1}} = 29.02\Omega$。

2）动作时间，与相邻保护 3 的 Ⅰ 段配合，则

$$t^{\text{II}}_1 = t^{\text{I}}_3 + \Delta t = 0.5(\text{s})$$

它能同时满足与相邻保护，以及与相邻变压器保护相配合的要求。

3）灵敏度校验：$K_{\text{sen}} = \dfrac{Z^{\text{II}}_{\text{act1}}}{Z_{\text{AB}}} = \dfrac{29.02}{12} = 2.42 > 1.5$，满足要求。

（4）距离 Ⅲ 段。

1）动作阻抗：按躲开最小负荷阻抗整定。因为元件取为 U_Δ / I_Δ 的 0° 接线方向阻抗元件，所以有

$$Z^{\text{III}}_{\text{act1}} = \frac{Z_{\text{Lmin}}}{K^{\text{III}}_{\text{rel}} K_{\text{re}} K_{\text{ss}} \cos(\varphi_{\text{k}} - \varphi_{\text{load}})}$$

$$Z_{\text{load. min}} = \frac{U_{\text{Lmin}}}{I_{\text{Lmax}}} = \frac{0.9 \times 110}{\sqrt{3} I_{\text{Lmax}}} = \frac{0.9 \times 110}{\sqrt{3} \times 0.35} = 163.5(\Omega)$$

取 $K_{rel}^{III}=1.2$，$K_{re}=1.15$，$K_{ss}=1$，$\varphi_k=\varphi_{sen}=70°$，$\varphi_L=\arccos0.9=25.8°$，于是

$$Z_{act1}^{III}=\frac{163.5}{1.2\times1.15\times1\times\cos(70°-25.8°)}=165.3(\Omega)$$

2）动作时间：$t_1^{III}=t_8^{III}+3\Delta t$ 或 $t_1^{III}=t_{10}^{III}+2\Delta t$。取其中较长者，有

$$t_1^{III}=0.5+3\times0.5=2.0(s)$$

3）灵敏度校验。

①本线路末端发生短路时的灵敏系数

$$K_{sen\cdot near}=\frac{Z_{act1}^{III}}{Z_{AB}}=\frac{165.3}{12}=13.78>1.5$$

满足要求。

②相邻元件末端发生短路时的灵敏系数。

相邻线路末端发生短路时的灵敏系数

$$K_{sen\cdot far}=\frac{Z_{act1}^{III}}{Z_{AB}+K_{bra.max}Z_{BC}}$$

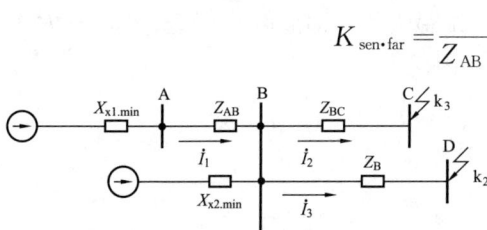

图 4-41 整定距离Ⅲ段灵敏度校验时求 $K_{bra.min}^I$ 的等效电路

式中，$K_{bra.max}$ 为相邻线路 BC 末端 k_3 点发生短路时对保护 1 而言的最大分支系数，其计算等效电路如图 4-41 所示。X_{x1} 取可能的最大值 $X_{x1.max}$，X_{x2} 取可能的最小值 $X_{x2.min}$，而相邻平行线取单回线运行，则

$$K_{bra.max}=\frac{I_2}{I_1}=\frac{X_{x1.max}+Z_{AB}+X_{x2.min}}{X_{x2.min}}=\frac{25+12+25}{25}=2.48$$

于是 $K_{sen.far}=\frac{165.3}{12+2.48\times24}=2.31>1.2$，满足要求。

相邻变压器低压侧出口 k_2 点发生短路时的灵敏系数中，最大分支系数

$$K_{bra.max}=\frac{I_3}{I_1}=\frac{Z_{x1.max}+Z_{AB}+Z_{x2.min}}{Z_{x2.min}}=\frac{25+12+25}{25}=2.48$$

于是 $K_{sen.far}=\frac{Z_{act1}^{III}}{Z_{AB}+K_{bra.max}Z_B}=\frac{165.3}{12+2.48\times44.1}=1.36>1.2$，满足要求。

复习思考题

4-1 全阻抗元件有无电压死区？为什么？

4-2 有一方向阻抗元件，其整定阻抗 $Z_{set}=10\angle60°\Omega$，若某一种运行情况下的测量阻抗 $Z_m=8.5\angle30°\Omega$，此时，该元件是否动作？为什么？

4-3 电弧电阻和助增电流对距离保护第Ⅱ段的影响都是使测量阻抗增大，后果都是使灵敏度和速动性变坏，为什么对前者要采取措施（如瞬时测量）？而对于后者却不采取措施？

4-4 方向阻抗元件为什么要引入极化电压？记忆回路工作原理和引入第三相电压作用是什么？

4-5 精确工作电流的含义是什么？阻抗元件为什么要考虑精确工作电流？

4-6　在图 4-42 所示的双端电源系统中，母线 M 侧装有 $0°$ 接线的 $\left(\dfrac{\dot{U}_{AB}}{\dot{I}_A - \dot{I}_B}\right)$ 方向阻抗元件，其整定阻抗 $Z_{set} = 6\,\Omega$、$\varphi_{set} = 70°$，且设 $|\dot{E}_M| = |\dot{E}_N|$，其他参数如图 4-42 所示。试求：

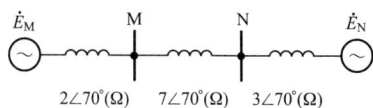

图 4-42　习题 4-6 图

(1) 振荡中心位置，并在复数坐标平面上画出测量阻抗振荡轨迹。

(2) 元件误动作的角度 (δ_1、δ_2)（用解析法或作图法均可）。

(3) 当系统的振荡周期 $T = 1.5\,\mathrm{s}$ 时，元件误动作的时间。

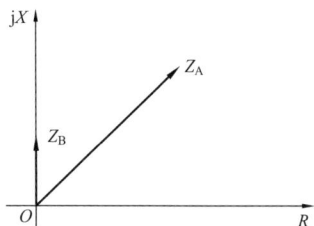

图 4-43　习题 4-7 图

4-7　在图 4-43 复数平面上，已知阻抗 Z_A 和 Z_B，试求出以下动作方程的特性轨迹。

$$270° > \arg\frac{Z_m + Z_B}{Z_m - Z_A} > 90°$$

$$270° > \arg\frac{Z_m + Z_B}{Z_m - Z_A} > 180°$$

$$360° > \arg\frac{Z_m + Z_B}{Z_m - Z_A} > 180°$$

4-8　线路 AB、BC、CD 首端均设有三段式距离保护装置，网络参数如图 4-44 所示。已知：(1) 线路的正序阻抗为 $Z_1 = 0.45\,\Omega/\mathrm{km}$，阻抗角 $\varphi_L = 65°$；

(2) 线路 AB 的最大负荷电流 $I_{L.max} = 600\,\mathrm{A}$，功率因数 $\cos\varphi = 0.9$；

(3) 起动元件、测量元件均采用方向阻抗元件；

(4) 线路 BC 的 $t^{\mathrm{III}} = 2.5\,\mathrm{s}$；

(5) $K_{rel}^{\mathrm{I}} = 0.85$，$K_{rel}^{\mathrm{II}} = 0.8$，$K_{rel}^{\mathrm{III}} = 1.2$，$K_{re} = 1.1$，$K_{ss} = 2$。试求：线路 AB 首段距离保护 I、II、III 段的一次动作阻抗及整定时限，并校验 II、III 段灵敏度。

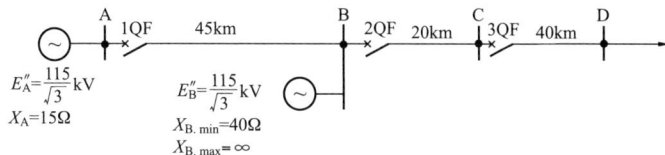

图 4-44　习题 4-8 图

复习思考题参考答案

4-6　(1) 振荡中心 $Z_Z = 4\angle70°$，振荡轨迹为直线 OO'，如图 4-45 所示。

(2) $\delta_1 = 130°$，$\delta_2 = 230°$。

(3) $t = 0.41667\,\mathrm{s}$。

4-7　参考答案如图 4-46 所示。

4-8　$Z_{act\cdot1}^{\mathrm{I}} = 17.2\,\Omega$，$t_1^{\mathrm{I}} = 0\,\mathrm{s}$；

$Z_{act\cdot1}^{\mathrm{II}} = 0.8 \times [20.25 + 0.8 \times (9 + 18 \times 0.85)] = 31.7\,\Omega$，$t_1^{\mathrm{II}} = 1\,\mathrm{s}$，

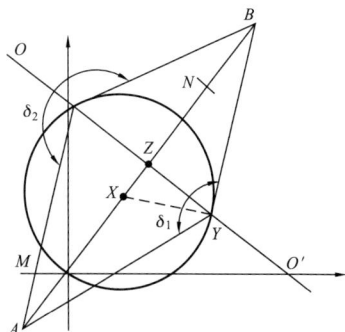

图 4-45　习题 4-6 解图

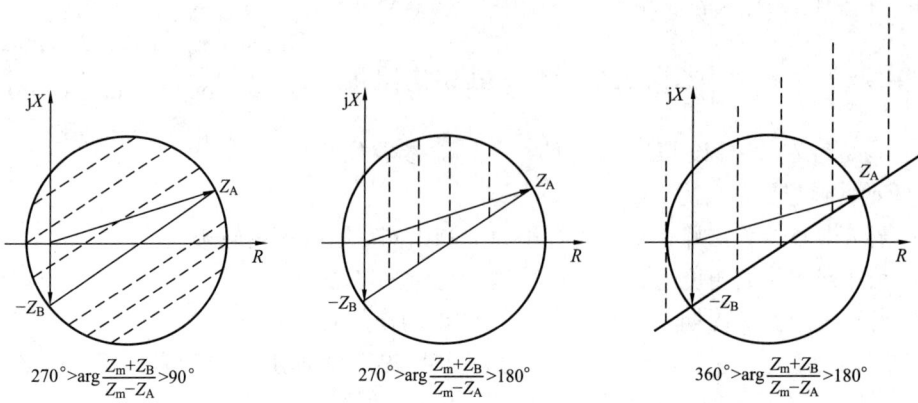

$$270° > \arg \frac{Z_{\mathrm{m}} + Z_{\mathrm{B}}}{Z_{\mathrm{m}} - Z_{\mathrm{A}}} > 90°$$

$$270° > \arg \frac{Z_{\mathrm{m}} + Z_{\mathrm{B}}}{Z_{\mathrm{m}} - Z_{\mathrm{A}}} > 180°$$

$$360° > \arg \frac{Z_{\mathrm{m}} + Z_{\mathrm{B}}}{Z_{\mathrm{m}} - Z_{\mathrm{A}}} > 180°$$

图 4-46　习题 4-7 解图

$$K_{\mathrm{sen}} = \frac{31.7}{20.25} = 1.56 > 1.5;$$

$$Z_{\mathrm{act \cdot 1}}^{\mathrm{III}} = \frac{95.3}{1.2 \times 1.1 \times 2\cos(65° - 26°)} = 46.45\Omega, \quad t_1^{\mathrm{III}} = 3\mathrm{s},$$

$$K_{\mathrm{sen \cdot nera}} = \frac{46.45}{20.25} = 2.29 > 1.5, \quad K_{\mathrm{sen \cdot far}} = \frac{46.45}{20.25 + 1.88 \times 9} = 1.23 > 1.2 \text{。}$$

第五章　输电线路的纵联保护

第一节　输电线路纵联保护概述基本原理

一、引言

在高压电网中，为保证电力系统并列运行的稳定性，提高输送功率，要求继电保护装置能够无延时地切除线路上任意一点发生的故障。在前面章节所讲的输电线路的电流电压保护和距离保护中，只需将线路一端的电流、电压经过互感器引入保护装置，比较容易实现。但由于互感器转换的误差、线路参数值的不精确，以及继电器本身的测量误差等因素，导致这种保护装置可能将被保护线路对端所连接的母线发生故障，或与母线连接的其他线路出口处发生故障，误判断为本线路末端的故障而将被保护线路切除。为了防止这种非选择性动作，不得不将这种保护的无时限保护范围缩短到小于线路全长。距离保护的无时限Ⅰ段保护范围可达到线路全长的 80%～90%，对于其余的 10%～20% 线段上的故障，只能按第Ⅱ段的时限切除，而这对于某些重要线路是不允许的。将无延时的距离Ⅰ段或电流Ⅰ段与有延时的距离Ⅱ段或电流Ⅱ段比较可以发现，无延时的Ⅰ段保护整定时无须与相邻元件保护配合，而Ⅱ段保护由于需要与相邻元件的保护配合才需要有延时。因此，为了实现重要线路上故障的无延时切除，需要引入新的保护原理，这一类保护的整定必须不与相邻元件配合，才能实现线路全长范围内故障的无时限切除。

输电线路的纵联保护就是利用某种通信通道（简称通道）将输电线两端或各端（对于多端线路）的保护装置纵向连接起来，将各端的电气量（电流、功率的方向等）传送到对端，并将各端的电气量进行比较，以判断故障在本线路范围内，还是在线路范围之外，从而决定是否切除被保护线路，无须与相邻元件配合，理论上这种纵联保护具有绝对的选择性。输电线路的纵联保护结构框图如图 5-1 所示，其保护区为两侧互感器之间的区域。

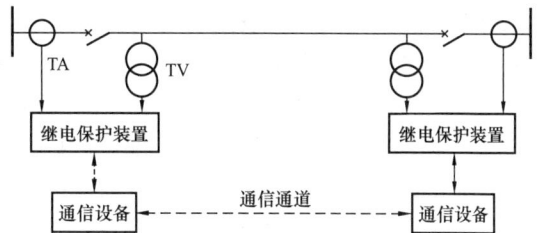

图 5-1　输电线路纵联保护的结构框图

二、输电线路两侧电气量故障特征分析

保护原理的本质是甄别系统正常和故障状态下电气量（或非电气量）之间的差别，纵联保护也不例外。输电线路的纵联保护就是利用线路两端的电气量在保护区内部故障与区外故障时的特征差异构成的。在区内故障与区外故障时，线路两侧电流波形、功率、电流相位及两端的测量阻抗都有明显的差异，利用这些差异就可以构成不同原理的纵联保护。

1. 两侧电流量特征

输电线路 MN 各端电流正方向的选取如图 5-2 所示，即规定电流正方向为由母线流向线路，且不考虑线路分布电容和电导的影响。当线路发生内部故障时，即如图 5-2（a）所示，

有 $\sum \dot{I} = \dot{I}_M + \dot{I}_N = \dot{I}_{k1}$，在故障点有较大短路电流流出；而当线路发生区外短路故障或正常运行时，如图 5-2（b）所示。理想情况下，线路两端电流相量关系 $\sum \dot{I} = \dot{I}_M + \dot{I}_N = 0$。

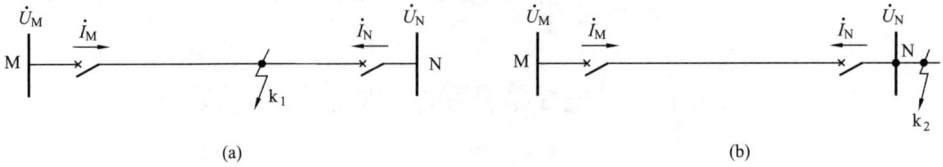

图 5-2　双端电源线路区内、外故障示意图

(a) 内部故障；(b) 外部故障

2. 两侧电流相位特征

对于图 5-2 所示的两端输电线路，若全系统阻抗角均匀，且两端电源电动势同相位，则当线路 MN 发生区内短路故障时，两侧电流同相位，即 $\dot{I}_M$、$\dot{I}_N$ 相位差为 $0°$；而当正常运行或发生区外短路故障时，两侧电流反相，即电流 $\dot{I}_M$、$\dot{I}_N$ 相位差为 $180°$。

3. 两侧功率方向特征

当线路上发生区内故障和区外故障时，输电线两端的功率方向也有很大的差别。令功率正方向由母线指向线路，则线路发生区内故障时，两端功率方向都由母线流向线路，两端功率方向相同，同为正方向；而正常运行或发生区外故障时，远故障点端功率由母线流向线路，功率方向为正，近故障点端功率由线路流向母线，功率方向为负，两端功率方向相反。

4. 两侧测量阻抗值特征

当线路发生区内短路时，输电线路两端的测量阻抗都是短路阻抗，一定位于距离保护Ⅱ段的动作区内，两侧的Ⅱ段同时起动；当正常运行时，两侧的测量阻抗是负荷阻抗，距离保护Ⅱ段不会起动；当发生外部短路时，两侧测量阻抗也是短路阻抗，但一侧为反方向，若采用方向特性的阻抗继电器，则至少有一侧的距离Ⅱ段不会起动。

通过以上分析可知，利用线路两端的上述特征差异，可以构成不同原理的输电线路纵联保护。

三、纵联保护的基本原理

纵联保护按照保护构成原理，可以分为以下四类。

1. 纵联电流差动保护

纵联电流差动保护根据区内故障与正常运行及区外故障时两侧电流相量和的特征构成。当发生区内故障时，这一相量和很大，等于故障处的短路电流，此时保护动作；正常运行或线路保护区外部发生故障时，这一相量和为零，保护不动作，即这类保护利用通道将代表本侧电流大小和相位的信号传送到对侧，每侧保护根据对两侧电流相量的比较结果区分是区内故障，还是区外故障。保护的信息传输量大，并且要求两侧信息同步采集，实现技术要求较高。

2. 相位比较式纵联保护

相位比较式纵联保护根据区内故障与正常运行及区外故障时两侧电流相位的特征构成。理想条件下，当发生区内故障时，两侧电流同相位，此时保护动作；正常运行或线路保护区外部故障时，两侧电流反相位，保护不动作。这类保护利用通道将本侧电流的波形或代表电流相位的信号传送到对侧，每侧保护根据对两侧电流相位的比较结果区分是区内故障，还是区外故障。保护的信息传输量大，并且要求两侧信息同步采集，实现技术要求较高。

3. 方向比较式纵联保护

方向比较式纵联保护根据区内故障与正常运行及区外故障时功率方向的特征构成。当发生区内故障时，两侧功率方向均为正，此时保护动作；而正常运行或发生区外故障时必然有一侧功率方向为负，此时保护闭锁不动作。这类保护两侧的保护装置分别将本侧功率方向的判别结果传送到对侧，每侧保护装置根据两侧的判别结果，区分是区内故障还是区外故障。这类保护在通道中传送的是逻辑信号，而不是电气量本身，传送的信息量较少，但对信息可靠性要求很高。

4. 距离纵联保护

距离纵联保护根据区内故障与正常运行及区外故障时测量阻抗的特征构成。当发生区内故障时，两侧测量阻抗均在保护正方向且在距离Ⅱ段的动作区内，此时保护动作；而正常运行时的测量阻抗为负荷阻抗，大于距离Ⅱ段的动作阻抗，此时保护不动作；区外故障时必然有一侧测量阻抗位于方向阻抗元件动作区的反方向，此时保护闭锁不动作。保护两侧的保护装置分别将本侧测量阻抗是否在方向距离Ⅱ段的保护区这一判别结果传送到对侧，每侧保护装置根据两侧的判别结果，区分是区内故障还是区外故障。这类保护在通道中传送的也是逻辑信号，传送的信息量较少，但对信息可靠性要求很高。

第二节　输电线路纵联保护两侧信息的交换

一、通信方式

纵联保护需要将线路两侧的信息通过通道传输到对端进行比较。按照所利用信息通道类型的不同可将纵联保护分为导引线纵联保护、电力线载波纵联保护、微波纵联保护和光纤纵联保护四种。注意，通信通道虽然只是传送信息的条件，但纵联保护采用的原理往往受到通道的制约，即不同原理的纵联保护所适用的信息通道不同。

1. 导引线通道（pilot wire）

导引线通道是纵联保护最早使用的通信通道，由与被保护线路平行敷设的金属导线构成，用来传递被保护线路各侧信息的通信通道。这种通道一般由两根或三根金属导引线构成，实际中常用铠装通信电缆的几根芯线，将铠装外皮在两端接地以减小地电位差的影响和电力线路或雷电感应所引起的过电压。为了减小电磁干扰，应选用铝或铜做成屏蔽层的屏蔽电缆，屏蔽层在电缆两端接地，从而减小电磁干扰。

由于导引线本身也是具有分布参数的电路，其纵向电阻和电抗增大了电流互感器和辅助电流互感器的负担，因此影响了电流转换的准确性。此外，横向分布的电导和电容产生的有功漏电流和电容电流也会影响差动保护的正确动作，所以在有些情况下需要专门的补偿措施。专门敷设导引线电线需要很大的投资。受经济和技术的限制，导引线保护在实际中只用于很短的重要输电线路，其长度一般不超过 $15\sim20$km。导引线纵联保护常采用电流差动原理。

2. 电力线载波通道（power line carrier）

利用输电线路载波通信方式构成的纵联保护通信通道称为电力线载波通道。输电线路是按照传输电力要求设计建造的，以输电线路作为纵联保护的通信通道传输高频信号，必须对传输的信息进行高频加工，即将线路两端的电流相位（或功率方向）信息转变为高频信号，经过高频耦合设备将高频信号加载到输电线路上，输电线路本身作为高频信号的通道将高频载波信号传输到对侧，对端再经过高频耦合设备将高频信号接收，以实现各端电流相位（或）功率方向的比较，这就是称其为电力线载波保护的原因。

输电线路的载波保护在我国常称为高频保护，是利用高压输电线路用载波的方法传送 $30\sim500kHz$ 的高频信号以实现纵联保护。当频率小于 $30kHz$ 时，载波受工频电压干扰大；而当频率高于 $500kHz$ 时，高频能量的衰减又大幅度增加。

高频通道可用一相导线和大地构成，称为"相—地"通道，也可用两相导线构成，称为"相—相"通道。利用"导线—大地"作为高频通道是比较经济的方案，因为它只需要在线路一相上装设构成通道的设备，称为高频加工设备，在我国得到了广泛的应用。它的缺点是高频信号的能量衰耗和受到的干扰都比较大。

输电线路高频保护所用的载波通道构成如图 5-3 所示，其主要元件及作用分别如下。

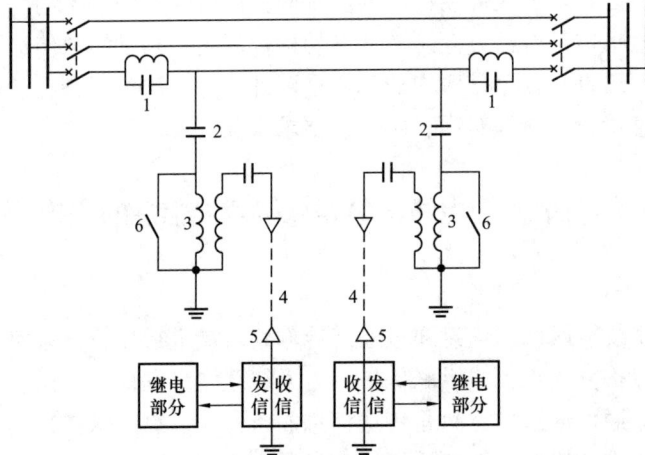

图 5-3　载波通信示意图

1—阻波器；2—耦合电容器；3—连接滤波器；4—电缆；5—载波收/发信机；6—接地开关

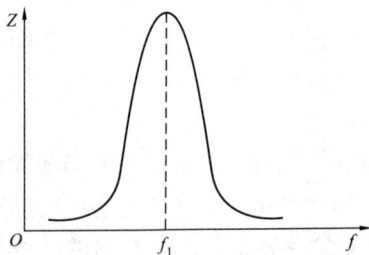

图 5-4　阻波器阻抗与频率关系曲线

（1）阻波器。

阻波器是由一个电感线圈与可变电容器并联组成的回路。当并联谐振时，它所呈现的阻抗最大。其阻抗与频率的关系如图 5-4 所示。利用这一特性做成的阻波器，需使其谐振频率为所用的载波频率。这样，高频信号就被限制在被保护输电线路的范围内，而不能穿越到相邻线路上。但对 50Hz 的工频电流而言，阻波器基本上仅呈现电感线圈的阻抗，数值很小（为 0.04Ω 左右），并不影响它的传输。

（2）结合电容器。

结合电容器与连接滤过器共同组成带通滤波器，同时使高频收发信机与工频高压线路绝缘。由于结合电容器对于工频电流呈现极大的阻抗，因此它所导致的工频泄漏电流极小。

（3）连接滤波器。

连接滤波器由一个可调节的空心变压器及连接至高频电缆一侧的电容器组成。

结合电容器与连接滤波器共同组成一个四端网络式的"带通滤波器"，使所需频带的高频电流能够通过。

带通滤波器从线路一侧看入的阻抗与输电线路的波阻抗匹配，而从电缆一侧看入的阻抗应与高频电缆的波阻抗相匹配。这样，就可以避免高频信号的电磁波通过时发生反射，从而减小高频能量的附加衰耗。

并联在连接滤波器两侧的接地开关（隔离开关）6，是当检修连接滤波器时，用于结合电容器下面的那一极接地。

（4）高频收、发信机。

发信机部分由继电保护装置控制，通常都是在电力系统发生故障时，保护起动之后才发出信号，但有时也可采用长期发信，发生故障时停止发信或改变信号频率的方式，由发信机发出信号，通过高频通道送到对端的收信机中，也可为自己的收信机所接收。高频收信机接收由本端和对端所发送的高频信号，经过比较判断之后，再动作于继电保护，使之跳闸或将其闭锁。

"相—相"通道的构成原理与"相—地"通道相似，不过是在作为通道的两相上都要装设阻波器和结合电容器，将接地端经过另一结合电容器接到另一相，即可构成"相—相"通道。

电力线载波通信是电力系统的一种特殊通信方式，它以电力线路为信息通道，如果通道传输的信号频率低于 40kHz，则受工频干扰太大，同时信道中的连接设备的构成也比较困难；若载波频率过高，会对中波广播产生非常严重的干扰，同时高频能量的衰耗也将大幅度增加。电力线载波通信曾在一段时间内成为电力系统应用最广的通信手段，其具有以下优点。

1）无中继通信距离长。电力线载波通信距离可达几百公里，中间不需要信号的中继设备，一般的输电线路只需要在线路两端配备载波机和高频信号耦合设备。

2）经济，使用方便。使用电力线载波通道的装置（继电保护、电力自动化设备等）与载波机之间的距离很近，都在同一变电站内，高频电缆短，由于不需要再架信道，节省整个投资。

3）工程施工比较简单。输电线路建好后，装上阻波器、耦合电容器、结合滤波器，敷设好高频载波电缆，然后安装载波机，就可以进行调试。这些工作都在变电站内进行，基本上不需要另外进行基建工程，能较快地建立起通信。在不少工期比较紧张的输变电工程中，往往只有电力线载波通信才能和输变电工程同期建设，保证了输变电工程的如期投产。

电力线载波通信的缺点是由于其直接通过高压输电线路传送高频载波信号，因此高压输电线路上的干扰直接进入载波通道，高压输电线路的电晕、短路、开关操作等都会在不同程度上对载波通信造成干扰。另外，由于高频载波通信速率低，难以满足纵联电流差动保护实时性的要求，因此一般用来传递状态信号。

输电线路纵联保护载波通道按其工作方式可以分为三大类，即正常无高频电流方式、正常有高频电流方式和移频方式。根据高频保护对动作可靠性要求的不同特点，可以选用任意的工作方式，我国常用正常无高频电流方式。

1）正常无高频电流方式。在电力系统正常工作条件下发信机不发信，沿通道不传送高频电流，发信机只有在电力系统发生故障期间才由保护的起动元件起动发信，因此又称为故障起动发信方式。

在利用正常无高频电流方式时，为了确知高频通道完好，往往采用定期检查的方法，定期检查又可以分为手动和自动两种。在手动检查条件下，值班员手动起动发信，并检查高频信号是否合格，通常是每班 1 次。该方式在我国电力系统得到了广泛的采用。自动检查的方法是利用专门的时间元件按规定时间自起动，检查通道，并向值班员发出信号。

2）正常有高频电流方式。在电力系统正常工作条件下发信机处于发信状态，沿高频通道传送高频电流，因此又称为长期发信方式。其主要优点是使高频保护中的高频通道部分经常处于监视状态，可靠性较高；此外，无需收、发信机起动元件，使装置稍为简化。其缺点是因为经常处于发信状态，增加了对其他通信设备的干扰时间；因为经常处于收信状态，外界对高频信号干扰的时间长，要求自身有更高的抗干扰能力。

3）移频方式。在电力系统正常工作条件下，发信机处于发信状态，向对端传送出频率为 f_1 的高频电流，这一高频电流可作为通道的连续检查或闭锁保护之用。在线路发生故障时，保护装置控制发信机停止发送频率为 f_1 的高频电流，改发频率为 f_2 的高频电流。这种方式能监视通道的工作情况，提高了通道工作的可靠性，并且抗干扰能力较强；但它占用的频带宽，通道利用率低。

3. 微波通道（microwave）

随着电力系统载波通信和远动化的日益发展，对远方信息的需求越来越多，现在电力输电线路载波频率已经不够分配，单纯使用电力线载波通道出现了通信困难，为此，在电力系统中采用了微波通道。

利用 150MHz～20GHz 间的电磁波进行无线通信称为微波通信，相比电力线载波的 50～400kHz 频段，频带要宽得多，可以同时传送很多带宽为 4kHz 的音频信号，因此微波通道的通信容量非常大。但微波通信纵联保护使用的频段属于超短波无线电波，大气电离层已不能起反射作用，只能在"视线"范围内传播，传输距离为 40～60km。如果两个变电站之间的距离超出以上范围，就要装设微波中继站，以增强和传递微波信号。微波通道的示意图如图 5-5 所示。微波通信纵联保护包括输电线路两端的保护装置部分和微波通信部分。微波信号由一端的发信机发出，经连接电缆送到天线发射，经过空间传播，送到线路对端天线，被接收后由电缆送到收信机中。

微波通道不受输电线路的影响，不管线路发生外部故障，还是内部故障，通道都不会被破坏。微波信号是沿直线传播的，由于地球是一个球体，因此使微波的直线传播距离受到限制。一般在平原地区，一个 50m 高的微波天线通信距离约为 50km。微波的这一特点决定了其在通信距离较远时，必须架设微波中继站，因此通道价格较高。此外，微波信号的衰耗与天气有关，在空气中水蒸气含量过大时，信号衰耗增大，应加以注意。

微波保护在国外应用广泛。我国电力系统微波通信非常发达，但微波保护应用得并不多，这主要是由于微波通信和继电保护管理体制的差异造成的。

4. 光纤通道（optical fiber）

光纤通信已成为现代通信的重要支柱，随着通信技术的发展和光纤技术在电力通信领域的应用，在各地电网建设中大量采用光纤通信，架空地线复合光缆（optical fiber composite

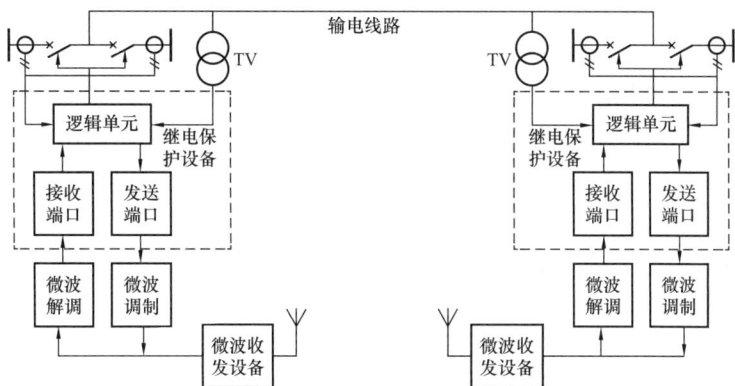

图 5-5　微波通信纵联保护示意图

overhead ground wire，OPGW）和全介质自承式光缆（All-Dielectric Self-supporting Optical Fiber Cable，ADSS）等电力特种光缆技术得到广泛应用。光纤通信除满足数据通信、图像信息等需求外，还提供继电保护专用纤芯，为线路纵联保护提供复用光纤通道和专用光纤通道。光纤通道具有安全性好和传输质量高的特点，为保护纵联通道的数字信息传输提供了很好的解决方案。

　　光纤通信是以光纤作为信号传递媒介的，其工作原理：在发送端首先要把传送的信息变成电信号，然后将其调制到激光器发出的激光束上，使光的强度随电信号的幅度（频率）变化而变化，并通过光纤发送出去；在接收端，检测器收到光信号后把它变换成电信号，经解调后恢复原信息。图 5-6 为光纤通信系统示意图，其由光发送器、光纤和光接收器、光中继器等部分组成。

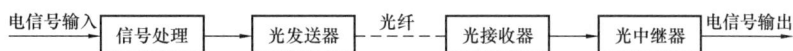

图 5-6　光纤通信系统示意图

　　光发送器的作用是把电信号转化为光信号，一般由电调制器和光调制器组成。光接收器的作用是把光信号转变为电信号，一般由光探测器和电解调器组成。

　　由玻璃或硅材料制成的光纤为细圆筒空芯状，如图 5-7 所示，由纤芯、包层、涂敷层和塑套四部分组成。纤芯、包层的主要成分是高纯度的二氧化硅，涂敷层和塑套的主要作用是加强光纤的机械强度。假定光线对着光纤射入，进入光纤内的光线按照入射方向前进，当光线射到芯和皮的交界面时会发生反

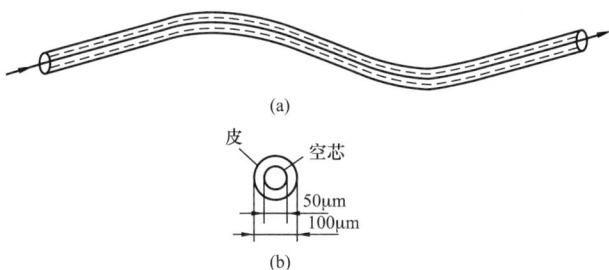

图 5-7　光在光纤中的传播示意图
（a）传播过程；（b）光纤结构

射，如此不断地向前传播。为了让光线在芯和皮的界面上发生反射，而不折射到光纤外面去，需要采用适当的材料和保持一定的形状。由光学原理可知，当芯的折射率大于皮的反射率时，如果光到达界面时的入射角大于某一临界值，就会产生反射。由此可见，光不仅能在

直的光纤中传播，也能在弯曲的光纤中传播。

　　光纤的通信容量大，可以节约大量的金属材料。它由玻璃或硅材料制成，来源丰富，供应方便。光纤通信保密性好，敷设方便，不怕雷击，不受外界电磁干扰，防腐蚀、防潮等。由于光纤无感应性能，因此利用光纤可以构成无电磁感应的、极为可靠的通道，这一点对继电保护来说尤为重要。光纤通信的美中不足是通信距离还不够长，在长距离通信时，要用中继器及其附加设备。另外，当光纤断裂时不易寻找或连接。

　　近年来，随着光纤技术的发展和光纤制作成本的降低，光纤通信网正在成为电力通信网的主干网，光纤通信在电力系统通信中得到越来越多的应用。

二、信号的分类

　　信号的作用是当线路发生内部故障时，将保护开放，允许保护作用于跳闸；而当线路发生外部故障时，须将保护闭锁。按照信号的性质或作用，可以将其分为闭锁信号、允许信号和跳闸信号。这三种信号可用以上任一种通信通道产生和传送。

　　1. 闭锁信号

　　无闭锁信号是保护作用于跳闸的必要条件，或者说闭锁信号是阻止保护动作于跳闸的信号，其逻辑框图如图 5-8（a）所示。

　　在闭锁式方向比较高频保护中，当发生外部故障时，闭锁信号自线路近故障点的一端发出，当线路另一端收到闭锁信号时，其保护元件虽然动作，但不作用于跳闸；当发生内部故障时，任何一端都不发送闭锁信号，两端保护都收不到闭锁信号，保护元件动作后即作用于跳闸。

　　2. 允许信号

　　允许信号是允许保护作用于跳闸的信号，或者说有允许信号是保护动作于跳闸的必要条件，其逻辑框图如图 5-8（b）所示。

　　在允许式方向比较高频保护中，当发生区内故障时，线路两端互送允许信号，两端保护都收到对端的允许信号，保护元件动作后既作用于跳闸；当发生区外故障时，近故障端不发出允许信号，保护元件也不动作，近故障端保护不能跳闸；远故障端的保护元件虽然动作，但收不到对端的允许信号，保护不能动作于跳闸。

　　3. 跳闸信号

　　跳闸信号是直接引起跳闸的信号，或者说收到跳闸信号是跳闸的充要条件。跳闸的条件是本端保护元件动作，或者对端传来跳闸信号。只要本端保护元件动作即作用于跳闸，与有无对端信号无关；只要收到跳闸信号即作用于跳闸，与本端保护元件动作与否无关。其逻辑框图如图 5-8（c）所示。

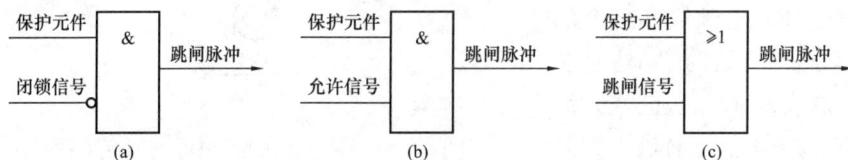

图 5-8　高频保护信号逻辑图
（a）闭锁信号；（b）允许信号；（c）跳闸信号

　　从跳闸信号的逻辑可以看出，它在不知道对端信息的情况下就可以跳闸，所以本侧和对侧的保护元件必须具有直接区分区内故障和区外故障的能力，如距离保护Ⅰ段、零序电流保护Ⅰ段等。而阶段式保护Ⅰ段是不能保护线路全长的，所以采用跳闸信号的纵联保护只能使用在两端保护的Ⅰ段有重叠区的线路才能快速切除全线任意点的短路。

应当指出，高频信号与高频电流是不同的。对于电流相位比较式纵联保护，有无高频信号不仅取决于是否收到高频电流，还取决于收到的高频电流与反映本端电流相位的高频电流间的相对时序关系。

第三节　闭锁式纵联保护

一、闭锁式方向纵联保护

1. 闭锁式方向纵联保护的基本原理

闭锁式方向纵联保护是通过高频通道间接比较被保护线路两端的功率方向，以判断是被保护范围内部故障还是外部故障。保护采用故障时发信方式，并规定线路两端功率从母线流向线路时为正方向，由线路流向母线时为负方向。

现利用图 5-9 说明闭锁式方向纵联保护的动作原理。假定短路发生在线路 BC 段，则保护 2 和 5 的功率方向为负，而其余保护的功率方向全为正。非故障线路保护 2、5 起动发信机发出闭锁信号，将 AB 线路上的保护 1、2 闭锁和 CD 线路上保护 5、6 闭锁，故非故障线路保护不跳闸。故障线路 BC 上保护 3、4 功率方向全为正，不发闭锁信号，保护 3、4 判定有正方向故障且没有收到闭锁信号，保护 3、4 分别跳闸。由此可知，此闭锁信号由功率方向为负的一侧发出，被两端的收信机接收，闭锁两端的保护称为闭锁式方向纵联保护。我们发现，对于故障线路跳闸，不需要闭锁信号；而非故障线路一端的闭锁信号，闭锁非故障线路不跳闸。这样在发生区内故障伴随有通道破坏（如通道相接地或断线）时，两端保护仍能可靠跳闸。这就是这种保护得到广泛应用的主要原因，也是其最大的优点。

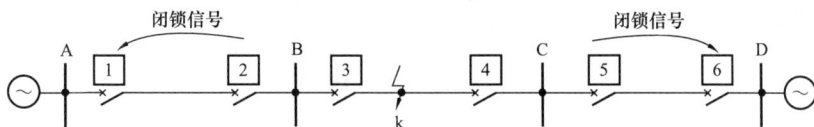

图 5-9　闭锁式方向纵联保护动作原理

2. 闭锁式方向纵联保护的基本构成及影响因素

图 5-10 的保护动作逻辑图为线路一侧的装置原理框图，另一侧完全相同。其中 KW 为功率正方向元件，KA2 为高定值起动元件，KA1 为低定值起动元件，t_1 为瞬时动作延时返回元件，t_2 为延时动作瞬时返回元件。现将发生各种短路故障时保护的工作情况分述如下。

（1）区外短路故障。

如图 5-9 所示，线路 AB 上保护 1、2，在 A 端的保护 1 可能起动，元件 KA1 的灵敏度高，先起动发信机发出闭锁信号，但是随之起动元件 KA2、功率正方向元件 KW 同时动作，Y1 元件有输出，立即停止发信，并经过 t_2 延时后 Y2 元件的一个输入条件满足，若收不到对端发来的高频电流，将会跳闸。考虑对端的闭锁信号传输需要一定的时间到达本端，t_2 延时一般为 4～16ms。在 B 端保护 2，起动元件 KA1 发信号后，功率方向为负，功率正方向元件 KW 不动作，发信机不停止发信号，Y1 元件不动作，Y2 的两个输入条件都不满足，保护 2 不能跳闸。由于 B 端保护 2 不停地发闭锁信号，A 端保护的 Y2 不动作，A 端保护不跳闸。当外部故障被切除后，A 端保护的起动元件 KA2、功率正方向元件 KW 立即返回，A、B 两端起动元件 KA1 立即返回，B 端保护经 t_1 延时后停止发信号，A 端保护正方向元件 KW 即使返回较慢，也能确保在区外故障切除时不误动。

（2）两端供电线路发生区内短路故障。

对于图 5-9 中线路 BC 两端保护 3、4，两端的起动发信元件 KA1 都起动发信，但是，两侧功率方向都为正，两侧正方向元件 KW 动作后准备了跳闸回路并停止了发信号，经 t_2 延时后两侧跳闸。

（3）单电源供电线路发生区内短路故障。

两端供电线路随一端电源的停运可能变成单电源供电线路，如图 5-9 所示系统 D 母线电源停运。当 BC 线路发生区内短路时，B 侧保护 3 的工作情况同（2）的分析，C 侧保护 4 不起动，因而不发出闭锁信号，B 侧保护收不到闭锁信号并且本侧跳闸条件满足，则立即跳开电源侧断路器，切除故障。

闭锁式方向纵联保护的影响因素如下。

（1）系统振荡。

系统振荡且正当中心位于保护范围内时，对于图 5-10 所示接于相电流、线电压的功率方向判别元件，其判定功率方向均为正方向，因此保护将会误动作，这是此类保护的缺点。由于系统发生振荡时三相对称，没有负序、零序分量，因此可考虑采用负序功率或零序功率元件替换图 5-10 中的功率。

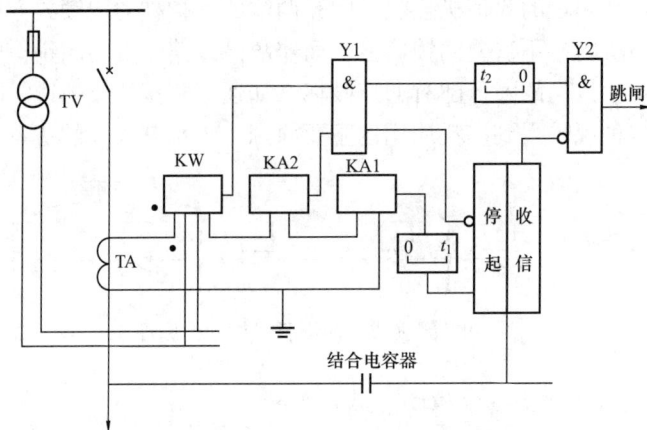

图 5-10　闭锁式方向纵联保护的原理接线图

（2）功率倒向对方向比较式纵联保护的影响及应对措施。

图 5-11 系统中假设故障发生在线路 L1 上靠近 M 侧 k 点，断路器 QF3 先于断路器 QF4 跳闸。在断路器 QF3 跳闸之前，线路 L2 中短路功率由 N 侧流向 M 侧，线路 L2 中 N 侧功率方向为负，方向元件不动作，向 M 侧发送闭锁信号。

在断路器 QF3 跳闸后 QF4 跳闸前，线路 L2 中的短路功率突然倒转方向，由 M 侧流向 N 侧，这一现象称为功率倒向。反应负序、零序和故障分量的方向元件在短路功率倒向时如果动作不协调会出现误动作。在断路器 QF3 跳闸后 QF4 跳闸前，M 侧功率方向由负变为

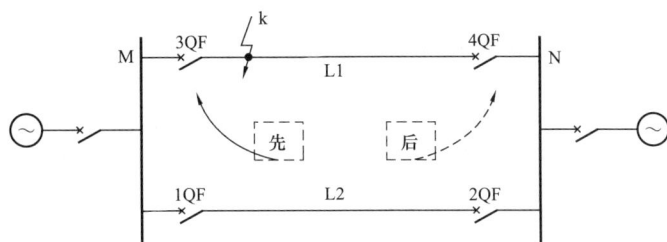

图 5-11　功率倒向示意图

正，功率方向元件动作，停止发信号并准备跳闸；此时 N 侧的功率方向由正变为负，方向元件应立即返回并向 M 侧发闭锁信号，但是可能 M 侧的方向元件动作快，N 侧的方向元件返回慢（称为"触点竞赛"），于是有一段时间两侧方向元件均处于动作状态，M 侧没有闭锁信号，造成线路两端的保护误动。

解决方法是在图 5-10 中增加延时 t_1 返回的元件，发信元件动作后延时 t_1 时间返回，t_1 按照大于两侧方向元件动作与返回的最大时间差，再加一个裕度时间整定。

通过以上工作过程的分析看出，在发生区外故障时依靠近故障侧（功率方向为负）保护发出的闭锁信号实现远故障侧（功率方向为正）的保护不跳闸，并且总是首先假定故障发生在反方向（首先起动发信号）。这带来了两个问题：①等待对端的闭锁信号确实没有发出或消失后才能根据本端的判别结果跳闸，延迟了保护动作时间；②需要两个起动发信元件 KA1 和一个停信元件 KA2，并且本侧 KA1 灵敏度要比两侧的 KA2 都高。图 5-9 所示发生短路，若 AB 线路上保护 1、2 的两个元件灵敏度配合不当，保护 2 的 KA1 灵敏度低于保护 1 的 KA2 而没有起动，则会造成保护 1 误跳闸。

二、闭锁式负序功率方向纵联保护简介

1. 负序功率方向纵联保护的构成

根据负序分量构成的负序功率方向元件，在系统发生振荡时不会误动，可以反应保护区内的各种不对称故障，即使是三相短路，由于在短路开始存在的不对称过程导致负序分量的出现，负序方向纵联保护也可以准确判断故障方向。线路两侧的负序功率方向判别元件分别接入本侧的负序电压和负序电流。

2. 系统非全相运行对负序功率方向保护的影响及对策

采用单相重合闸的高压线路，在重合闸过程中会出现非全相运行，此时负序功率高频闭锁方向保护情况与保护用电压互感器的安装位置有关。下面做具体分析。

图 5-12 为线路 L 的 M 侧断路器 QF1 一相断开时的负序电压分布图和相量图，其中下标 M 代表母线侧，下标 L 代表线路侧。

由图 5-12（b）可见，断线点两侧负序电压 $\dot{U}_{2L}$ 与 $\dot{U}_{2M}$ 的相位相反。如果电压互感器接在线路上，M 端负序方向元件电压 $\dot{U}_{2L}$、电流 $\dot{I}_{2M}$ 符合功率方向为负的关系，M 侧方向元件判断为反方向短路，发出闭锁信号，保护就不会误动作。但是如果负序方向元件采用母线电压 $\dot{U}_{2M}$ 和电流 $\dot{I}_{2M}$，则功率方向为正，负序方向元件动作停发闭锁信号，两侧保护误跳闸。这是因为 N 侧保护总是判为正方向故障而不发闭锁信号。

实际非全相运行状态是一相在两侧同时断开的状态，特别是考虑分布电容的影响后，需

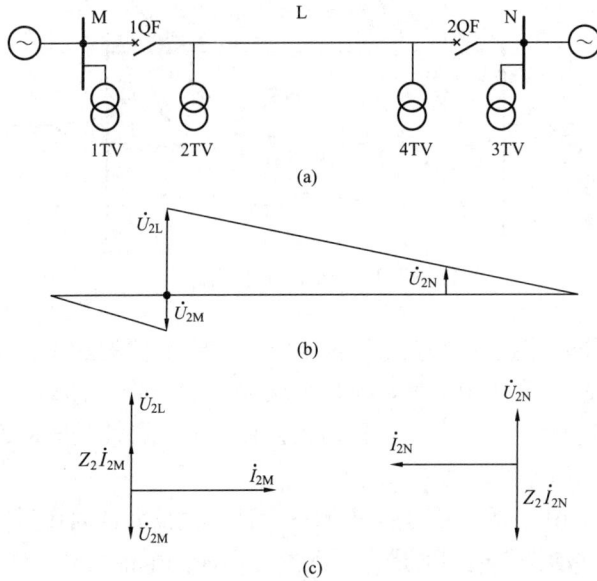

图 5-12　系统一相仅在一侧断开的情况
（a）系统图；（b）负序电压分布图；（c）相量图

要分析有两个断线端口的复杂故障下负序电压、电流的相位关系，结论同样是当使用线路侧电压时，受电侧功率方向为正，送电侧的负序功率方向为负，发出闭锁信号，保护不会误动作；如果使用母线电压，两侧的负序功率方向同时为正，保护将误动作。零序功率方向在非全相运行期间与负序功率方向的特点一致。

　　克服非全相运行期间负序、零序方向纵联保护误动的措施一般是使用线路侧电压，这也是超高压线路电压互感器装于线路侧的主要原因；在两相运行期间退出负序、零序方向元件，仅保留使用工频突变量的方向元件。

三、闭锁式距离纵联保护简介

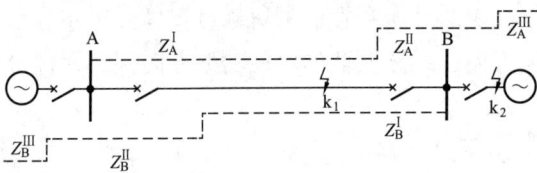

图 5-13　闭锁式距离纵联保护的阻抗元件
动作范围、时限

高频闭锁方向保护只能作为本线路的全线快速保护，不能作为变电站母线和下一级线路的后备。为了作为相邻线路的后备，可以在距离保护上增设高频部分，构成高频闭锁式距离纵联保护。距离保护中所用的元件，如起动元件和方向阻抗测量元件，在高频闭锁方向保护中同样需要。因此可以共用这些元件将高频闭锁方向保护和距离保护组合在一起。图 5-13 所示为距离保护所用的阻抗元件的保护范围和动作时限。

　　闭锁式距离纵联保护实际上是由两端完整的三段式距离保护附加高频通信部分组成，它以两端的距离保护Ⅲ段继电器作为故障起动发信元件（也可以增加负序电流加零序电流的专门起动元件），以两端的距离保护Ⅱ段为方向判别和停信元件，以距离保护Ⅰ段作为两端各自独立的跳闸段。其一侧保护的工作原理框图如图 5-14 所示。其中，三段式距离保护的各段定值和时间仍按第四章第五节的距离保护整定方法进行整定，核心变化是距离保护Ⅱ段的跳闸时间元件增加了瞬时动作的与门元件。该元件的动作条件是本侧Ⅱ段动作且收不到闭锁信号，表明故障在两端保护的Ⅱ段内即本线路内立即跳闸，构成了纵联保护瞬时切除全线任意点短路的速动功能。注意，距离Ⅲ段作为起动元件，其保护范围应超过正、反向相邻线路末端母线，一般无方向性。在被保护线路发生区外、区内短路时的保护的工作过程请读者按照上述的原理结合图 5-14 自行分析。

　　由于两种保护（高频保护、距离保护）接线互相连在一起，因此闭锁式距离纵联保护的主要缺点是当距离保护检修时，高频保护也必须退出工作，被迫停运，故其运行检修灵活度不高。我国生产的高频闭锁距离装置主要有 ZQ-1、GBJ-2 等型号。

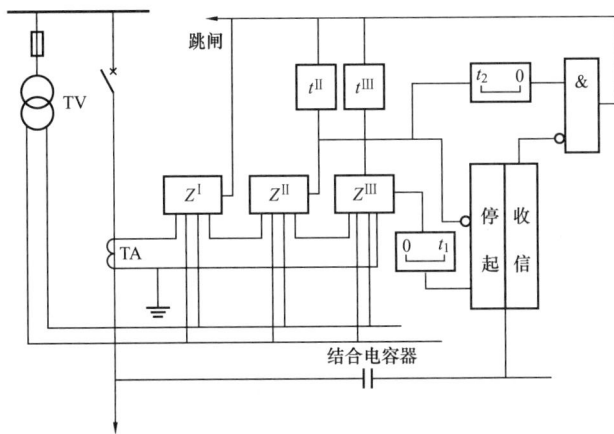

图 5-14　闭锁式距离纵联保护的原理接线图

第四节　纵联电流差动保护

　　纵联电流差动保护是利用金属导线作为通信通道的一种输电线纵联保护方式。电流差动保护是反应被保护元件各对外端口流入该元件的电流之和的一种保护，是较理想的保护原理，其构成原理符合基尔霍夫定律。目前已被广泛应用于电力系统发电机、变压器和母线、等重要电气设备和短线路的保护。

一、纵联电流差动保护基本原理

　　图 5-15 为输电线纵联电流差动保护的基本原理图。在实际应用中，输电线路两侧装设特性和变比都相同的电流互感器（TA），电流互感器的极性和连接方式如图 5-15 所示。当电流互感器的一次电流从同名端流入时，二次电流从同名端流出。图 5-15 中 KD 为差动电流测量元件（差动继电器），其保护区为两侧电流互感器之间的区域。

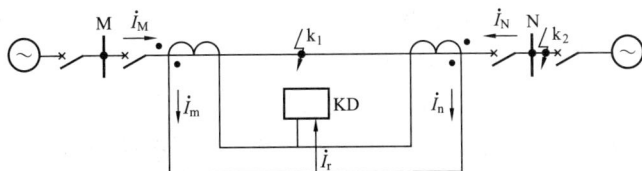

图 5-15　纵联电流差动保护原理示意图

当线路 MN 正常运行或被保护线路外部（如 k_2 点）发生短路时，按规定的电流正方向，M 侧电流为正，N 侧电流为负，两电流大小相等、方向相反，即 $\dot{I}_M+\dot{I}_N=0$。而当线路内部发生短路（如 k_1 点）时，流经输电线两侧的故障电流均为正方向，且 $\dot{I}_M+\dot{I}_N=\dot{I}_k$（$\dot{I}_k$ 为 k_1 点的短路电流）。

正常运行及外部发生短路的情况下，为保证纵联电流差动保护的选择性，KD 流入的电流应该为

$$I_r=0 \tag{5-1}$$

实际上，由于电流互感器具有励磁电流，两侧二次电流的数值应为

$$\left.\begin{aligned}\dot{I}_m&=\frac{1}{K_{TA}}(\dot{I}_M-\dot{I}_{\mu M})\\\dot{I}_n&=\frac{1}{K_{TA}}(\dot{I}_N-\dot{I}_{\mu N})\end{aligned}\right\} \tag{5-2}$$

式中　$\dot{I}_m$、$\dot{I}_n$——两个电流互感器二次侧电流；

$\dot{I}_{\mu M}$、$\dot{I}_{\mu N}$——两个电流互感器的励磁电流；

K_{TA}——两个电流互感器的变比。

在正常运行及外部发生故障时，$\dot{I}_M=-\dot{I}_N$，但由于两个电流互感器励磁特性不会完全相同，因此此时流过差动继电器的电流不等于零，此电流称为不平衡电流。这一不平衡电流

$$\dot{I}_{unb}=\dot{I}_m+\dot{I}_n=-\frac{1}{K_{TA}}(\dot{I}_{\mu M}+\dot{I}_{\mu N}) \tag{5-3}$$

在所有可能的正常运行及外部发生短路的情况下，每一状态都对应一个不平衡电流。由实际系统运行经验可知，不平衡电流的最大值出现在流过线路的外部短路电流为最大的时候，按照电流互感器 10% 误差系数要求可按式（5-4）计算。

$$I_{unb.max}=K_{err}K_{st}K_{np}I_{kw.max} \tag{5-4}$$

式中　K_{err}——电流互感器 10% 误差系数，取 10%。

K_{st}——电流互感器的同型系数，当两侧电流互感器的型号、容量均相同时，一般取 0.5，不同时，一般取 1；

K_{np}——非周期分量影响系数；

$I_{kw.max}$——外部发生短路时流过两个电流互感器的最大短路电流二次值。

为了保证选择性，差动继电器的差动电流 I_r 应躲过正常运行及外部故障时的最大不平衡电流时才允许保护动作，即

$$I_r>I_{unb.max} \tag{5-5}$$

引入差动保护的动作电流 I_{act}：在保证选择性的前提下，使得差动继电器能够动作的最小电流。引入大于 1 的可靠系数 K_{rel}，动作电流

$$I_{act}=K_{rel}I_{unb.max}=K_{rel}K_{err}K_{st}K_{np}I_{kw.max} \tag{5-6}$$

其中，K_{rel} 为可靠系数，取 1.2～1.3。这一动作电流是躲过线路正常运行及区外发生短路时的最大动作电流。

继电保护在保证选择性的前提下，应尽可能提高内部故障时的灵敏度。由于电力线路正常运行及外部发生短路的情况下，每一状态都对应一个不平衡电流，对应每一个不平衡电

流，都可以确定一个动作电流，动作电流值均小于等于式（5-6）的计算结果。因此用线路外部短路电流 I_{kw} 产生的不平衡电流 I_{unb} 代替最大短路电流 $I_{k.max}$ 产生的不平衡电流 $I_{unb.max}$，即可确定动作电流与不平衡电流的关系曲线。此时，动作电流

$$I_{act} = f_1(I_{unb}) \tag{5-7}$$

以此降低动作电流值，提高内部故障的灵敏度。

在差动继电器的设计中，I_{unb} 起制动作用，对应一个制动电流，用符号 I_{res} 表示，则式（5-7）转化为动作电流与制动电流的关系，这一关系称为差动继电器的制动特性，用式（5-8）表示为

$$I_{act} = f_2(I_{res}) = K_{res} I_{res} \tag{5-8}$$

式中　K_{res}——差动继电器制动系数，根据被保护元件的不同而选取相应的值。

让差动继电器动作的电流称为差动电流，用符号 I_d 表示，则差动保护的动作条件为

$$I_d \geqslant I_{act} \tag{5-9}$$

或

$$I_d \geqslant K_{res} I_{res} \tag{5-10}$$

由于制动电流越大，动作电流越大，保护的选择性越好；动作电流一定的情况下，差动电流越大，保护的灵敏度越高。因此，差动保护的制动电流与差动电流的确定原则：发生区外故障时制动电流越大越好，发生区内故障时制动电流越小越好；发生区外故障时差动电流越小越好，发生区内故障时差动电流越大越好。按此原则，差动电流按式（5-11）计算；制动电流 I_{res} 可以按式（5-11）、式（5-12）或式（5-13）计算。

$$I_d = |\dot{I}_m + \dot{I}_n| \tag{5-11}$$

$$I_{res} = 0.5|\dot{I}_m - \dot{I}_n| \tag{5-12}$$

$$I_{res} = 0.5(|\dot{I}_m| + |\dot{I}_n|) \tag{5-13}$$

$$I_{res} = \sqrt{|\dot{I}_m||\dot{I}_n|\cos\theta_{mn}} \tag{5-14}$$

其中，θ_{mn} 为两端电流 $\dot{I}_m$、$\dot{I}_n$ 间的相角差。

当制动电流分别用以上三种形式表示时，在发生区外故障时都可以保证其选择性，但在发生区内故障时的灵敏度不同。当 I_{res} 采用式（5-12）计算时制动量是被保护线路两端二次侧电流的相量差，采用式（5-13）计算时制动量是被保护线路两端二次侧电流的标量和，这两种计算方式统称为比率制动方式，应用较广泛。当 I_{res} 采用式（5-14）计算时，制动量是被保护线路两端二次侧电流的标积，称为标积制动方式。

发生区外故障和正常运行时，$\arg(\dot{I}_m/\dot{I}_n) \approx 180°$，$|\dot{I}_m - \dot{I}_n| \approx |\dot{I}_m| + |\dot{I}_n|$，采用式（5-12）与式（5-13）这两种制动方式效果相同；当按被保护线路在单侧电源运行内部最小短路电流校验差动保护灵敏度时，这两种方式也是相同的。但在双侧电源发生内部短路时，$\arg(\dot{I}_m/\dot{I}_n) \approx 0°$，有 $|\dot{I}_m - \dot{I}_n| < |\dot{I}_m| + |\dot{I}_n|$，此时式（5-12）制动方式有更高的灵敏度。对于式（5-14）所示的标积制动方式，在单电源内部发生短路时，$\dot{I}_m$ 和 $\dot{I}_n$ 两个量中有一个为零，此时灵敏度最高。

二、纵联电流差动保护的整定原则

纵联电流差动保护常用不带制动作用和带有制动作用两类特性的差动元件。

1. 不带制动特性的差动继电器

（1）动作方程为

$$I_d = | \dot{I}_m + \dot{I}_n | > I_{act}$$

其中，I_{act} 为差动继电器的动作电流整定值，通常按以下两个条件确定。

（2）动作电流整定。

1）躲过外部短路时的最大不平衡电流，即

$$I_{act} = K_{rel} K_{err} K_{st} K_{np} I_{kw.max}$$

2）躲过最大负荷电流：保证正常运行时一侧电流互感器二次断线时差动继电器不动作，即

$$I_{act} = K_{rel} I_{Lmax} \tag{5-15}$$

式中 K_{rel}——可靠系数，取 $1.2 \sim 1.3$；

    I_{Lmax}——线路正常运行时的最大负荷电流二次值。

取以上两个整定值中较大的作为差动继电器的整定动作值。

（3）灵敏度校验。

保护应满足线路在单侧电源运行发生内部短路时有足够的灵敏度，即

$$K_{sen} = \frac{I_d}{I_{act}} = \frac{I_{k.min}}{I_{act}} \tag{5-16}$$

其中，$I_{k.min}$ 为单侧电源作用且被保护线路末端发生短路时，流过保护的最小短路电流二次值。

要求灵敏系数不小于 2。若满足差动保护不灵敏度的要求，则可采用带制动特性的纵差保护。

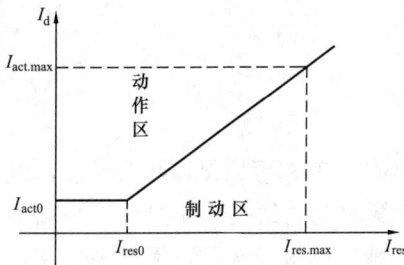

图 5-16 两折线比率制动特性差动继电器动作特性曲线示意图

2. 比率制动特性的差动继电器

两折线比率制动特性差动继电器动作特性曲线如图 5-16 所示。图 5-16 中 I_{act0} 为比率制动差动保护最小动作电流；I_{res0} 为比率制动特性的拐点电流；$I_{res.max}$ 为对应最大不平衡电流的最大制动电流。制动特性曲线如图 5-16 中的实线，上方为动作区，下方为制动区。

参考图 5-16 可知，两折线制动特性差动保护的动作电流方程为

$$\begin{cases} I_{act} = I_{act0} & I_{res} < I_{res0} \\ I_{act} = I_{act0} + K(I_{res} - I_{res0}) & I_{res} \geqslant I_{res0} \end{cases} \tag{5-17}$$

动作方程为

$$\begin{cases} I_d \geqslant I_{act0} & I_{res} < I_{res0} \\ I_d \geqslant I_{act0} + K(I_{res} - I_{res0}) & I_{res} \geqslant I_{res0} \end{cases} \tag{5-18}$$

式中 K——比率制动特性的斜率，可在 0～1 进行选择。

灵敏度校验：根据保护区内故障的最小短路电流，由式（5-11）、式（5-12）求出差动电流和制动电流，再由制动电流根据式（5-17）求解此时的动作电流，按式（5-19）计算。

$$K_{sen} = \frac{I_d}{I_{act}} \tag{5-19}$$

要求灵敏系数不小于 2。

比率制动特性纵联电流差动保护不仅提高了发生内部短路时的灵敏度，而且提高了发生外部短路时的可靠性，因而在纵联电流差动保护中得到了广泛应用。

复习思考题

5-1 试述纵联保护的基本工作原理和特点。纵联保护能否单端运行？

5-2 目前常用的纵联保护有哪几种？分别简述它们的工作原理。

5-3 简述通道传输信号的种类、通信方式有哪些。

5-4 电力线载波高频保护信号频率过高或过低有何影响？

5-5 请画出输电线载波通道的构成元件框图，并简述各构成元件的作用和工作原理。

5-6 相—地制和相—相制高频通道各有何优缺点？

5-7 闭锁式纵联保护为什么需要高、低定值的两个起动元件？

5-8 试比较闭锁式方向纵联保护和闭锁式距离纵联保护的异同点。

5-9 什么是触点竞赛？

5-10 图 5-17 所示的系统为线路全部配置闭锁式方向比较纵联保护，分析在 k 点发生短路时，各端保护方向元件的动作情况，各线路保护的工作过程及结果。

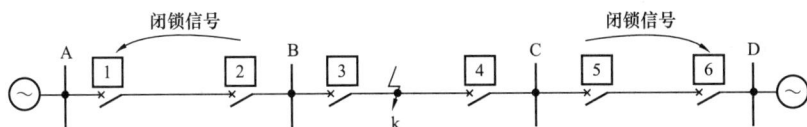

图 5-17 闭锁式方向比较纵联保护配置示意图

5-11 图 5-17 所示的系统为线路全部配置闭锁式方向比较纵联保护，在 k 点发生短路时，若 A-B、B-C 线路通道同时发生故障，保护将会出现什么情况？靠什么保护动作切除故障？

5-12 简述微波保护和光纤保护各自的特点。

5-13 在纵差保护中动作电流的整定计算应考虑哪些因素？为什么？

5-14 为什么纵差保护能保护线路的全长？电流保护和距离保护为什么不能实现全线速动保护功能？

5-15 输电线路纵联电流差动保护在发生系统振荡、非全相运行期间，是否会误动作？为什么？

5-16 简述采用带有制动作用的差动特性的差动继电器的原因。

第六章 自 动 重 合 闸

第一节 自动重合闸的作用及要求

一、自动重合闸在电力系统中的作用

运行经验表明，在电力系统的故障中，输电线路尤其是架空线路的故障占绝大部分，而且绝大多数是暂时性的，例如，大风时的短时碰线、树枝落在导线上引起的短路、雷击过电压引起的绝缘子表面闪络等。这些故障，当线路被继电保护装置迅速断开后，故障点的电弧即行熄灭，绝缘强度重新恢复，外界物体被移开或烧掉而消失，故障随即自行消除。此时，如果把断开的线路断路器重新合上，往往能够恢复正常供电，因而可减小用户停电的时间，提高供电可靠性。此外，线路上也可能发生永久性故障，例如，断线、线路倒杆、绝缘子击穿或损坏等引起的故障，在故障被继电保护装置切除后，如果重新投入，线路会再次被继电保护装置切除。

对于瞬时性故障，线路被断开后再进行一次重合闸，显然提高了供电可靠性，当然，重新合上断路器的工作也可由运行工作人员手动操作进行，但手动操作时，停电时间太长，用户电动机多数可能停转，这样采用重合闸取得的效果并不显著，对于高压和超高压线路而言，系统还可能失去稳定性。因此，在电力系统中，广泛采用自动重合闸装置（Auoto Reclosing Devcce，ARD）来代替人工手动合闸，当断路器跳闸以后，它能够自动地将断路器重新合闸。在输、配电线路中，尤其是高压输电线路上，自动重合闸装置已得到极其广泛的应用。

在输、配电线路上装设自动重合闸以后，由于自动重合闸本身不能够判断故障是瞬时性的还是永久性的，因此，在重合闸以后可能成功恢复供电，也可能不成功。根据运行资料统计，输电线路自动重合闸的动作成功率在 $60\%\sim90\%$，可见采用自动重合闸的效益是比较可观的。

一般说来，在电力系统输电线路上，采用自动重合闸的作用可归纳如下：

（1）可大大提高供电的可靠性，在线路上发生暂时性故障时，迅速恢复供电，减少线路停电的次数，这对单侧电源的单回线路尤为显著。

（2）在有双侧电源的高压输电线路上采用重合闸，可以提高电力系统并列运行的稳定性。

（3）在电网的设计与建设过程中，有些情况下由于考虑重合闸的作用，可以暂缓架设双回线路，以节约投资。

（4）自动重合闸可以纠正因断路器本身机构不良或继电保护误动作而引起的误跳闸。

由于自动重合闸本身的投资低，工作可靠，采用自动重合闸后可避免因暂时性故障停电而造成的损失。因此，GB/T 14285—2023《继电保护和安全自动装置技术规程》规定，对于 1kV 及以上的架空线路或电缆与架空线的混合线路上，只要装设断路器，一般都应该装设自动重合闸装置。

但是，当自动重合闸重合于永久性故障上时，也将带来一些不利的影响：

(1) 重合闸后，系统将会再次受到短路电流的冲击，可能引起电力系统振荡，此时继电保护应再次断开断路器。

(2) 使断路器工作条件变得更加恶劣。因为它要在很短的时间内连续切断两次短路电流。这种情况对于油断路器必须加以考虑，在第一次跳闸时，由于电弧的作用，已使油的绝缘强度降低，在重合闸后，第二次跳闸是在绝缘已经降低到不利的条件下进行的，因此，油断路器在采用了重合闸以后，其遮断容量也要有不同程度的降低（一般降低到80%左右）。因此，在短路容量比较大的电力系统中，上述不利条件往往限制了重合闸的使用，装设油断路器的线路不允许使用自动重合闸装置。

二、自动重合闸的分类

自动重合闸可以按照不同的特征来分类，常用的有以下几种。

1. 按照重合闸作用于断路器的方式

按照重合闸作用于断路器的方式可以分为三相重合闸、单相重合闸和综合重合闸3种。

(1) 三相重合闸。

三相重合闸是指不论在输、配线上发生单相短路，还是相间短路，继电保护装置均将线路三相断路器同时断开，然后起动自动重合闸同时合三相断路器的方式。若为暂时性故障，则重合闸成功；否则保护再次动作，跳三相断路器。这时，重合闸是否再重合要视情况而定。目前，一般只允许重合闸动作一次，称为三相一次自动重合闸装置。特殊情况下，可采用三相二次自动重合闸装置。

三相重合闸结构相对比较简单，保护出口可直接动作控制断路器，保护之间互为后备的性能较好。

(2) 单相重合闸。

在110kV及以上的大接地电流系统中，由于架空线路的线间距离较大，发生相间故障的机会比较少，而单相接地短路的概率占总故障的90%左右。在发生的相间故障中，相当一部分也是由单相接地故障发展而成的。

单相重合闸就是指线路上发生单相接地故障时，保护动作只断开故障相的断路器，而未发生故障的其余两相仍可继续运行，然后进行单相重合。若故障为暂时性的，则重合闸后，便可恢复三相供电；如果故障是永久性的，而系统又不允许长期非全相运行，则重合闸后，保护动作，使三相断路器跳闸，不再进行重合闸。

当采用单相重合闸时，如果发生相间短路，则一般都跳三相断路器，且不进行三相重合闸；如果因任何其他原因断开三相断路器，也不再进行重合闸。

采用单相重合闸能在绝大多数发生故障的情况下保证对用户的连续供电，从而提高供电的可靠性。当由单侧电源单回线路向重要负荷供电时，对保证不间断供电有较显著的优势，因而在某些情况下就不一定需要采用双侧电源供电。

在双侧电源的联络线上采用单相重合闸，就可以在发生故障时极大地加强两个系统之间的联系，从而提高系统并列运行的动态稳定性；对于联系比较薄弱的系统，当三相切除并继之以三相重合闸而很难再恢复同步时，采用单相重合闸也更能显示其优势。

目前，我国220~330kV的线路一般都是电力系统的主干线路，而且很多是大型电厂向外输送很大功率的线路，因此，系统稳定问题比较重要。在这种情况下采用单相重合闸就可以提高线路输送功率的极限和系统并列运行的动态稳定性。

但是，采用单相重合闸需要有按相操作的断路器，还需要专门的选相元件与继电保护相配合，再考虑一些特殊的要求后，使重合闸回路的接线比较复杂；在单相重合闸过程中，由于非全相运行能引起本线路和电网中其他线路的保护发生误动作，因此，就需要根据实际情况采取措施进行预防，这将使保护的接线、整定计算和调试工作变得复杂化。

由于单相重合闸具有以上特点，并在实践中证明了其优势。因此，已在 $220 \sim 330 \mathrm{kV}$ 线路上获得了广泛应用。对于 $110 \mathrm{kV}$ 的电网，一般不推荐这种重合闸方式，只在由单侧电源向重要负荷供电的某些线路及根据系统运行需要的某些重要线路上才考虑使用。

（3）综合重合闸。

综合重合闸是将单相重合闸和三相重合闸综合在一起，当发生单相接地故障时，采用单相重合闸方式工作；当发生相间短路时，采用三相重合闸方式工作。综合考虑这两种重合闸方式的装置称为综合重合闸装置。

综合重合闸装置经过转换开关的切换，一般都具有单相重合闸、三相重合闸、综合重合闸和直跳等 4 种运行方式。在 $110 \mathrm{kV}$ 及以上的高压电力系统中，综合重合闸已得到了广泛应用。

2. 按照重合闸的动作方法

按照重合闸的动作方法可以分为机械式重合闸和电气式重合闸。

3. 按照重合闸的作用对象

按照重合闸的作用对象可以分为线路的重合闸、变压器的重合闸和母线的重合闸。

4. 按照重合闸的动作次数

按照重合闸的动作次数可以分为一次重合闸和二次重合闸。

5. 按照重合闸和继电保护的配合方式

按照重合闸和继电保护的配合方式可以分为保护前加速、保护后加速和不加速保护的重合闸。

6. 按照重合闸的使用条件

按照重合闸的使用条件可分为单侧电源重合闸和双侧电源重合闸，等等。

三、对自动重合闸的基本要求

作为安全自动装置之一的自动重合闸同继电保护装置一样，应满足速动性、选择性、灵敏度和可靠性等要求。根据生产的需要和运行经验，对线路的自动重合闸装置提出了如下基本要求。

1. 手动跳闸时不应重合闸

当运行人员手动操作或遥控操作使断路器断开时，自动重合闸装置不应自动重合闸。当有其他情况不允许重合闸时，应可以对自动重合闸进行闭锁。

2. 手动合闸于故障线路时自动重合闸不重合

当手动合闸于故障线路时，继电保护动作使断路器跳闸后，自动重合闸装置不应重合。因为在手动合闸前，线路上还没有电压，若合闸后就已存在故障，则多属于永久性故障。

3. 用不对应原则起动

一般自动重合闸采用控制开关的位置与断路器位置不对应的原则来起动重合闸装置，对综合重合闸宜用不对应原则和保护同时起动。

4. 动作迅速

在满足故障点去游离所需的时间和断路器灭弧室及断路器的传动机构准备好再次动作所必须的时间的前提下，自动重合闸装置的动作时间应尽可能短。因为，发生故障后从断路器断开到自动重合闸发出合闸脉冲的时间越短，用户的停电时间就可以相应缩短，从而可以减轻故障对用户用电和系统带来的不良影响。一般自动重合闸动作的时间采用 0.5～1.5s。

5. 不允许任意多次重合闸

自动重合闸装置的动作次数应符合预先的规定，如一次重合闸就只应重合一次。在任何情况下，发生永久性故障时都不应使断路器错误地多次重合闸。因为发生永久性故障时，自动重合闸多次重合，将使系统多次遭受冲击，还可能会使断路器损坏，从而扩大事故。

6. 动作后应能自动复归

当自动重合闸成功动作一次后，应能自动复归，准备好再次动作。对于雷击机会较多的线路，为了发挥自动重合闸的效果，更有必要满足这一要求。

7. 能与继电保护动作配合

自动重合闸能与继电保护动作相配合，在重合闸以前或重合闸以后加速继电保护动作，以便更好地与继电保护装置相配合，缩短故障切除时间，提高供电可靠性。

四、自动重合闸的配置原则

根据 DL/T 400—2019《500kV 交流紧凑型输电线路带电作业技术导则》规定自动重合闸的配置原则：①1kV 及以上架空线路及电缆与架空混合线路，在具有断路器的条件下，当用电设备允许且无备用电源自动投入时，应装设自动重合闸装置；②旁路断路器和兼作旁路母线联络断路器或分段断路器，应装设自动重合闸装置；③低压侧不带电源的降压变压器，可装设自动重合闸装置；④必要时，母线故障也可采用自动重合闸装置。

根据自动重合闸运行经验可知，线路自动重合闸的配置和选择应根据不同系统结构、实际运行条件和 DL/T 400—2019 的要求具体确定。一般选择自动重合闸类型可按下述条件进行：

（1）110kV 及以下电压系统单侧电源线路一般采用三相一次重合闸装置。

（2）220、110kV 及以下双电源线路用合适方式的三相重合闸能满足系统稳定和运行要求时，可采用三相自动重合闸装置。

（3）220kV 线路采用各种方式三相自动重合闸不能满足系统稳定和运行要求时，采用综合重合闸装置。

（4）330～500kV 线路，一般情况下应装设综合重合闸装置。

（5）在带有分支的线路上使用单相重合闸时，分支线侧是否采用单相重合闸，应根据有无分支电源，以及电源大小和负荷大小确定。

（6）双电源 220kV 及以上电压等级的单回路联络线，适合采用单相重合闸；主要的 110kV 双电源单回路联络线，采用单相重合闸对电网安全运行效果显著时，可采用单相重合闸。

第二节　三相自动重合闸

一、单侧电源线路的三相一次自动重合闸

对单侧电源线路上的三相重合闸方式，在一般情况下，采用三相一次自动重合闸。当断路器遮断容量允许时，对于由无经常值班人员的变电站引出的无遥控单回线路，或者供电给重要负荷且无备用电源的单回线路可采用二次自动重合闸。二次自动重合闸，就是当第一次重合闸不成功以后，经过不小于 $10\sim15s$ 的时间，再进行一次重合闸。在由几段串联线路构成的电网中，为了补救速动保护（如电流速断）的无选择性动作，一般采用带前加速的重合闸。

1. 自动重合闸的构成

电力系统中，三相一次自动重合闸方式应用十分广泛，一般三相一次自动重合闸装置主要由起动元件、延时元件、一次合闸脉冲元件和执行元件四部分组成。

起动元件的作用是当断路器发生跳闸之后，使重合闸的延时元件起动。延时元件是为了保证断路器在发生跳闸之后，在故障点有足够的去游离时间和断路器及传动机构能恢复准备再次动作时间。一次重合闸脉冲元件用来保证重合闸装置只能重合一次。执行元件则是将重合闸动作信号送至重合闸电路和信号回路，使断路器重新合闸，并发信号让值班人员知道自动重合闸已动作。

三相一次自动重合闸原理框图如图 6-1 所示。

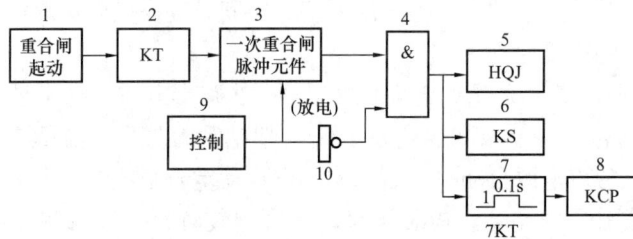

图 6-1　三相一次自动重合闸原理框图

1—重合闸装置的起动元件，一般采用控制开关和断路器位置不对应
（即断路器的控制开关在手动合闸后位置，而断路器因保护动作在跳闸后位置）起动或保护起动等；

2—重合闸的延时元件，起动元件 1 起动后，经时间 t_2 延时，再触发一次重合闸脉冲元件；

3—一次重合闸脉冲元件，其动作后送出一个自动重合闸脉冲，并经 $15\sim25s$ 后能自动复归，准备再次动作；

4—与门，当有重合闸脉冲而与门 10 无输出时有输出，称为自动重合闸动作；

5—自动重合闸执行元件，执行重合闸动作命令，使断路器重合一次；6—自动重合闸信号元件，
在重合闸起动使重合闸执行元件动作的同时送出信号，提示值班人员，自动重合闸已动作；

7—短时记忆元件（7KT 记忆时间 0.1s）；8—重合闸后，加速元件（KCP），重合闸动作后，
若线路故障仍存在能加速继电保护动作，使断路器无延时跳闸；9—重合闸闭锁回路，
它送出不允许重合闸动作的信号，并使一次重合闸脉冲元件输入短路，且无输出。

如当手动跳闸时送出闭锁信号，不允许自动重合闸动作，实现自动重合闸闭锁功能

2. 单侧电源线路三相自动重合闸的整定计算

单侧电源线路三相重合闸要带有限时，因为在断路器跳闸后，要使故障点的电弧熄灭并使周围介质恢复绝缘强度是需要一定时间的，必须在这段时间以后进行重合闸才有可能成功；在断路器动作跳闸后，其触头周围绝缘强度的恢复，以及灭弧室重新充满油需要一定的时间。因此，重合闸动作时间 t_{act} 整定为

$$t_{act}=t_t+t_{re}+t_{rel}-t_n \tag{6-1}$$

式中　t_t——断路器固有跳闸时间，用不对应起动时，$t_t=0$；

t_n——断路器合闸时间；

t_{re}——灭弧及去游离时间；

t_{rel}——裕度时间，0.1～0.15s，如断路器操动机构复原并准备好再动作的时间；

t_{act}——重合闸动作时间，约为1s。

根据我国电力系统的运行经验，时间整定为1s左右的时间较为合适。

二、双侧电源线路的三相一次自动重合闸与同期问题

1. 双电源三相自动重合闸的特殊问题

双侧电源线路是指两个或两个以上电源间的联络线，正常运行时线路传输一定的功率。双侧电源线路上实现重合闸时，与单电源线路上的三相自动重合闸相比，还必须考虑如下特点：

(1) 时间的配合。

当输电线路上发生故障时，线路两侧的保护装置可能以不同的时限动作于跳闸。例如，对于近故障侧为第Ⅰ段动作范围内的故障，而对于另一侧属于保护第Ⅱ段动作范围内的故障，此时为了保证故障点电弧的熄灭和绝缘强度的恢复，以使重合闸有可能成功，线路两侧的重合闸必须保证在两侧的断路器都跳闸以后，且故障点有足够的去游离时间才能进行重合闸。因此，双电源重合闸的动作时间 t_{act} 除考虑单电源三相一次自动重合闸的各时间因素外，还应考虑对侧保护动作时间的影响。它的重合闸时间比单电源重合闸的时间长，即

$$t_{act} = t'_{actmax} + t'_t + t_{re} + t_{rel} - t_n \qquad (6\text{-}2)$$

式中　t_{act}——近故障侧重合闸动作时间；

t'_{actmax}——远故障侧保护动作时间最大值；

t'_t——远故障侧断路器跳闸时间；

t_n——近故障侧断路器合闸时间；

t_{re}——灭弧及去游离时间；

t_{rel}——裕度时间，0.1～0.15s，如断路器操动机构复原并准备好再动作的时间。

(2) 同期问题。

在某些情况下，当线路上发生故障被继电保护断路器断开以后，线路两侧电源之间的电动势角会摆开，有可能使两侧电源之间失去同步。因此，对后合闸一侧的断路器在进行重合闸时，应考虑两侧电源是否同步，以及是否允许非同步合闸的问题。

2. 双电源三相一次重合闸的方式

因此，双侧电源线路上的重合闸应根据电网的接线方式和运行情况，在单侧电源重合闸的基础上采取一些附加措施，以适应新的要求。近年来，双侧电源线路的重合闸出现了很多新的方式，保证了重合闸具有更快的速度和更显著的效果。一般有以下几种方式：

(1) 三相快速自动重合闸。

在现代高压输电线路上，采用快速自动重合闸装置是提高系统并列运行的稳定性和提高供电可靠性的有效措施。快速自动重合闸就是当输电线路上发生故障时，继电保护装置能瞬时使线路两侧的断路器断开，并接着进行重合闸的工作方式。快速自动重合闸从短路开始到重新合上断路器的整个时间为 0.5～0.6s，在这样短的时间内两侧电源的电动势角摆开不大，系统还不可能失步。即使两侧电源电动势角摆得很大，由于重合的周期很短，电动势角来不及摆开到危及系统稳定的角度，断路器便已经重合闸，系统会很快拉入同步，因此能保持系统的稳定，恢复线路的正常运行。这种重合闸方式的最大特点是快速。

采用快速自动重合闸方式必须具有下列一些条件：线路两侧的断路器都装有能瞬时动作的保护整条线路的继电保护装置，如高频保护等；线路两侧必须安装可以进行快速重合闸的断路器，如快速空气断路器等；线路两侧断路器重新合闸时两侧电动势的相角差不会导致系统稳定性被破坏。

（2）非同期自动重合闸。

当线路上没有快速动作的继电保护和断路器时，断路器断开再自动重合闸时，两侧电源可能已经失去了同步。非同期重合闸就是当线路两侧断路器发生跳闸后，当冲击电流均未超过系统中各元件的允许值时，即无论线路两侧电源是否同步，均将自动合上两侧断路器，并等待系统自动拉入同步。

采用非同期重合闸的条件如下。

1）当线路两侧电源电动势之间的相角差 δ 为 $180°$ 合闸时，输电线路上所产生的最大冲击电流对电力系统各元件的冲击均未超过其规定的允许值。

输电线路的冲击电流，当线路两侧电源电动势的幅值相等时，所出现的最大冲击电流的周期分量为

$$I = \frac{2E}{Z_\Sigma} \sin \frac{\delta}{2} \tag{6-3}$$

式中　Z_Σ——振荡系统电源间的总阻抗；

　　　δ——两侧电源电动势之间的相角差，最严重情况时为 $\delta = 180°$；

　　　E——发电机电动势有效值，对同步发电机的电动势 E 取 $1.05U_N$，U_N 为发电机的额定电压。

按规定，通过发电机、变压器等元件的最大冲击电流周期分量不应超过下列数值。

对于汽轮发电机

$$I \leqslant \frac{0.65}{X_d''} I_N \tag{6-4}$$

对于有纵横阻尼回路的水轮发电机

$$I \leqslant \frac{0.6}{X_d''} I_N \tag{6-5}$$

对于无阻尼回路或阻尼回路不全的水轮发电机

$$I \leqslant \frac{0.61}{X_d'} I_N \tag{6-6}$$

对于同步调相机

$$I \leqslant \frac{0.84}{X_d''} I_N \tag{6-7}$$

对于电力变压器

$$I \leqslant \frac{100}{U_K\%} I_N \tag{6-8}$$

式中　I_N——各元件的额定电流；

　X_d''、X_d'——发电机的纵轴次暂态电抗，暂态电抗的标幺值；

　　$U_K\%$——电力变压器的短路电压百分比。

2）采用非同期重合闸后，在两侧电源由非同步运行拉入同步的过程中，系统处在振荡

状态，在振荡过程中对重要负荷的影响要小，但是对继电保护可能导致其误动作，并甩掉一些负荷，故需采取一些相应的措施。

（3）检查同期重合闸。

当两侧电源的线路上既没有条件实现快速重合闸，又不可能采用非同期重合闸时，应该采用检查同期重合闸。

检查同期重合闸的特点是当线路短路且两侧断路器跳开后，先让一侧的断路器合上，另一侧断路器在重合闸前应进行同步条件的检查，只有在断路器两侧电源满足同步条件时，才允许进行重合闸。这种重合闸方式不会产生很大的冲击电流，重合闸后系统也能很快拉入同步。

这种检查同期重合闸的方式是在单端供电线路重合闸接线的基础上增加附加条件来实现的，如图 6-2 所示。在两侧的断路器上，除装设单端电源线路的自动重合闸外，在线路的一侧（M 侧）还装设低电压元件，用以检查线路有无电压。此电压继电器的整定值通常取 $0.5U_N$，另一侧（N 侧）则装设检查同步的元件 TJJ。

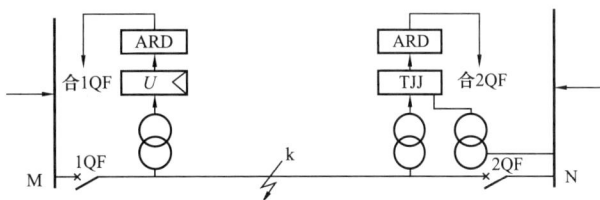

图 6-2　检查同期重合闸方式的示意图

当线路发生故障，两侧断路器跳闸后，线路失去电压。这时 M 侧的断路器 1QF 在检查线路无电压后，先进行重合闸。如果重合闸至永久性故障，则继电保护将再次跳开断路器 1QF，而后两端不再重合闸。如果重合闸至暂时性故障，则 M 侧重合闸成功。N 侧在检查两端电源符合同步条件后再进行重合闸，于是线路便恢复正常供电。

由此可见，线路 M 侧的断路器 1QF 如果重合闸于永久性故障，就将连续两次切断短路电流，所以它的工作条件就比 N 侧断路器严重。为了解决这个问题，通常都是每侧都装设低电压继电器和检查同步继电器，利用连接片定期切换其工作方式，使两侧断路器工作条件接近相同。另外，在正常运行情况下，当某种原因使检查线路无电压的一侧误跳闸时，由于对侧并未动作跳闸，因此，线路上仍有电压，误跳闸的断路器就无法进行重合闸。重合闸装置不能纠正这种情况下的误跳闸，这是一个很大的缺陷。为了解决这个问题，通常是在检查同步的无电压的一侧也同时装设检查同步的继电器，使两者的接点并联工作。当线路有电压时，检查同步继电器工作，这样即可将误跳闸的断路器重新合闸。

在实际应用检查同步重合闸方式时，一侧断路器应投入检查同步继电器和低压继电器，而另一侧只投入检查同步的继电器，两侧的投入方式可以定期轮换。

（4）检查另一回路电流重合闸。

在没有其他旁路的双回路并联线路上，当另一回有电流时，表示两侧电源在同步运行状态，故本线路可以采用检查另一回路有电流重合闸方式。

（5）自动解列重合闸。

在双电源的单回线路上不能采用非同步合闸时，一般可采用解列重合闸的工作方式。解列重合闸方式可用图 6-3 所示的电路来进行说明。

当 k 点发生故障时，跳断路器 1QF、3QF，然后，断路器 1QF 采用检查线路无电压重合闸，若重合闸成功后，恢复对 $\dot{i}_2$ 供电；若重合闸不成功，$\dot{i}_2$ 非重要负荷停电，而 $\dot{i}_1$ 则

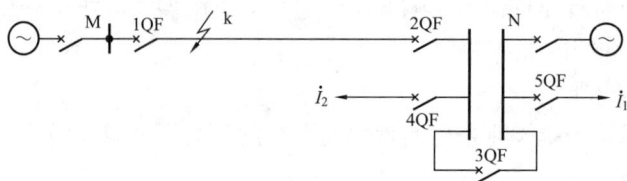

图 6-3 解列重合闸示意图

3QF—断路器解列点；i_1—重要负荷；i_2—非重要负荷；M—系统电源；N—独立小电源，其容量与 i_1 负荷平衡一直由电源 N 保持供电未中断。

电力系统中各线路或元件采用上述何种重合闸方式应根据系统的接线和运行条件来确定，具体见 DL/T 400—2019。

第三节　单相自动重合闸

一、单相自动重合闸的特点

单相自动重合闸，要求保护只跳开单相，然后重合闸只自动重合单相。普通的三相重合闸只负责合闸，不负责跳闸，线路发生故障时，由继电保护直接作用由断路器跳闸机构使三相断路器跳闸。对于单相自动重合闸要求在单相接地发生短路时只跳开故障相，因此，必须对故障相进行判断，从而确定跳哪一相，完成这一任务的元件称为选相元件。单相自动重合闸还必须考虑潜供电流的影响和非全相运行状态的影响。

二、选相元件

对选相元件的基本要求：当线路发生单相接地短路时，选相元件应可靠选出故障相，选相元件与继电保护相配合只跳开发生故障的那一相，而接于另外两相的选相元件不动作，在故障相线路末端发生单相接地短路时，保证该相的选相元件有足够的灵敏度；选相元件的灵敏度和速动性应比保护得好；选相元件一般不要求区分内外部故障，不要求有方向性。

根据电网接线和运行特点，常用的选相元件有以下几种。

1. 相电流选相元件

根据故障相出现短路电流的特点构成的相电流选相元件，是在系统的三相线路上各装设一个过电流继电器，其起动电流按躲过线路最大负荷电流和单相接地非故障相电流来整定。这种选相元件适用于装设在线路的电源端，并仅在短路电流较大的线路上才能采用，对于长距离重负荷、短路电流小的线路上不能采用，一般作为阻抗选相元件消除死区的辅助选相元件。

2. 相电压选相元件

根据故障相出现电压下降的特点可构成相电压选相元件，在系统的三相线路上各装设一个低电压继电器，其动作电压按躲过正常运行及非全相运行时母线可能出现的最低电压来整定。相电压选相元件适用于装设小电源侧或单侧电源受电侧，因为这一侧如果用电流选相元件不能满足选择性和灵敏度的要求；也可以装在很短的线路上，但要检验灵敏度。相电压选相元件通常也只作为辅助选相元件。

3. 阻抗选相元件

根据单相接地短路的阻抗测量元件能正确反映单相接地短路的情况，故可以在每相上均装设一个带补偿电流的 0°接线方式的阻抗元件作为选相元件。

对于故障相和非故障相其测量阻抗的差别很大，因此，阻抗选相元件能明确地选择故障相，它比相电流选相元件和相电压选相元件具有更高的选择性和灵敏度。阻抗选相元件在复杂电网中得到了广泛的应用。阻抗选相元件可以采用全阻抗继电器、方向阻抗继电器或带偏移特性的阻抗继电器，目前多采用带有记忆功能的方向阻抗继电器，这样，利用故障相阻抗元件的动态特性，不仅可以保证在保护出口处短路时无死区，还可以提高耐弧光电阻的功能。但在单相带过渡电阻发生接地短路时，由于接地电阻及对侧零序电流的助增作用，线路两侧的阻抗选相元件可能出现相继动作现象，而且在两相接地短路时，同一侧相应的两个选相元件也可能会发生相继动作。因此，阻抗选相元件虽然在电力系统中得到广泛应用，但它仍然不是理想的选相元件。

4. 反映二相电流差的突变量选相元件

反映二相电流差的突变量选相元件是利用短路时，电气量发生突变这一特点构成的。在我国电力系统中，最初用它作为非全相运行时的振荡闭锁元件；近年来，在超高压网络中被推荐作为综合重合闸装置的选相元件。微机型成套线路保护装置中均采用具有此类原理的选相元件。这种选相元件要求在线路的三相上各装设一个反映电流突变量的电流继电器。这三个电流继电器所反映的电流分别为

$$
\begin{aligned}
\mathrm{d}\dot{I}_{\mathrm{BC}} &= \mathrm{d}(\dot{I}_{\mathrm{B}} - \dot{I}_{\mathrm{C}}) \\
\mathrm{d}\dot{I}_{\mathrm{CA}} &= \mathrm{d}(\dot{I}_{\mathrm{C}} - \dot{I}_{\mathrm{A}}) \\
\mathrm{d}\dot{I}_{\mathrm{AB}} &= \mathrm{d}(\dot{I}_{\mathrm{A}} - \dot{I}_{\mathrm{B}})
\end{aligned}
\tag{6-9}
$$

在正常运行或短路进入稳态后，突变量形成元件输出端电流为 0；而在线路发生短路瞬间，突变量形成元件有输出，经增量电路使执行元件动作。

下面根据突变量电流继电器的工作原理，分析发生各种短路时，三个反映二相电流差的突变量电流继电器的工作情况。

(1) 单相接地短路。

A 相短路接地时，只有 A 相电流发生突变，而 B 相和 C 相电流基本不变，所以，凡与故障相相关的突变量继电器都有输出，即

$$
\begin{aligned}
\mathrm{d}\dot{I}_{\mathrm{BC}} &= \mathrm{d}(\dot{I}_{\mathrm{B}} - \dot{I}_{\mathrm{C}}) = 0 \\
\mathrm{d}\dot{I}_{\mathrm{CA}} &= \mathrm{d}(\dot{I}_{\mathrm{C}} - \dot{I}_{\mathrm{A}}) > 0 \\
\mathrm{d}\dot{I}_{\mathrm{AB}} &= \mathrm{d}(\dot{I}_{\mathrm{A}} - \dot{I}_{\mathrm{B}}) > 0
\end{aligned}
\tag{6-10}
$$

除 $\mathrm{d}\dot{I}_{\mathrm{BC}}$ 的继电器不动作外，其余两个继电器均动作。同理，当 B（或 C）相接地短路时，$\mathrm{d}\dot{I}_{\mathrm{CA}}$（或 $\mathrm{d}\dot{I}_{\mathrm{AB}}$）的元件不发生动作，其余两个元件均发生动作。

(2) B、C 两相短路。

当 B、C 两相短路时，$\dot{I}_{\mathrm{B}}$、$\dot{I}_{\mathrm{C}}$ 均发生突变，而 $\dot{I}_{\mathrm{A}}$ 基本不变，所以有

$$
\begin{aligned}
\mathrm{d}\dot{I}_{\mathrm{BC}} &= \mathrm{d}(\dot{I}_{\mathrm{B}} - \dot{I}_{\mathrm{C}}) > 0 \\
\mathrm{d}\dot{I}_{\mathrm{CA}} &= \mathrm{d}(\dot{I}_{\mathrm{C}} - \dot{I}_{\mathrm{A}}) > 0 \\
\mathrm{d}\dot{I}_{\mathrm{AB}} &= \mathrm{d}(\dot{I}_{\mathrm{A}} - \dot{I}_{\mathrm{B}}) > 0
\end{aligned}
\tag{6-11}
$$

因此，三个两相电流突变量继电器均动作。同理，AB、CA 两种两相发生短路时，三个两相电流突变量继电器也均会发生动作。

（3）B、C 两相接地短路。

当 B、C 两相发生接地短路时，$\dot{I}_B$、$\dot{I}_C$ 均发生突变，而 $\dot{I}_A$ 基本不变，所以有

$$d\dot{I}_{BC} = d(\dot{I}_B - \dot{I}_C) > 0$$
$$d\dot{I}_{CA} = d(\dot{I}_C - \dot{I}_A) > 0 \qquad (6\text{-}12)$$
$$d\dot{I}_{AB} = d(\dot{I}_A - \dot{I}_B) > 0$$

因此，三个两相电流突变量继电器均动作。同理，在 AB、CA 两种两相接地短路时，三个两相电流突变量继电器也均会发生动作。

（4）三相短路。

当线路发生三相短路时，$\dot{I}_A$、$\dot{I}_B$、$\dot{I}_C$ 均发生突变，所以，三个两相电流突变量继电器也均会动作。

由上述分析可知，当线路发生单相接地时，只有两个两相电流突变量继电器会动作；而当发生其他相间或相间接地短路时，三个两相电流突变量继电器均会动作，因此可将两个两相电流突变量继电器构成与门来选出故障相并跳闸，这是两相电流差突变量元件可以作为故障相选相元件的原因所在。当采用两相电流差突变量元件作为选相元件时，在全相正常、非全相负荷状态，以及电力系统发生振荡时，选相元件均不会误动作。因此，它也可以作为非全相运行发生故障时加速保护动作的起动元件。

由于选相元件只反映电流的突变量，在短路初瞬间元件会动作，在短路切除瞬间它也会动作，因此在采用该选相元件时，应该考虑如何避免这种误动作的发生。同时，由于两相电流差突变量元件只在暂态过程中动作，而在短路尚未切除但已进入稳态时它会返回，为了保证选相正确，可靠地切除故障相，应该采用自保持措施。

三、潜供电流和恢复电压对自动重合闸的影响

当线路的故障相两侧断路器发生跳闸后，由于非故障相与故障相之间存在电容与互感，虽然短路相的电源已被切断，但故障点弧光通道中仍有一定的电流流过，这个电流称为潜供电流。潜供电流是因为相间电容和互感影响由非故障相向故障点提供的。

另外，当潜供电流熄灭瞬间，断开的故障相的电压又可能立即上升，这个电压也由两部分组成：一部分是两个非故障相相电压通过电容耦合形成的电压；另一部分是两个非故障相负荷电流通过互感产生的互感电动势。由于这两部分电压的存在，使故障相短路点的对地电压可能升得较快，从而使弧光复燃，因此会再次出现弧光接地现象，使弧光复燃的短路点的对地电压称为恢复电压。

可见，由于潜供电流和恢复电压的影响，短路处的电弧不能很快熄灭，弧光通道的去游离受到严重的阻碍。自动重合闸只有在故障点电弧熄灭，绝缘强度恢复以后才有可能成功完成。因此，单相重合闸的动作时间必须充分考虑它们的影响，否则将造成单相重合闸的失败。

潜供电流的大小与线路的参数有关。一般来说线路电压越高、负荷电流越大，则潜供电流越大，单相重合闸受到的影响也越大，单相重合闸的时间也就随之增加。为了保证单相重合闸有良好的效果，正确选择单相重合闸的动作时间是很重要的。对于单相重合闸的动作时

间，国内外的许多电力系统都是由实测试验确定的，一般都应比三相重合闸的时间长。

另外，单相重合闸方式会导致系统非全相运行。这时非全相运行产生的序分量将对电力系统中的设备、继电保护和附近的通信设施产生影响，必须做相应的考虑，以消除这些影响所带来的不良后果。

第四节　综合自动重合闸

在我国 220kV 及以上的高压电力系统中，综合自动重合闸得到了广泛的应用。它是由单相自动重合闸和三相自动重合闸综合在一起构成的装置，具有单相自动重合闸和三相自动重合闸的两种性能，适用于中性点直接接地电网。在发生相间短路时，保护动作跳开三相断路器，然后进行三相重合闸；在发生单间接地短路时，保护和重合闸装置配合只跳开故障相断路器，然后进行单相重合闸。

综合重合闸装置除了必须装设选相元件外，还应该装设故障判别元件，用它来判别是接地故障，还是相间故障。由于在发生单相接地故障时，某些高压线路保护也会动作，使三相跳闸，如果综合自动重合闸装置中不装设判别元件，就会在发生单相接地故障时发生跳三相的后果。我国电力系统采用的判别元件，一般是由零序电流继电器和零序电压继电器构成的。线路发生相间短路时，判别元件不动作，由继电保护起动三相跳闸回路使三相断路器跳闸。发生接地短路时，判别元件会动作，继电保护在选相元件判别短路是单相接地短路，还是两相接地短路后，将决定跳单相还是跳三相。判别元件与继电保护、选相元件配合的逻辑图如图 6-4 所示。

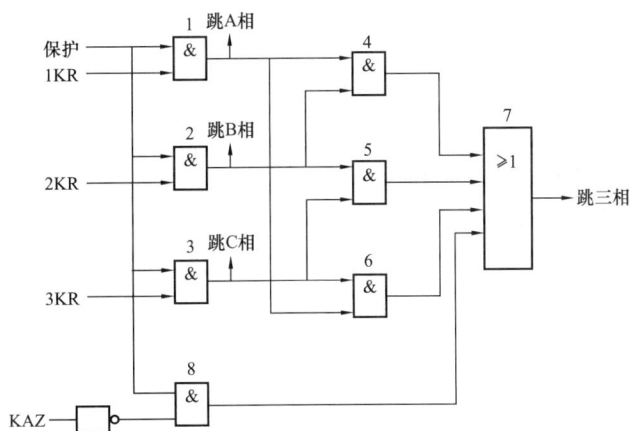

图 6-4　判别元件与继电保护、选相元件配合的逻辑图

图 6-4 中零序电流继电器 KAZ 作为判别是否发生接地短路的判别元件，1KR、2KR、3KR 为三个反应 A、B、C 单相接地短路的阻抗继电器作为选相元件。

当线路发生相间短路时，没有零序电流，判别元件 KAZ 不动作，继电保护通过与门 8 跳三相断路器。当线路发生接地短路故障时，故障线路上有零序电流，判别元件 KAZ 动作，与门 1、2、3 中其中之一开放，跳单相断路器，如果两个选相元件动作，则说明发生了两相接地短路，与门 4、5、6 中其中之一开放，保护将跳三相断路器。

在构成综合自动重合闸装置时，应考虑以下问题。

1. 综合自动重合闸的运行方式

为了使综合自动重合闸装置具有多种性能，并且使用灵活方便，系统中通过切换方式应能实现综合自动重合闸、单相自动重合闸、三相自动重合闸和直跳 4 种运行方式。直跳运行方式是当线路发生任何类型故障时，由保护直接跳三相断路器，不再进行自动重合闸，此方式也称为停用重合闸方式。

2. 综合自动重合闸与继电保护的配合

在综合自动重合闸装置中，为了满足与各种保护之间的配合，一般设有 4 个端子，即 M、N、Q、R 端子。线路发生单相接地短路，故障相被切除后，系统转入非全相状态。此时，距离保护和零序保护的第 I、II 段可能误动作。为此，在综合自动重合闸跳闸回路中设置了 M 端子，将非全相状态时可能会误动作的保护由此端子引入综合自动重合闸，当在非全相运行中不采用其他措施时，将这些可能会误动作的保护闭锁；对于非全状态时不会误动作的保护，如相差高频保护，则由 N 端子引入综合自动重合闸装置的跳闸回路；对于在线路上不管发生何种类型的故障都必须切除三相并进行三相重合闸的保护，如母线保护，则由 Q 端子引入综合自动重合闸装置的跳闸回路；对于要求只直跳三相而不进行重合闸的保护，如长延时的后备保护，则由 R 端子引入综合自动重合闸装置的跳闸回路。

3. 单相接地短路跳单相断路器

线路发生单相接地短路时，应跳故障相断路器，然后进行单相自动重合闸。重合闸不成功时，跳三相，不再重合闸。

4. 相间故障时跳三相断路器

线路发生相间故障时，跳三相断路器，并进行三相重合闸。重合闸不成功时，跳三相，不再重合闸。

5. 选相元件拒动

发生单相接地短路时，如果选相元件拒动，就不能切除故障相，在此情况下，应跳三相断路器，并随之进行三相重合闸。如果重合闸不成功，应再跳三相。

6. 一相跳闸后单相自动重合闸拒动

对于不允许长期两相运行的系统，在线路发生单相接地短路，故障相被切除后，若单相自动重合闸拒动，则应切除其余两相。

7. 两相先后接地短路

线路发生单相接地短路时，在单相重合闸之前，另一相又发生接地短路，则应跳三相，然后重合闸三相。

8. 高压断路器的气压或液压下降

当高压断路器的气压或液压下降至不允许断路器重合闸时，应将重合闸闭锁，使其不能发出重合闸脉冲。如果在重合闸过程中，气压或液压下降至低于允许重合闸值，则应能保证重合闸动作完成。

第五节　自动重合闸与继电保护的配合

重合闸和继电保护之间密切良好的配合可以较迅速地切除多数情况下的故障，提高供电可靠性，对系统的安全稳定产生极其重要的作用。

目前，在电力系统中，自动重合闸与继电保护配合的方式有两种，即自动重合闸前加速保护动作和自动重合闸后加速保护动作。

一、自动重合闸前加速保护动作方式

自动重合闸前加速保护动作方式简称为前加速。其作用可用图 6-5 来说明。

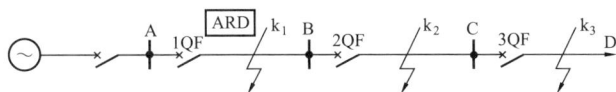

图 6-5　自动重合闸前加速保护动作的原理图

图 6-5 中每一线路上均装设过电流保护，动作时限按阶梯形原则选择，断路器 1QF 处的继电保护时限最长。为了加速切除故障，在断路器 1QF 处采用自动重合闸前加速保护动作方式，即在断路器 1QF 处不仅装有过电流保护，而且还装有能保护到最末级线路 CD 的无时限电流速断保护和自动重合闸装置。这样配置后，无论是在线路 AB 上，还是线路 BC 或 CD 上发生故障，断路器 1QF 处的无时限电流速断保护都能无延时地跳开断路器 1QF，然后自动重合闸将断路器 1QF 重合闸一次。如果故障是暂时性的，则重合闸成功后，将迅速恢复正常供电；如果故障是永久性的，则在断路器 1QF 重合闸后，过电流保护将按时限有选择性地使故障线路断路器跳闸。

前加速的优点：能快速切除瞬时性故障，使瞬时性故障来不及发展成为永久性故障，而且使用的设备少，只需一套 ARD 自动重合闸装置。其缺点：重合于永久性故障时，再次切除故障的时间会延长，装有重合闸线路的断路器的动作次数较多，而且若此断路器的重合闸发生拒动，就会扩大停电范围，甚至在最后一级线路上发生故障，也可能造成全电网停电。

前加速保护主要用于 35kV 以下由发电厂或重要变电站引出的直配线路上，以便快速切除故障，保护母线电压。

二、自动重合闸后加速保护动作方式

自动重合闸后加速保护动作方式简称为后加速。后加速就是当线路第一次发生故障时，保护有选择性地动作，然后进行重合闸。如果重合于永久性故障，则在断路器发生重合闸后，再加速保护动作，瞬间切除故障，而且与第一次动作是否带有时限无关。

后加速的配合方式广泛应用于 35kV 以上的电网及对重要负荷供电的送电线路上。因为，在这些线路上一般都装有性能比较完善的保护装置，因此，第一次有选择性地切除故障的时间（瞬时动作或具有 0.5s 的延时）均为系统运行所允许，而在重合闸以后加速保护的动作（一般是加速第 II 段的动作，有时也可以加速第 III 段的动作）就可以更快地切除永久性故障。

重合闸后加速保护的工作方式，如图 6-6 所示。当任一条线路上发生故障时，首先有选择性地由故障线路上的保护将故障切除，然后由故障线路的自动重合闸装置进行重合闸，自动重合闸动作后将本线路有选择性动作的保护的延时部分退出工作。如果故障是暂时性的，则重合闸成功后，将迅速恢复正常供电；如果故障是永久性的，则故障线路的保护便瞬时将故障再次切除。

后加速保护的优点：第一次是有选择性地切除故障，不会扩大停电范围，特别是在重要

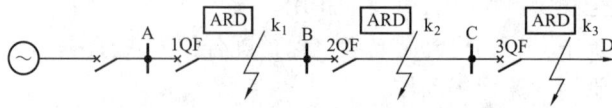

图 6-6　重合闸后加速保护动作的原理图

的高压电网中，一般不允许保护无选择性的动作而后以重合闸来纠正（即前加速的方式）；保证了永久性故障能瞬时切除，并仍然是有选择性的；和前加速保护相比，使用中不受电网结构和负荷条件的限制，一般来说是有利无害的。

后加速的缺点：每个断路器上都需要装设一套重合闸，与前加速相比较为复杂；第一次切除故障可能带有延时。

第六节　重合器与分段器

我国配电自动化起步于 20 世纪 90 年代，较发达国家约滞后 20 年。主要开展了两方面的工作：①建立配电系统的实时监控系统（相当于电网调度自动化中的 SCADA 系统），即在配电网调度中心建立主站系统，在各变电站、开闭所设置 FTU（Feeder Terminal Unit）馈线远方终端，通过通信通道联系，从而达到实时监控的功能。②实施了各种类型馈线自动化，使馈线在运行中发生故障时能自动定位故障，实施故障隔离和对非故障线段尽早恢复供电，以提高供电可靠性。馈线自动化有两种实现方式：当地控制方式和远方控制方式。虽然当地控制方式造价低，但远方控制方式的馈线自动化是当今的主流趋势。

运行积累的资料表明，配电网 95％的故障在起始阶段是暂时性的，主要是由于雷电、风、雨、雪，以及树或导线的摆动造成的。采用具有多次自动重合闸功能的线路设备，既可有选择，又有效地消除瞬时性故障，使其不致发展成永久性故障，而且还可切除永久性故障，因此能够极大地提高供电可靠性。另外，配电网分段后，故障区段迅速隔离，非故障区段迅速恢复供电，极大地缩短了停电时间，减少了停电用户数，进一步提高了供电可靠性。

一、线路自动重合器的功能与特点

自动重合器是一种具有保护、检测、控制功能的自动化设备，具有不同时限的电流时间（A/s）特性曲线和多次重合闸功能，是一种集断路器、继电保护、操动机构于一体的机电一体化新型电器。它可自动检测通过重合器主回路的电流，当确认是故障电流后，持续一定的时间按反时限保护自动开断故障电流，并根据要求多次自动重合闸，向线路恢复供电。如果故障是瞬时性的，重合器重合后线路恢复正常供电；如果是永久性故障，重合器将完成预先整定的重合次数（通常为 3 次）后，确认线路故障为永久性故障，则自动闭锁，不再对故障线路送电，直至人为排除故障后，重新将重合器合闸闭锁解除，恢复正常状态。

重合器的具体功能与如下。

（1）重合器在开断性能上具有开断短路电流、多次重合闸操作、保护特性操作的顺序、保护系统的复位功能。

（2）重合器的结构由灭弧室、操动机构、控制系统合闸绕组等部分组成。

（3）重合器是本体控制设备，在保护控制特性方面，具有自身故障检测、判断电流性质、执行开合功能，并能恢复初试状态，记忆动作次数，完成合闸闭锁等操作顺序选择。用于线路上的重合器，无附加操作装置，其操作电源直接取自高压线路，用于变电站内具有低压电源可供操动机构的分合闸电源。

（4）重合器适用于户外柱上各种安装方式，既可在变电站内，也可在配电线路上。

（5）不同类型重合器的闭锁操作次数、分闸快慢动作特性、重合间隔等特性一般都不同，其典型的四次分断三次重合的操作顺序：分 $t_2 \xrightarrow{t_1}$ 合分 $\xrightarrow{t_2}$ 合分 $\xrightarrow{t_2}$ 合分，其中 t_1、t_2 可调，且随不同产品而异，它可以根据运行中的需要调整重合闸次数及重合闸间隔时间。

（6）重合器的相间故障开断都采用反时限特性，以便与熔断器的 A/s 特性曲线相配合（但电子控制重合器的接地故障一般采用定时限）。重合器有快、慢两种 A/s 特性曲线。通常，它的第一次开断都整定在快速曲线上，使其在 $0.03 \sim 0.04 \mathrm{s}$ 内即可切断额定短路开断电流，以后各次开断，可根据保护配合的需要，选择不同的 A/s 特性曲线。

二、线路自动分段器的功能与特点

分段器是配电系统中用来隔离故障线路的自动保护装置，通常与自动重合器或断路器配合使用。分段器不能开断故障电流。当分段线路发生故障时，分段器的后备保护重合器或断路器动作，分段器的计数功能开始累计重合器的跳闸次数。当分段器达到预定的记录次数后，在后备装置跳开的瞬间自动跳闸分断故障线路段。重合器再次重合，恢复其他线路供电。若重合器跳闸次数未达到分段器预定的记录次数已消除了故障，分段器的累计计数在经过一段时间后自动消失，恢复初始状态。

分段器按相数，分为单相与三相式两种：按控制方式，分为液压控制和电子控制。液压控制式的分段采用液压控制记数，而电子控制式的分段器用电子控制记数。自动分段器的功能与特点主要有以下几方面：

（1）分段器具有自动对上一级保护装置跳闸次数的计数功能。

（2）分段器不能切除故障电流，但是与重合器配合可分断线路永久性故障。由于它能切除满负荷电流，因此可作为手动操作的负荷开关使用。

（3）分段器可进行自动和手动跳闸，但合闸必须是手动的。分段器跳闸后呈闭锁状态，只能通过手动合闸恢复供电。

（4）分段器有串接于主电路的跳闸绕组，更换绕组即可改变最小动作电流。

（5）分段器与重合器之间无机械和电气的联系，其安装地点不受限制。

（6）分段器没有 A/s 特性曲线，故在使用上有特殊的优点。例如，它能用在两个保护装置的保护特性曲线很接近的场合。从而弥补了在多级保护系统中有时增加步骤也无法实现配合的缺点。

三、当地控制的馈线自动化实现方式

1. 多级重合器方案

图 6-7 为一条放射形馈线，全线配置了 4 台重合器（$R_1 \sim R_4$）。当 k_1 点发生故障时，$R_1 \sim R_4$ 中 k_2 4 台重合器均因流过故障电流而跳闸。预先设定 R_1 动作次数为 4 次，过程如下：

$$开 \xrightarrow{t_1} 合，开 \xrightarrow{t_2} 合，开 \xrightarrow{t_3} 合，开 \xrightarrow{t_4} 合，开 \longrightarrow 闭锁。$$

预先整定的 R_2 动作次数为 3 次，过程如下：

$$开 \xrightarrow{t_1} 合，开 \xrightarrow{t_2} 合，开 \xrightarrow{t_3} 合，开 \longrightarrow 闭锁。$$

预先整定的 R_3 动作次数为 2 次，过程如下：

$$开 \xrightarrow{t_1} 合，开 \xrightarrow{t_2} 合，开 \longrightarrow 闭锁。$$

预先整定的 R_4 动作次数为 1 次，过程如下：

$$开 \xrightarrow{t_1} 合，开 \longrightarrow 闭锁。$$

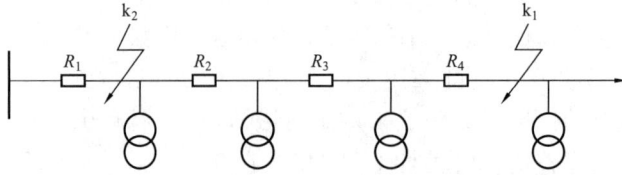

图 6-7　多级重合器馈线自动化方案

在 k_1 点发生瞬时故障时，R_4 跳闸后重合闸成功恢复供电，$R_1 \sim R_3$ 均重合闸一次后复位，准备今后发生故障时再动作，因为均未达到预定重合闸次数。在 k_1 点发生永久故障时，R_4 重合闸后再次跳闸，由于 R_4 预先整定重合闸次数为 1 次，R_4 再次跳闸后闭锁不再重合而保持分闸状态，从而隔离了故障段，$R_1 \sim R_3$ 因故障段已隔离而重合闸成功，恢复供电。$R_1 \sim R_3$ 由于未达到预定动作次数而复位。但当 k_2 点发生永久性故障时，R_1 要在 4 次重合闸后才能切除故障。也就是该线路上的用户要承受多次重合闸，这是多台重合器串联运行的最大缺点，同时动作时间和故障切除过程过长也是该自动化方案的主要缺点。

改进该方案的办法之一是每个设置不同重合闸时间和电流定值，按三段式电流保护的原则进行整定。具体整定办法依据实际配电网络和重合器动作性能而定。

2. 重合器和分段器配合方案

重合器和分段器配合的馈线自动化方案，是利用重合器在线路发生故障时有重合闸的功能，分段器能记忆重合器分合的次数，并在达到预先整定的动作次数后能自动分闸并闭锁在分闸状态，从而实现隔离故障线路的目的。

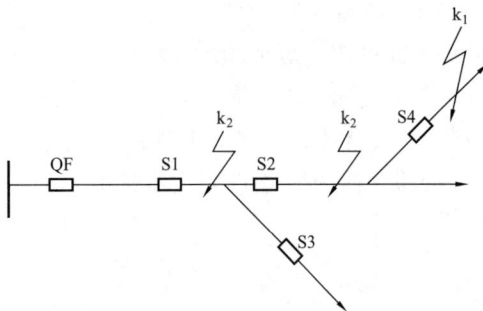

图 6-8　重合器和分段器配合的馈线自动化方案

图 6-8 中 QF 为重合器，S1～S4 为分段器。预先设定的动作次数为 $n_{s1} > n_{s2} > n_{s4}$，因 n_{s2} 和 n_{s3} 处于同一支点，故 $n_{s2} = n_{s3}$。当 k_1 点发生故障时，QF 动作分闸后重合闸，若 k_1 点为永久性故障，QF 再次跳开，S4 预先整定的动作次数为 2 次，因此在 QF 再次跳闸时，S4 分闸并闭锁在分闸状态，从而隔离了故障点。在 k_2 点发生故障时，S2 预先整定的动作次数为 3 次，在 QF 第三次跳闸后，S2 分闸并闭锁以隔离 k_2 点故障。k_2 点故障的动作原理同上。

本方案同多级重合器方案一样，存在用户承受多次重合闸的可能。但由于采用分段器替代了上一方案的重合器，在经济方面更具优势，在重合器和分段器的配合方面也可以得到满足。

四、远方控制的馈线自动化实现方式

图 6-9 所示是典型的环网柜环形配电网络。正常运行时 A4-2 打开，如 k_1 点发生永久性故障，FTU1 和 FTU2 测得有短路电流流过，而 FTU3 无短路电流流过。配电自动化主站段的计算机系统经运算得出故障点在 A2-2 和 A3-1 两台负荷开关之间的电路上。配电自动化主站通过遥控断开 A2-2 和 A3-1 两台负荷开关对故障点进行隔离，然后遥控合上 FTU4 的 A4-2 负荷开关，对 FTU3 的用户恢复供电，整个过程预计可在 1min 内完成。其他点的故障情况与此类似。

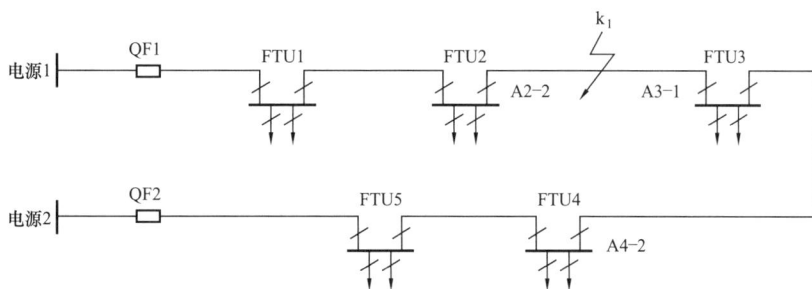

图 6-9 典型的环网柜环形配电网络

图 6-10 是五开关四分段环形配电网络，与图 6-9 不同的是采用了具有三段式电流保护的断路器代替了环网柜里的负荷开关。FTU0 是环网手拉手开关，平时处于断开状态。当电网发生故障时，首先具有三段式电流保护 FTU 按选择性自动跳闸隔离故障区域，而后上传故障信息到配电自动化主站，主站计算机系统故障定位后再恢复非故障区段。该方案可扩展到多电源环网。

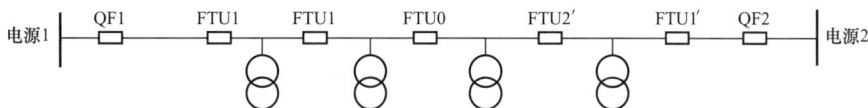

图 6-10 五开关四分段环形配电网络

复习思考题

6-1 电力系统的输配线路上为什么要配置自动重合闸装置？对自动重合闸有哪些基本要求？

6-2 重合闸的类型有哪些？它们一般适用于什么网络？

6-3 单相重合闸中选相元件的作用和类型是什么？目前，高压网络中常用的选相元件是哪一种？为什么？

6-4 单相自动重合闸的动作时间整定应考虑哪些因素？

6-5 什么是自动重合闸的不对应起动原则？

6-6 手动重合闸于永久性故障线路时，自动重合闸是否会动作？为什么？

6-7 快速自动重合闸为什么对电力系统中的动态稳定有利？

6-8 试说明综合自动重合闸中 M、N、Q、R 这 4 个端子的作用。

6-9　什么是潜供电流？它对自动重合闸动作时间有什么影响？

6-10　什么是重合闸的前加速和后加速？高压网络应采用哪种加速工作方式？为什么？

6-11　非同期重合闸将对系统产生哪些影响？

6-12　哪些情况下需要对自动重合闸装置进行闭锁？

6-13　同步检定继电器的工作原理是什么？

6-14　重合器在性能和结构上与断路器有什么不同？

6-15　分断器有哪些功能？其与重合器怎样配合？

6-16　比较各种馈线自动化方式的优缺点。

第七章　电力变压器的继电保护

第一节　电力变压器的故障类型和不正常运行状态及保护配置

电力变压器是电力系统中十分重要的电气设备，它的故障将对供电可靠性和系统的安全运行产生严重的影响。同时大容量的电力变压器也是十分贵重的设备，因此应根据变压器容量等级和重要程度装设性能良好、动作可靠的继电保护装置。

一、变压器的故障类型和不正常运行状态

变压器的故障分为油箱内部故障和油箱外部故障。油箱内部故障包括变压器油箱内绕组的相间短路、匝间短路、接地短路及铁芯的烧损等。油箱外部故障主要是指引出线之间发生的各种相间短路、引出线因绝缘套管发生闪络或破碎而通过油箱外壳发生的单相接地短路。变压器发生故障必将对电力网和变压器带来危害，特别是发生内部故障时，短路电流产生的高温电弧不仅会烧损绕组绝缘和铁芯，而且使绝缘材料和变压器油发生剧烈汽化，从而可能引起爆炸。因此，变压器发生故障时，必须将其从电力系统中尽快切除。

变压器的不正常运行状态主要有过负荷；油箱漏油造成的油面降低；外部短路引起的过电流和中性点过电压；对于大容量变压器，因其铁芯额定工作磁通密度与饱和磁通密度比较接近，当系统电压过高或系统频率降低时产生的过励磁等。

二、变压器的继电保护配置

为了保证电力系统的安全稳定运行，并将故障和不正常运行状态的影响限制到最小范围，按照 DL/T 400—2019 的规定，变压器应装设如下保护。

1. 气体保护

为了反应油浸式变压器油箱内部故障和油面降低，对于容量为 800kVA 及以上的油浸式变压器和 400kVA 及以上的车间内油浸式变压器，应装设气体保护。气体保护又称为瓦斯保护，它反应于油箱内部故障所产生的气体量或油流速度而动作。其中，重气体保护动作于跳开变压器各电源侧断路器，轻气体保护动作于信号。

2. 纵联差动保护或电流速断保护

用来反应变压器绕组、套管及引出线上的相间短路，中性点直接接地系统中系统侧绕组和引出线的接地短路，以及绕组匝间短路。根据变压器容量的不同，装设纵联差动保护或电流速断保护。

容量为 6.3MVA 及以上并列运行的变压器和 10MVA 及以上单独运行的变压器，以及 6.3MVA 及以上的厂用变压器，应装设纵联差动保护；对于容量为 6.3MVA 以下并列运行的变压器和 10MVA 以下单独运行的变压器，当后备保护时限大于 0.5s 时应装设电流速断保护；对于容量为 2MVA 及以上的变压器，当电流速断保护灵敏度不满足要求时，宜装设纵联差动保护；对高压侧电压为 330kV 及以上电压等级的变压器，可装设双重差动保护。

3. 变压器相间短路的后备保护

对于外部相间短路引起的变压器过电流，应采用下列保护作为气体保护和纵联差动保

护（或电流速断保护）的后备保护。

（1）过电流保护。

通常用于降压变压器，保护装置的整定值应考虑事故状态下可能出现的过负荷。

（2）复合电压起动的过电流保护。

通常用于升压变压器、系统联络变压器和过电流保护灵敏度不满足要求的降压变压器。

（3）负序电流保护及单相式低压起动的过电流保护。

通常用于容量在 63MVA 及以上的升压变压器。

（4）阻抗保护。

对于升压变压器和系统联络变压器，当复合电压起动的过电流保护或负序电流及单相式低压起动的过电流保护不能满足灵敏度和选择性要求时，可采用阻抗保护作为变压器相间短路的后备保护。对于双绕组变压器，阻抗保护装于高压侧；对于三绕组变压器及自耦变压器，阻抗保护装于高压侧和中压侧；保护可带两段时限，以较短的时限缩小故障的影响范围，以较长的时限动作于变压器各侧断路器跳闸。

4. 变压器接地故障的后备保护

在中性点直接接地电网中，装设零序保护作为变压器外部接地短路时的后备保护。

5. 过负荷保护

对于容量在 0.4MVA 及以上的变压器，当数台并列运行或单独运行并作为其他负荷的备用电源时，应根据可能过负荷的情况，装设过负荷保护。

6. 过励磁保护

对于 500kV 及以上电压等级的大容量变压器，应装设反应于励磁电流的升高而动作的过励磁保护。

第二节　变压器的气体保护

油浸式电力变压器油箱内部发生故障时，在故障点电流和电弧的作用下，将使变压器油和其他绝缘材料因受热而分解出瓦斯气体从油箱流向储油柜。当故障较严重时，油箱内产生大量气体而导致油箱内部压力升高，迫使变压器油经管道涌向储油柜。利用油箱内部发生故障时产生瓦斯气体的特征而构成的保护称为气体保护。

一、气体继电器的工作原理

气体继电器是构成气体保护的核心元件，它安装在油箱与储油柜之间的连接管道上，如图 7-1 所示。为了便于瓦斯气体向储油柜流通，在安装时，变压器顶盖沿气体继电器的方向与水平面有 1.0%～1.5% 的坡度，通往继电器的连接管道具有 2.0%～4.0% 的坡度。气体继电器有两对输出触点，一对反应于变压器内部的不正常状态或轻微故障，称为轻瓦斯；另一对反应于变压器内部的严重故障，称为重瓦斯。轻瓦斯动作于信号，重瓦斯动作于切除变压器。

开口杯挡板式气体继电器内部结构如图 7-2 所示。变压器正常运行时，气体继电器内充满油，上、下开口杯都浸在油内，在开口杯自重、平衡锤 4 的重力及油的浮力作用下，开口杯向上倾斜，干簧触点 3 在打开状态。当油箱内部发生轻微故障时，产生少量的气体，此气体上升并聚集在继电器的上部，迫使继电器内油面下降而导致上开口杯 2 露出油面，油的浮力下降，上开口杯 2 沿顺时针方向转动，带动永久磁铁 10 靠近上部干簧触点 3，使干簧触点闭合，发出轻气体保护动作信号。当变压器油箱内部发生严重故障时，产生的大量气体带动油流直接冲击挡板 8，使下开口杯 1 沿顺时针方向转动，带动永久磁铁 10 靠近下部干簧触点 3，使干簧触点闭合，发出重气体保护动作信号的同时，发出跳闸脉冲，使变压器各侧断路器跳闸，这就是重气体保护动作。另外，当变压器漏油而使油面降低时，气体继电器也会产生动作，首先是上开口杯 2 露出油面而发出轻瓦斯信号，当下开口杯 1 露出油面时，重瓦斯产生动作发出跳闸脉冲。

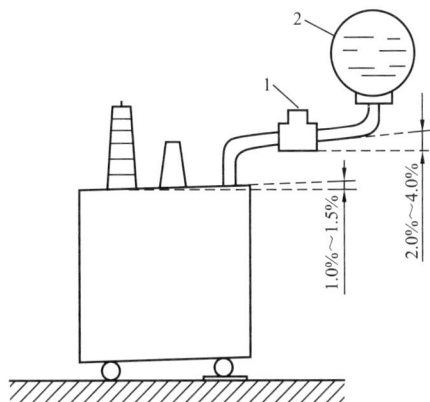

图 7-1 气体继电器安装示意图

1—气体继电器；2—储油柜

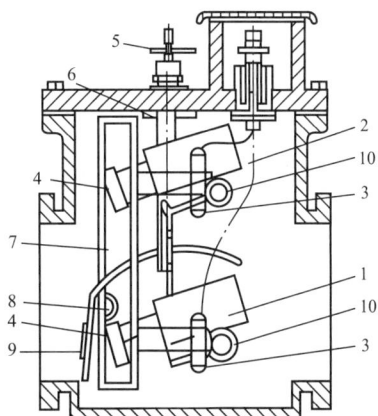

图 7-2 开口杯挡板式气体继电器内部结构

1—下开口杯；2—上开口杯；3—干簧触点；
4—平衡锤；5—放气阀；6—探针；7—支架；
8—挡板；9—进油挡板；10—永久磁铁

二、气体保护的接线

气体保护的原理图如图 7-3 所示。气体继电器上面的触点闭合将起动时间继电器 KT，经整定延时起动信号继电器 1KS 发出轻瓦斯预警信号；下面的一对触点闭合后，经 2KS 发出重瓦斯信号的同时，保护出口继电器 KCO 产生动作，使变压器各侧断路器跳闸。当变压器油箱内部发生严重故障时，为了避免气体继电器下面一对触点在油流不稳定的情况下发生抖动而造成保护失灵，将出口中间继电器 KCO 的一对动合触点按图 7-3 的方法接入其电压绕组，实现自保持。在断路器可靠跳闸后，由断路器 1QF 的辅助动合触点解除自保持回路（当断路器距保护屏较远时，连线太长不经济，可用一个动断按钮代替断路器的辅助动合

图 7-3 变压器气体保护原理图

触点来解除自保持回路）。

另外，当现场进行下列工作时，重气体保护应由"跳闸"位置改为"信号"位置运行。

（1）进行注油和滤油时。

（2）进行呼吸器畅通工作或更换硅胶时。

（3）除采油样和气体继电器上部放气阀放气外，在其他所有地方打开放气、放油和进油阀门时。

（4）开、闭气体继电器连接管上的阀门时。

（5）在气体保护及其二次回路上工作时。

（6）对于充氮变压器，当储油柜抽真空或补充氮气时。

上述工作完毕，试运行 1h 后，方可将重气体保护投入"跳闸"。

气体保护的主要优点是安装接线简单，动作迅速，灵敏度高，能反应变压器油箱内部发生的各种故障；缺点是不能反应变压器油箱外部的故障，如套管及引出线的故障。

第三节　变压器的电流速断保护

对于容量较小的变压器，当灵敏系数满足要求时，可在电源侧装设电流速断保护，与气体保护配合作为变压器油箱内部故障和套管及引出线上故障的主保护。

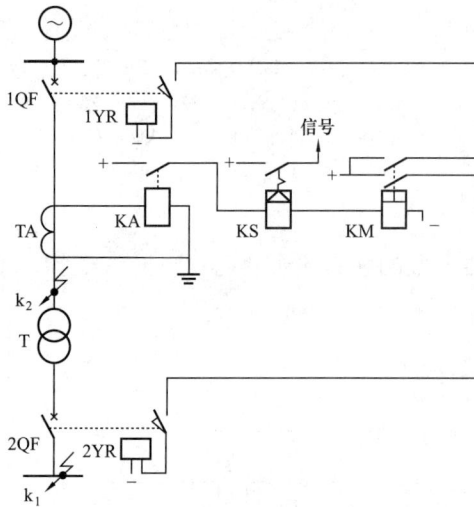

图 7-4　变压器电流速断保护原理图

一、电流速断保护的接线

变压器电流速断保护的原理图如图 7-4 所示。当电源侧为中性点直接接地系统时，电流速断保护采用三相完全星形接线；当电源侧为中性点非直接接地系统时，电流速断保护采用两相不完全星形接线。当满足动作条件时，电流速断保护瞬时动作于变压器各侧断路器跳闸。

二、电流速断保护整定计算

电流速断保护的一次动作电流按以下条件计算，并选择其中较大者作为保护的动作值。

（1）按躲过变压器负荷侧母线（图 7-4 中 k_1 点）短路时流过保护装置的最大短路电流整定，即

$$I_{act} = K_{rel} I_{k1.max} \tag{7-1}$$

式中　K_{rel}——可靠系数，取 1.3～1.4；

$I_{k1.max}$——系统最大运行方式下，变压器负荷侧母线（图 7-4 中 k_1 点）三相金属性短路时流过保护装置的最大短路电流。

（2）按躲过变压器空载投入时的励磁涌流计算，由实际经验，一般取保护的一次动作电流为变压器额定电流的 3～5 倍，即

$$I_{act} = (3 \sim 5) I_{TN} \tag{7-2}$$

电流速断保护的灵敏系数按保护安装处（图 7-4 中的 k_2 点）短路时流过保护装置的最小

两相短路电流校验，即

$$K_{\text{sen. min}} = I^{(2)}_{\text{k2. min}} / I_{\text{act}} \tag{7-3}$$

式中　　$I^{(2)}_{\text{k2. min}}$——系统最小运行方式下，保护安装处（图 7-4 中的 k_2 点）发生两相金属性短路时流过保护装置的最小短路电流；

　　　　K_{sen}——保护装置的灵敏系数，$K_{\text{sen}} \geq 2$。

电流速断保护的优点是接线简单、动作迅速；但其灵敏度较低，并且受系统运行方式的影响较大，往往不能满足要求。

第四节　变压器的纵联差动保护

一、变压器纵联差动保护的原理

双绕组变压器和三绕组变压器纵联差动保护的单相原理接线图如图 7-5 所示，其保护区域在电流互感器之间。理想情况下，在变压器正常运行或保护区外部发生短路时，变压器各侧电流流入差动继电器的差动电流为零，保护不会动作；但在保护区内部发生故障时，流入差动继电器的差动电流等于故障点电流变换到电流互感器二次侧的值，此时保护动作。因此，理想情况下，变压器纵联差动保护的动作判据为

$$I_r > 0 \tag{7-4}$$

式中　　I_r——流入差动继电器 KD 的电流。

但由于变压器高、低压侧的额定电流不同，为了保证纵联差动保护的正确动作，就必须适当选择变压器各侧电流互感器的变比，使得在正常运行和发生区外故障时，流入差动继电器的电流为零，在保护范围内发生故障时，流入差动回路的电流为短路点的短路电流的二次值。纵联差动保护动作后，跳开变压器各侧断路器。例如，在图 7-5（a）中，两侧电流互感器的变比应满足：

$$I'_2 = I''_2 = \frac{I'_1}{K_{\text{TA1}}} = \frac{I''_1}{K_{\text{TA2}}}$$

或

$$\frac{K_{\text{TA2}}}{K_{\text{TA1}}} = \frac{I''_1}{I'_1} = K_T \tag{7-5}$$

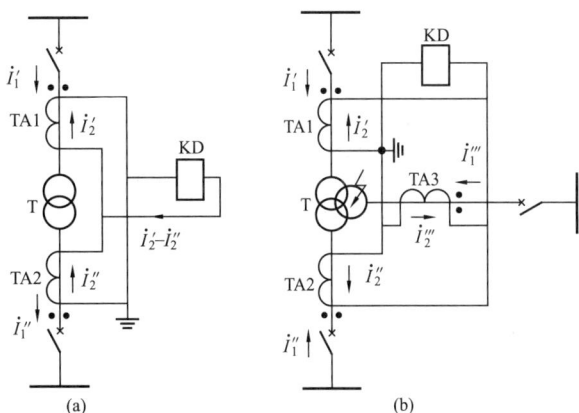

图 7-5　变压器纵联差动保护的单相原理接线图

（a）双绕组变压器正常运行时的电流分布；

（b）三绕组变压器发生区内故障时的电流分布

式中　　K_{TA1}、K_{TA2}——变压器一、二次侧电流互感器的变比；

　　　　K_T——变压器的变比（变压器一、二次侧电压之比）。

因此，要实现变压器的纵联差动保护，在选择各差动臂电流互感器的变比时，必须考虑变压器的变比，这一点与线路的纵联差动保护不同。

二、变压器纵联差动保护的不平衡电流及对策

实际上，在变压器正常运行及发生区外故障时，由于电流互感器存在误差，变压器各侧

电压等级不同、绕组接线方式不同，以及变压器励磁涌流等原因，使得差动继电器中有不平衡电流流过。为了保证动作的选择性，变压器纵联差动保护的动作电流必须大于差动回路中可能出现的最大不平衡电流。在正常运行及保护范围外部发生短路进入稳态时流入纵联差动保护差动回路中的电流称为稳态不平衡电流；变压器保护区外部发生短路的暂态过程中衰减的直流分量及变压器空载重合闸过程的励磁涌流产生的不平衡电流称为暂态不平衡电流。现对变压器纵联差动保护不平衡电流产生的原因及对策进行分析。

1. 变压器正常运行时由励磁电流产生的不平衡电流

变压器励磁电流的大小取决于磁路电感的数值，而电感的大小取决于变压器铁芯的饱和程度，因此励磁电流的大小由变压器铁芯的饱和程度决定。变压器正常运行时，励磁电流一般不会超过额定电流的 2%～5%；当发生外部短路时，变压器电压降低，励磁电流变小，因此，在整定计算中，可将这一不平衡电流忽略。

2. 由变压器各侧电流相位不同而引起的不平衡电流

电力变压器大都采用Y/△-11 接线方式，变压器正常运行或三相短路时，变压器中只有正序电流，但其两侧电流相位不一致，相位差为 30°，如图 7-6 (b) 所示（图 7-6 中电流对应于变压器正常工作或者三相短路的情况）$i_{a1}^{\triangle}$、$i_{b1}^{\triangle}$、$i_{c1}^{\triangle}$ 分别超前于 i_{A1}^{Y}、i_{B1}^{Y}、i_{C1}^{Y} 30°，如果两侧电流互感器采用相同的接线方式，则无论二次侧电流数值是否相同，由于相位差的存在，都会有一个差动电流流入差动继电器，因此，必须进行相位补偿，以消除这一不平衡电流。

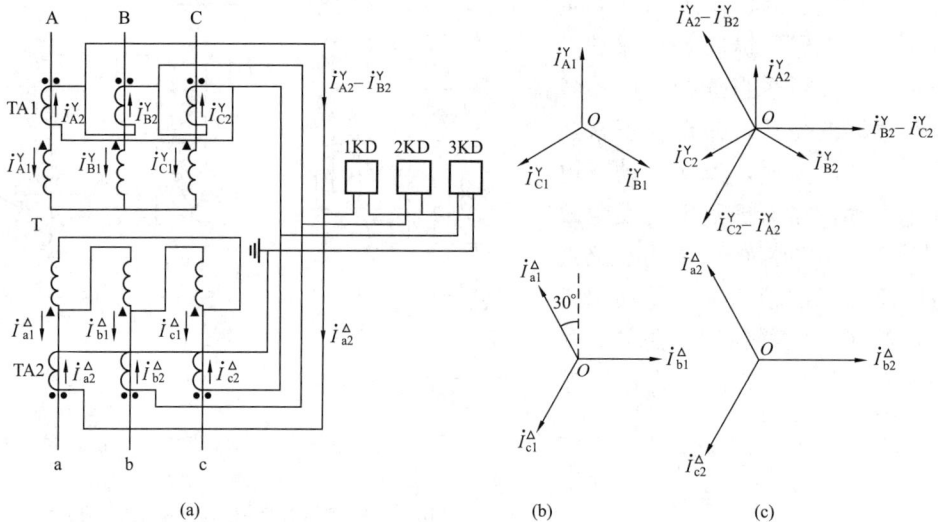

图 7-6　Y/△-11 变压器纵联差动保护接线及电流相量图

(a) Y/△-11 变压器纵联差动保护接线图；(b) 电流互感器一次侧电流相量图；
(c) 两侧差动臂中的电流相量图

具体方法是将变压器星形接线侧的电流互感器采用 Yd11 接线（三角形接线），而将变压器三角形接线侧的电流互感器接成 Yy12 接线（星形接线），图 7-6 (a) 给出了 Yd11 接线变压器纵联差动保护的接线图（注意极性连接）。由图 7-6 (c) 可知，采用三角形接线的电流互感器，其二次侧输出电流为 $i_{A2}^{Y}-i_{B2}^{Y}$、$i_{B2}^{Y}-i_{C2}^{Y}$、$i_{C2}^{Y}-i_{A2}^{Y}$，恰好与变压器三角形侧接成星形连接的电流互感器二次侧输出电流 $\dot{i}_{a2}^{\triangle}$、$\dot{i}_{b2}^{\triangle}$、$\dot{i}_{c2}^{\triangle}$ 同相位，即差动继电器两个差动臂的电流同相位。

由于这种接线烦琐、复杂，对于数字式纵联电流差动保护，为了简化接线，无论变压器采用什么连接组，都可将变压器各侧的三相 TA 按 Yy12 接线（星形接线），然后将二次电流引入相应的电流变换器，而由计算机软件调整相位实现角度统一的功能。例如，对于Y/△-11 接线变压器，为补偿变压器两侧电流的相位差，对变压器绕组为三角形连接的一侧直接用其采样值进行计算；对变压器绕组为星形连接的一侧可按式（7-6）进行处理：

$$\left.\begin{array}{l} i_A' = i_A - i_B \\ i_B' = i_B - i_C \\ i_C' = i_C - i_A \end{array}\right\} \tag{7-6}$$

式中　i_A、i_B、i_C——A、B、C 三相电流的采样值；

i_A'、i_B'、i_C'——补偿后的 A、B、C 三相电流的采样值。

3. 由电流互感器实际变比与计算变比不等而产生的不平衡电流

对于Y/△-11 接线变压器，当电流互感器二次电流采用上述角度补偿后，变压器绕组星形接线侧的差动臂电流增大为原来的 $\sqrt{3}$ 倍。理想情况下，为了保证正常运行及保护区发生外部故障时流入差动继电器中的电流为 0，必须将该侧的电流互感器变比增大为原来的 $\sqrt{3}$ 倍，以减小二次侧电流值，使之与另一差动臂的电流相等，即两侧电流互感器变比的选择应该满足以下条件。

变压器星形侧电流互感器的变比（假设电流互感器二次侧额定电流为 5A）

$$K_{TA1} = \frac{\sqrt{3} I_{T.N(Y)}}{5} \tag{7-7}$$

变压器三角形侧电流互感器的变比

$$K_{TA2} = \frac{I_{T.N(\triangle)}}{5} \tag{7-8}$$

或

$$\frac{K_{TA2}}{K_{TA1}/\sqrt{3}} = K_T \tag{7-9}$$

式中　K_T——变压器变比，$K_T = \dfrac{U_{T.N(Y)}}{U_{T.N(\triangle)}} = \dfrac{I_{T.N(\triangle)}}{I_{T.N(Y)}} = \dfrac{I_{1\triangle}}{I_{1Y}}$；

$I_{T.N(Y)}$——变压器绕组星形接线侧的额定电流；

$I_{T.N(\triangle)}$——变压器绕组三角形接线侧的额定电流。

Yy12 接线变压器按式（7-5）计算，Yd11 接线变压器按式（7-9）计算；根据产品目录选取与之相邻较大的标准变比。

理想情况下，当电流互感器实选变比与计算变比相同时，这一不平衡电流为 0。

由于实选变比与计算变比不可能完全相同，在变压器正常运行或发生区外故障时，将会在差动回路中引起不平衡电流。以Y/△-11 接线变压器为例，这一不平衡电流

$$I_{unb} = \left| \frac{\sqrt{3} I_{1Y}}{K_{TA1}} - \frac{I_{1\triangle}}{K_{TA2}} \right| \tag{7-10}$$

　　Ｙ/△-11 接线变压器不满足 $\dfrac{K_{\mathrm{T}}K_{\mathrm{TA1}}}{K_{\mathrm{TA2}}}=\sqrt{3}$ 这一关系时，不平衡电流不为 0。定义变比误差系数

$$\Delta f_{\mathrm{s}}=\left|\sqrt{3}-\frac{K_{\mathrm{T}}K_{\mathrm{TA1}}}{K_{\mathrm{TA2}}}\right| \tag{7-11}$$

此时，不平衡电流表达式（7-10）可转化为

$$I_{\mathrm{unb}}=\left|\frac{K_{\mathrm{T}}I_{1\mathrm{Y}}-I_{1\triangle}}{K_{\mathrm{TA2}}}+\frac{\Delta f_{\mathrm{s}}I_{1\mathrm{Y}}}{K_{\mathrm{TA1}}}\right|$$

　　由于正常运行及发生区外故障时，$K_{\mathrm{T}}I_{1\mathrm{Y}}-I_{1\triangle}=0$，则以变压器星形接线侧为基本侧，这一不平衡电流

$$I_{\mathrm{unb}}=\frac{\Delta f_{\mathrm{s}}I_1}{K_{\mathrm{TA1}}}$$

　　当发生区外故障流过变压器星形接线侧的最大短路电流归算到互感器二次侧的值为 $I_{\mathrm{kw.max}}$ 时，这一不平衡电流取最大值，为

$$I_{\mathrm{unb.max}}=\Delta f_{\mathrm{s}}I_{\mathrm{kw.max}} \tag{7-12}$$

　　这一不平衡电流应在整定纵联差动保护的动作值时予以考虑。当该不平衡电流大于额定值的 5% 时，必须进行补偿，常用的补偿措施有以下两种。

　　（1）将自耦变流器（或称自耦变压器）UT 接于电流较小的差动臂中变换其电流进行补偿，如图 7-7（a）所示。UT 的变比计算如下：

$$K_{\mathrm{UT}}=\frac{I_{\triangle 2}}{I_{\mathrm{Y2}}}=\frac{K_{\mathrm{T}}K_{\mathrm{TAd}}}{\sqrt{3}K_{\mathrm{TAY}}} \tag{7-13}$$

式中　　K_{TAd}、K_{TAY}——变压器星形侧、三角形侧电流互感器的标准变比；

　　　　　$I_{\triangle 2}$、I_{Y2}——变压器三角形侧、星形侧差动臂中的电流。

　　（2）利用具有中间速饱和铁芯的差动继电器的平衡绕组 W_{b} 进行磁动势补偿来消除此不平衡电流的影响。以双绕组变压器为例，假设保护区外部发生故障，且 $I_{\triangle 2}<I_{\mathrm{Y2}}$，其单相原理图如图 7-7（b）所示，$W_{\mathrm{b}}$ 接入二次侧电流较小的一侧，即接入图中 $I_{\triangle 2}$ 的回路中。适当地选择平衡绕组 W_{b} 的匝数，则差动绕组 W_{d} 中的不平衡电流（$I_{\mathrm{Y2}}-I_{\triangle 2}$）在铁芯中所产生的磁动势 $W_{\mathrm{d}}(I_{\mathrm{Y2}}-I_{\triangle 2})$ 被平衡绕组 W_{b} 中电流 $I_{\triangle 2}$ 所产生的磁动势 $W_{\mathrm{b}}I_{\triangle 2}$ 所补偿。若能完全补偿，则在二次绕组 W_2 中就不会有感应电动势，因此差动继电器电流元件中没有电流，从而消除了由电流互感器实选变比与计算变比不等而产生的不平衡电流，差动继电器不误动。当差动绕组匝数 W_{d} 确定后，平衡绕组 W_{b} 的计算公式为

$$W_{\mathrm{b}}=\frac{I_{\mathrm{Y2}}-I_{\triangle 2}}{I_{\triangle 2}}W_{\mathrm{d}} \tag{7-14}$$

　　按式（7-13）的计算结果，选择最接近的整数匝作为平衡绕组的整定值，这样还会有一个残余的不平衡电流存在。在整定保护的动作值时应予以考虑。

　　在数字式继电保护中引入平衡系数，如上述 Ｙ/Ｙ/△-11 接线变压器，以变压器额定运行状态各侧差动元件计算电流最大的一侧为基本侧，各侧平衡系数的确定方法见表 7-1（假如高压侧为基本侧）。

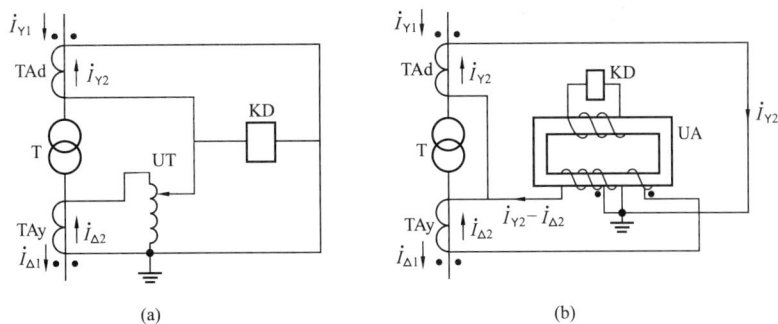

图 7-7　补偿电流互感器实选变比与计算变比不等而产生不平衡电流的单相原理图

(a) 采用自耦变压器 UT 进行补偿；(b) 采用中间变流器进行补偿

表 7-1　　　　　　　　　　　变压器差动保护各侧平衡系数计算方法

项目名称	变压器各侧		
	高压侧 Y（H）	中压侧 Y（M）	低压侧 △（L）
TA 接线、变比	Y、$K_{\text{TA·H}}$	Y、$K_{\text{TA·M}}$	Y、$K_{\text{TA·L}}$
TA 二次侧电流	$\dfrac{S_N}{\sqrt{3}U_{\text{N·H}}K_{\text{TA·H}}}$	$\dfrac{S_N}{\sqrt{3}U_{\text{N·M}}K_{\text{TA·M}}}$	$\dfrac{S_N}{\sqrt{3}U_{\text{N·L}}K_{\text{TA·L}}}$
各侧差动元件计算电流	$\dfrac{S_N}{U_{\text{N·H}}K_{\text{TA·H}}}$	$\dfrac{S_N}{U_{\text{N·M}}K_{\text{TA·M}}}$	$\dfrac{S_N}{\sqrt{3}U_{\text{N·L}}K_{\text{TA·L}}}$
各侧平衡系数 K_{ph}	1	$\dfrac{U_{\text{N·H}}K_{\text{TA·H}}}{U_{\text{N·M}}K_{\text{TA·M}}}$	$\dfrac{U_{\text{N·H}}K_{\text{TA·H}}}{\sqrt{3}U_{\text{N·L}}K_{\text{TA·L}}}$

4. 由各侧电流互感器的型号不同而引起的不平衡电流

由于变压器各侧额定电流不同，因此所选用的电流互感器型号也不同，它们的饱和特性、归算至同一侧的励磁电流也不同，电流互感器等效电路如图 7-8 所示。参照图 7-5 (a) 双绕组变压器的差动保护原理图分析电流互感器误差在差动回路中产生的不平衡电流。

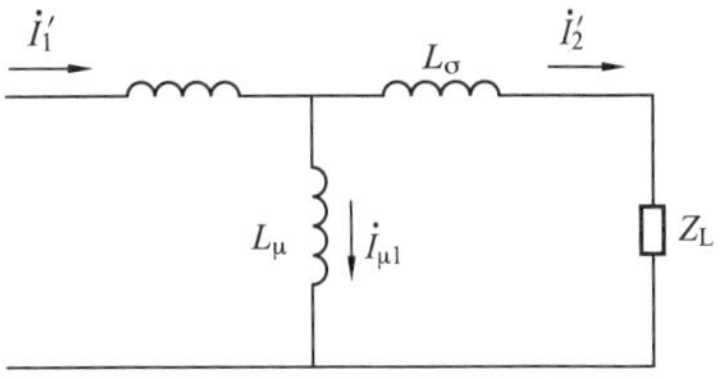

图 7-8　电流互感器等效电路

电流互感器输出的二次电流为

$$\dot{I}_2' = \dot{I}_1' - \dot{I}_{\mu 1} \tag{7-15}$$

同理

$$\dot{I}_2'' = \dot{I}_1'' - \dot{I}_{\mu 2} \tag{7-16}$$

变压器正常运行或保护区外部发生故障时，归算至同一侧的电流 $\dot{I}_1' = \dot{I}_1''$，则流入差动回路的不平衡电流

$$I_{\text{unb}} = |\dot{I}_2' - \dot{I}_2''| = |(\dot{I}_1' - \dot{I}_{\mu 1}) - (\dot{I}_1'' - \dot{I}_{\mu 2})| = |\dot{I}_{\mu 2} - \dot{I}_{\mu 1}| \tag{7-17}$$

式中　　$\dot{I}_{\mu 1}$、$\dot{I}_{\mu 2}$ ——电流互感器励磁支路电流；

　　　　$\dot{I}_2'$、$\dot{I}_2''$ ——电流互感器负载支路电流；

i'_1、i''_1——不计励磁支路损耗，变压器正常运行或发生区外故障归算至电流互感器二次侧的电流。

由以上分析可知，不平衡电流实际上是两侧电流互感器励磁电流之差。由图 7-8 可知，电流互感器励磁电流的大小与二次侧负载的大小及励磁阻抗有关，而励磁阻抗又与铁芯特性和饱和程度有关。当被保护变压器两侧电流互感器型号不同，变比不同，二次侧负载阻抗及短路电流倍数不同时都会使电流互感器励磁电流的差值增大。电流互感器铁芯未饱和时，励磁回路的电感很大且近似为常数；铁芯饱和后，励磁回路的电感将大幅减小。当电流互感器一次侧电流较小时，其磁路不会饱和，此时励磁电感很大且基本不变，励磁电流很小且随一次侧电流的增大而按比例增大；当励磁电流增大到使铁芯饱和时，励磁电感减小，由图 7-8 可知，励磁电流增大，将加大磁路饱和程度，进而引起励磁电感进一步减小，其结果是励磁电流迅速增大。另外，铁芯饱和与否及饱和程度还与电流互感器的二次侧负载有关。二次侧负载阻抗 Z_L 越大，励磁支路电流越大，铁芯越容易饱和。

引入电流互感器的同型系数 K_{st}，当两侧电流互感器型号相同时，其参数差异较小，因此不平衡电流较小 K_{st} 取 0.5；当两侧电流互感器型号不同时，其参数差异大，引起的不平衡电流也大，K_{st} 取 1。对于变压器的纵联差动保护，各侧电流互感器的变比相等，因此电流互感器的型号肯定不同，故 $K_{st}=1$。

根据电流互感器误差的影响因素，可采用以下措施减小这一不平衡电流的影响。

（1）选用具有高饱和倍数差动保护专用的 P 级、TP 级电流互感器，并在外部发生短路流过变压器的短路电流为最大条件下按电流互感器 10%误差曲线选择电流互感器的型号。

（2）合理选择电流互感器二次侧连接导线的截面积以减小二次侧负载阻抗，并尽量使差动保护各侧差动臂的阻抗相等，以减小不平衡电流。

（3）采用铁芯气隙小的电流互感器，以减小铁芯剩磁对不平衡电流的影响。

综上所述，变压器纵联差动保护中，由于各侧电流互感器的型号不同而引起的稳态不平衡电流最大值可按下式计算：

$$I_{unb.max}=K_{err}K_{st}I_{kw.max} \tag{7-18}$$

式中　　K_{err}——电流互感器 10%误差系数，取 0.1；

　　　　K_{st}——电流互感器同型系数，变压器纵联差动保护中取 1；

　　$I_{kw.max}$——外部发生短路时流过变压器的最大短路电流。

5. 由变压器带负荷调整分接头而引起的不平衡电流

当电力系统运行状态发生改变时，通过改变变压器分接头的位置来维持各母线电压质量是电力系统电压调整的一项重要的措施。实际上，变压器分接头位置的改变即改变变压器的变比 K_T。由于系统的运行参数是经常变化的，差动保护已按额定变比整定，不可能随变压器变比的变化而改变，因此当分接头位置发生改变时，就会在差动回路中产生一个新的不平衡电流，这一不平衡电流的最大值为

$$I_{unb.max}=\Delta U I_{kw.max} \tag{7-19}$$

式中　　ΔU——由变压器分接头调整而引起的相对误差，取变压器调压范围中偏离额定值的最大值，比如，变压器的电压为 110(1±2×2.5%)/11kV，此时 $\Delta U=2×2.5\%=0.05$；又如变压器的电压为 $220^{+10×1.25\%}_{-6×1.25\%}$/35kV，则 $\Delta U=10×1.25\%=0.125$。

这一不平衡电流应在整定纵联差动保护的动作值时予以考虑。

由以上分析可知，稳态情况下变压器差动保护的不平衡电流

$$I_{\text{unb. max}} = (K_{\text{err}}K_{\text{st}} + \Delta U + \Delta f_s)I_{\text{kw. max}} \tag{7-20}$$

三、暂态情况下的不平衡电流及减小其影响的措施

1. 暂态过程中短路电流非周期分量的影响及对策

在电网中发生故障时，一次侧电流中除了稳态分量外，还有暂态分量，这将导致变压器外部发生故障时差动保护二次侧不平衡电流比稳态时大，因此差动保护要躲过外部短路暂态过程中的不平衡电流 $i_{\text{unb. max}}$。为了减小暂态过程中的最大不平衡电流，可在差动回路中接入速饱和变流器，其原理图如图 7-9 所示。速饱和变流器的铁芯很容易饱和，其磁化曲线如图 7-10 所示。当速饱和变流器一次侧只通过周期分量时，如图 7-10（a）中的曲线 2，由于铁芯的磁滞作用，铁芯中磁感应强度的变化量 ΔB 很大，因此在速饱和变流器二次侧感应电动势 $E = \dfrac{\Delta B}{\Delta t}$ 也大，周期分量容易通过速饱和变流器而变换到二次侧使继电器产生动作；当发生外部短路时，速饱和变流器一次侧流过暂态不平衡电流，由于它含有很大的非周期分量，电流曲线完全偏于时间轴的一侧，如图 7-10（b）中的曲线 $2'$，取不平衡电流 i_{unb} 中某一周期进行分析，与其对应的磁感应强度 B 沿局部磁滞曲线 $3'$ 的变化很小，因此在速饱和变流器二次侧感应出的电动势也很小，即非周期分量不易通过速饱和变流器而变换到二次侧，外部短路的不平衡电流 i_{unb} 中，其他周期的情况与此类似，因此继电器不动作。另外，在保护区内部短路的暂态过程中，短路电流也包含有非周期分量，如图 7-10（c）所示，在短路电流的第一个周期里，对应的磁感应强度 B 沿磁滞曲线 $4'$ 变化，ΔB 也很小，速饱和变流器二次侧感应电动势 $E = \dfrac{\Delta B}{\Delta t}$ 也小，保护不动作，要待非周期分量衰减以后，保护才动作，因而延迟了故障切除时间，这是十分不利的。

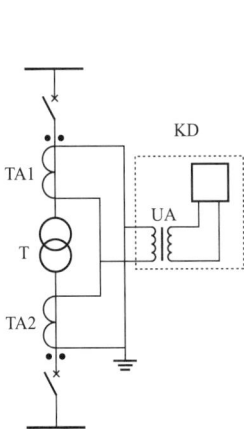

图 7-9　带有速饱和
变流器的差动继电器
原理接线图

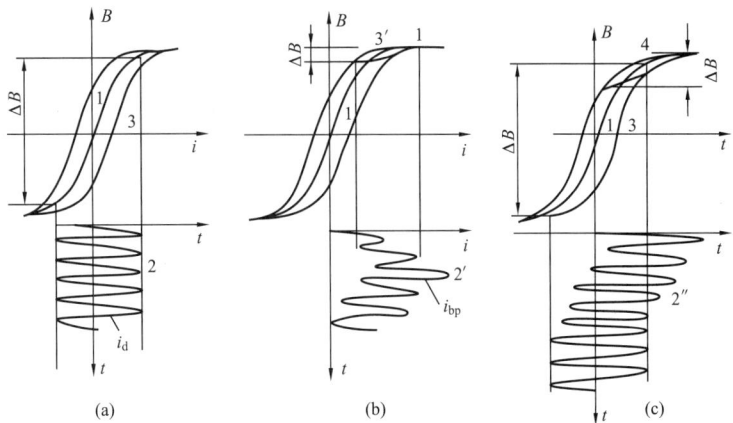

图 7-10　速饱和变流器中电流的转换情况
（a）发生内部短路时只计及稳态短路电流的作用；（b）发生外部短路时暂态
不平衡电流的作用；（c）发生内部短路时暂态短路电流的作用

考虑到非周期分量的影响，引入非周期分量影响系数 K_{np}，当不采取减小其影响的措施时，$K_{\text{np}} = 1.5 \sim 2$；当采用速饱和变流器时，$K_{\text{np}} = 1 \sim 1.3$。

综合考虑暂态和稳态的不平衡电流，保护区外部发生故障时流过变压器差动保护的最大

不平衡电流

$$I_{\text{unb. max}} = (K_{\text{err}} K_{\text{st}} K_{\text{np}} + \Delta U + \Delta f_{\text{s}}) I_{\text{kw. max}} \tag{7-21}$$

2. 变压器励磁涌流所产生的不平衡电流及对策

当变压器空载投入或外部短路故障被切除后电压恢复时，变压器可能会严重饱和，产生很大的励磁电流，该电流称为励磁涌流。这是由于在稳态工作情况下，加在变压器上的电压 u 与铁芯中的磁通 Φ 之间的关系为

$$u = \frac{\mathrm{d}\Phi}{\mathrm{d}t} \tag{7-22}$$

磁通 Φ 滞后于外加电压 u 90°，如图 7-11（a）所示。如果空载重合闸时外加电压的瞬时值恰好为零，即 $u = 0$，则铁芯中的磁通应为 $-\Phi_{\text{m}}$。但由于铁芯中的磁通不能突变，即合闸前励磁涌流的大小和衰减时间与外加电压的相位、铁芯中剩磁的大小和方向、电源容量的大小、回路阻抗及变压器容量有关。例如，正好在外加电压瞬时值为最大时重合闸，就不会出现励磁涌流。对于三相变压器，由于三相电压之间有 120° 的相位差，空载重合闸时，至少两相要出现程度不同的励磁涌流。大型变压器励磁涌流的倍数比中、小型变压器的小。由于绕组具有电阻，这个电流是要随时间衰减的。对于中、小型变压器，励磁涌流衰减得较快，经 0.5～1s 后，其值一般不超过 0.25～0.5 倍的额定电流，大型变压器得经过 2～3s 才能衰减到这一水平，并且，变压器容量越大，衰减得越慢，全部衰减持续时间可达几十秒。

表 7-2 列出了 4 次励磁涌流试验数据的分析结果，由此可见，励磁涌流具有以下特点：

（1）包含有很大成分的非周期分量，涌流偏向时间轴的一侧。

（2）包含有大量的高次谐波，且以二次谐波为主。

（3）波形之间出现间断，如图 7-12 所示（ α 为间断角）。

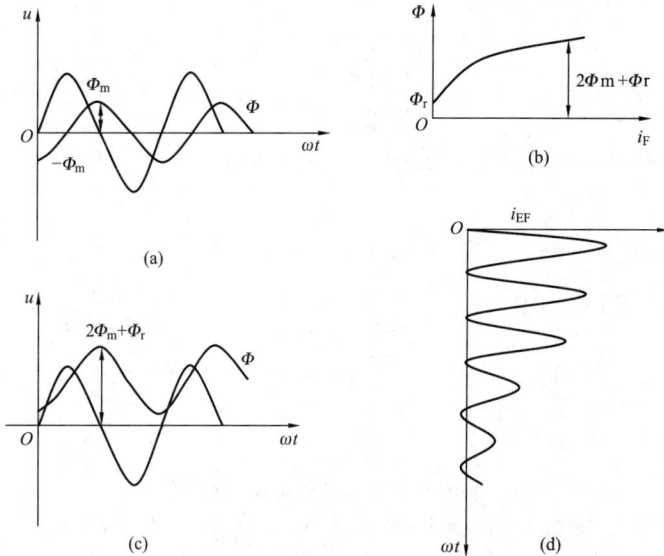

图 7-11 变压器励磁电流的产生及其变化曲线
（a）稳态情况下磁通、电压关系曲线；（b）变压器铁芯的磁化曲线；
（c）在 $u=0$ 瞬间空载重合闸时，磁通与电压的关系曲线；
（d）$u=0$ 瞬间空载重合闸时励磁涌流的波形

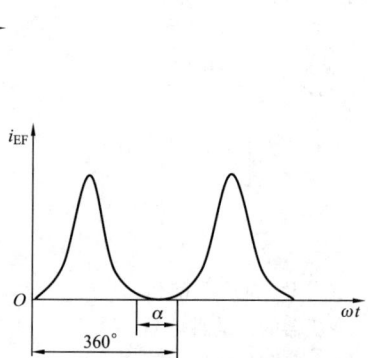

图 7-12 励磁涌流的波形

励磁涌流/%	例1	例2	例3	例4
基波	100	100	100	100
二次谐波	36	31	50	23
三次谐波	7	6.9	9.4	10
四次谐波	9	6.2	5.4	—
五次谐波	5	—	—	—
直流分量	66	80	62	73

表 7-2　励磁涌流试验数据举例

励磁涌流对变压器并无危险，因为这个冲击电流存在的时间很短。当然，对变压器多次连续重合闸充电也是不好的，因为大电流的多次冲击，会引起绕组间的机械力作用，可能使其固定物逐渐松动。最主要的是励磁涌流有可能引起变压器差动保护误动作，因此应采取相应的措施。根据变压器励磁涌流的特点，可采取以下措施防止励磁涌流的影响。

（1）采用具有速饱和铁芯的差动继电器。

（2）利用二次谐波制动。

（3）利用间断角鉴别内部短路电流和励磁涌流波形的差别来构成差动保护。

四、变压器差动保护整定

以下各电流均为归算到电流互感器二次侧的值。

1. 无制动特性差动保护整定原则

为了保证差动保护动作的选择性，动作电流按以下条件整定。

（1）躲开变压器空载投入时的励滋涌流

$$I_{act} = K_{rel} \cdot I_{NT} \tag{7-23}$$

（2）躲开电流互感器二次侧断线产生的不平衡电流

$$I_{act} = K_{rel} \cdot I_{Lmax} \tag{7-24}$$

（3）躲开发生外部短路时的最大不平衡电流 $I_{unb.\,max}$

$$I_{act} = K_{rel} \cdot I_{unb.\,max} \tag{7-25}$$

式中　K_{rel}——可靠系数，取 1.3～1.5；

　　　I_{NT}——变压器额定电流；

　　　I_{Lmax}——流过变压器的最大负荷电流。

取以上计算结果中的最大值作为变压器差动保护一次侧的动作电流。

灵敏度校验：按照保护区内发生短路时流过变压器的最小短路电流 $I_{k.\,min}$ 计算最小灵敏系数 K_{sen}

$$K_{sen} = \frac{I_{k.\,min}}{I_{act}} \tag{7-26}$$

最小灵敏系数 K_{sen} 应不小于 2。

按这一原则整定的差动保护动作电流比较大，在保护区内发生故障时，其灵敏度较低，不利于区内故障的切除。因此引入具有制动特性的差动保护。

2. 具有制动特性的差动保护

流过差动保护装置的不平衡电流随着正常运行及发生外部短路时流过变压器穿越性短路

电流的变化而变化，这一穿越性电流取值在负荷电流和最大外部短路电流之间。由式（7-21）可知，外部短路电流越大，其不平衡电流越大。考虑到电流互感器饱和的影响，不平衡电流与外部短路电流的关系（均为变换到电流互感器二次侧的值）在图 7-13 中以曲线 1 表示。设最大外部短路电流为 $I_{kw.max}$，则在曲线 1 上可对应找到最大不平衡电流 $I_{unb.max}$。无

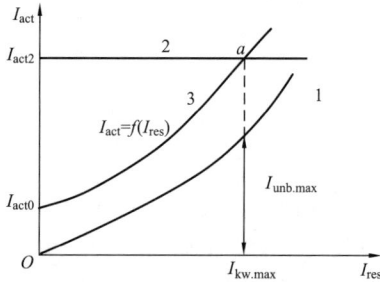

图 7-13　具有制动特性的
差动保护图解法

制动特性差动保护动作电流根据式（7-25）整定，对应图 7-13 中的曲线 2。具有制动特性的差动保护装置（如 BCH-1 型差动继电器）引入一个反应变压器穿越电流大小的制动电流 I_{res}，差动保护不再按照躲过最大不平衡电流的条件整定，而是按照不平衡电流或制动电流的大小按比例调整，当流过变压器的外部短路电流（制动电流）发生变化时，不平衡电流变化，动作电流随之发生变化，不再是固定值 I_{act2}，称为比率制动特性差动保护。动作电流与制动电流的关系曲线（制动特性曲线）如图 7-13 中的曲线 3。曲线 3 上方为动作区、下方为制动区。

由于曲线 3 在曲线 1 的上面，因此，无论外部短路电流大小如何，继电器的动作电流均大于对应的不平衡电流，继电器不会误动作，保证了选择性。具有制动特性差动保护的动作电流随着制动电流（外部短路电流）的不同而改变，但动作电流的最大值不超过无制动特性差动保护的动作值（动作电流在 $I_{act0} \sim I_{act2}$），因此，保护区内部发生故障时的灵敏度将高于无制动特性的差动保护。

五、微机差动保护的动作判据和算法举例

变压器差动保护应满足以下要求：①在任何情况下，当变压器内部发生短路故障时应快速动作于断路器跳闸。故障变压器空载投入时，可能伴随较大的励磁涌流，也应尽快动作。反之当出现外部故障伴随很大的穿越电流时，应可靠不动作。②无论正常变压器发生任何形式的励磁涌流应可靠不动作。总之，如何区分内、外部故障和如何鉴别励磁涌流，与传统保护类似，是微机差动保护的关键所在。

1. 比率制动特性元件

比率制动特性既能在外部发生短路时具有可靠的制动作用，又能保证在变压器内部发生故障时具有较高的灵敏度，因此，变压器差动保护普遍采用制动特性。由图 7-13 中的制动特性曲线 3 可知，在不平衡电流（制动电流）较小时，动作电流很小且几乎不变，不平衡电流（制动电流）大于一定值后，动作电流与制动电流关系曲线呈分段线性增大趋势，根据这一特点引入比率制动特性差动元件，目前主要有两折线制动特性和三折线制动特性差动元件，如图 7-14 所示的近似曲线。为了提高保护的灵敏度，可采用三折线制动特性，即动作特性包括三段，当制动电流小于 I_{res0}（一般取额定电流）时，无制动作用。制动电流在 I_{res0} 和 I_{res1} 之间时制动特性的斜率较低；制动电流在大于 I_{res1} 时，制动特性的斜率较高。$I_{res.max}$ 为对应最大不平衡电流的最大制动电流。

（1）比率制动特性的变压器差动保护的动作方程（所有参数均已归算到互感器二次侧）比率制动特性差动保护动作方程

$$I_d \geqslant I_{act} \qquad\qquad (7-27)$$

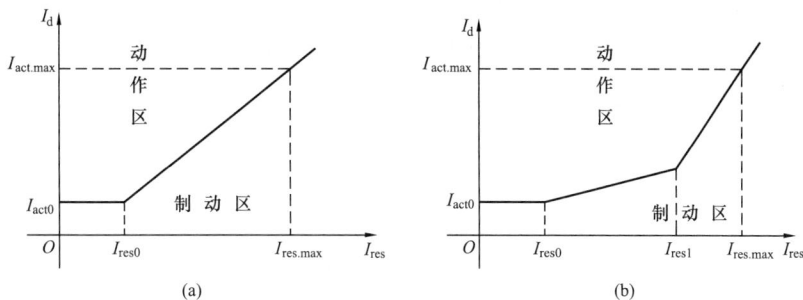

图 7-14　变压器差动保护比率制动特性曲线示意图

(a) 两折线比率制动特性；(b) 三折线比率制动特性

参考图 7-14（a）可知，两折线制动特性差动保护的动作方程：

$$\begin{cases} I_d \geqslant I_{act0} & I_{res} < I_{res0} \\ I_d \geqslant I_{act0} + K(I_{res} - I_{res0}) & I_{res} \geqslant I_{res0} \end{cases} \tag{7-28}$$

式中　I_d——差动电流，等于变压器各侧电流的相量和的有效值；

$\quad\quad I_{act0}$——差动保护最小动作电流；

$\quad\quad I_{res}$——制动电流；

$\quad\quad I_{res0}$——比率制动特性的拐点电流；

$\quad\quad K$——比率制动特性的斜率。

参考图 7-14（b）可知，三折线制动特性差动保护的动作方程：

$$\begin{cases} I_d \geqslant I_{act0} & I_{res} < I_{res0} \\ I_d \geqslant I_{act0} + K_1(I_{res} - I_{res0}) & I_{res1} > I_{res} \geqslant I_{res0} \\ I_d \geqslant I_{act0} + K_1(I_{res} - I_{res0}) + K_2(I_{res} - I_{res1}) & I_{res} \geqslant I_{res1} \end{cases} \tag{7-29}$$

式中　I_d——差动电流；

$\quad\quad I_{act0}$——差动保护最小动作电流；

$\quad\quad I_{res}$——制动电流；

I_{res0}、I_{res1}——比率制动特性第一拐点和第二拐点的电流；

K_1、K_2——比率制动特性第一折线段和第二折线段的斜率。

（2）比率制动特性的变压器差动保护整定计算

1）差动保护最小动作电流 I_{act0}。

按躲过变压器在正常运行条件下产生的不平衡电流整定，即

$$I_{act0} = K_{rel}(K_{st}K_{err} + \Delta U)I_N \tag{7-30}$$

式中　K_{rel}——可靠系数，取 $1.3 \sim 1.5$；

$\quad\quad K_{err}$——电流互感器 10% 误差系数；

$\quad\quad K_{st}$——电流互感器同型系数，一般取 1.0；

$\quad\quad \Delta U$——有载调压变压器分接头调整而引起的相对误差；

$\quad\quad I_N$——变压器的额定电流。

注意，式（7-30）中没有考虑电流互感器实选变比与计算变比不相等产生的不平衡电流。这是因为在微机变压器保护中，已由软件引入平衡系数补偿了各侧二次侧电流不等的影

响，所以，可不必考虑。

按式（7-30）计算，实际整定计算中 $I_{act0} \approx (0.2 \sim 0.5)I_N$。

2）制动特性的拐点电流 I_{res0}。

$$I_{res0} \approx I_N \tag{7-31}$$

一般取额定电流。

3）最大制动系数。

在区外发生三相短路时，流过差动回路的不平衡电流最大时，为保证此时保护不误动作，差动保护的最大动作电流

$$I_{act.\,max} = K_{rel}(K_{st}K_{np}K_{err} + \Delta U)I_{kw.\,max} \tag{7-32}$$

式中　K_{np}——非周期分量影响系数，其他系数含义同前。

$I_{kw.\,max}$——流过变压器差动保护的最大外部短路电流，按三相短路计算。

若按最大外部短路电流为制动电流的原则，在外部发生三相短路时，最大制动电流

$$I_{res.\,max} = I_{kw.\,max}$$

所以有比率制动特性曲线的最大制动系数

$$K_{res} = \frac{I_{act.\,max}}{I_{res.\,max}} = K_{rel}(K_{st}K_{np}K_{err} + \Delta U) \tag{7-33}$$

其中，$K_{rel}=1.5$、$K_{err}=0.1$、$K_{st}=1.0$，如果取 $K_{np}=2.0$、$\Delta U=0.1$，则有 $K_{res}=0.45$。

4）制动特性的斜率。

按以上分析，有

$$I_{act0} = 0.3I_N$$
$$I_{act.\,max} = 0.45I_{kw.\,max}^{(3)}$$
$$I_{res0} = I_N$$

假设流过变压器的最大外部三相短路电流为变压器额定电流的 10 倍，两折线比率制动特性的斜率可推算为

$$K = \frac{I_{act.\,max} - I_{act0}}{I_{res.\,max} - I_{res0}} = \frac{4.5 - 0.3}{10 - 1} = 0.46 \tag{7-34}$$

即制动特性曲线的斜率取 0.46，刚好满足要求。

在微机变压器装置的资料介绍中，一般建议的整定值为

$$I_{act0} = (0.2 \sim 0.5)I_N$$
$$K = 0.3 \sim 0.7$$
$$I_{res0} = (0.8 \sim 1.2)I_N$$

对三折线的比率制动特性，一般建议的整定值为

$$I_{act0} = (0.2 \sim 0.3)I_N$$
$$I_{res0} \leqslant I_N$$
$$I_{res1} \leqslant 3I_N$$
$$K_1 = 0.15 \sim 0.3$$
$$K_2 = 0.5 \sim 0.7$$

其中，K_1 选择较低的值，主要是为了提高内部故障有流出电流时差动保护的灵敏度；K_2 选择较高的值，主要是为了保障外部短路时保护的选择性。

2. 二次谐波制动元件

当变压器空载重合闸或外部短路被切除使得变压器端电压突然恢复时，励磁涌流的大小可与短路电流相比拟，且含有较大比例的二次谐波成分，采用二次谐波制动判据能可靠地避免此时差动保护误动。二次谐波制动判据为

$$I_{d2} > K_{2res} I_{d1} \tag{7-35}$$

式中 I_{d1} ——差动电流基波含量；

I_{d2} ——差动电流二次谐波含量；

K_{2res} ——二次谐波制动比，即二次谐波幅值与基波幅值之比，一般取 0.1～0.3。

满足式（7-35）时将差动保护闭锁。

3. 差动速断元件

变压器内部发生严重故障时，非常大的短路电流流过变压器将会严重威胁设备安全，此时为了尽快切除故障，希望由差动电流 I_d 直接起动保护将故障切除。但具有二次谐波制动的差动保护仍要进行二次谐波判别，并且，变压器发生区内故障时，在强大的短路暂态电流作用下，将会在电流互感器中出现较大的暂态谐波分量而使差动保护闭锁，需经过一定时间使得电流互感器暂态饱和导致的谐波小于涌流判别的定值时差动保护才能动作，因此，变压器还需配置差动速断保护作为比率制动特性差动保护的辅助保护，以提高变压器内部严重故障时保护动作速度。其动作判据为

$$I_d > I_{dset} \tag{7-36}$$

式中 I_d ——变压器差动电流；

I_{dset} ——差动电流速断定值。

差动速断保护整定值应躲避最大可能的励磁涌流。一般差动速断元件的动作电流可取式（4～8）倍变压器额定电流。

4. 算法

对于变压器差动保护，各侧电流的正方向均以指向变压器为正。在这一规定下，对于双绕组变压器，差动电流和制动电流分别为

$$\begin{cases} I_d = |\dot{I}_H + \dot{I}_L| \\ I_{res} = 0.5|\dot{I}_H - \dot{I}_L| \end{cases} \tag{7-37}$$

对于三绕组变压器

$$\begin{cases} I_d = |\dot{I}_H + \dot{I}_L + \dot{I}_M| \\ I_{res} = \max\{|\dot{I}_H|, |\dot{I}_L|, |\dot{I}_M|\} \end{cases} \tag{7-38}$$

式中 I_d、I_{res} ——分别为差动电流和制动电流；

$\dot{I}_H$、$\dot{I}_L$、$\dot{I}_M$ ——流过变压器高压侧、低压侧、中压侧的电流。

比率制动特性元件、二次谐波制动元件和差动速断元件中差动电流或制动电流基波相量的计算可采用傅里叶算法，差动电流中二次谐波幅值的计算也可同样采用傅里叶算法。计算过程可先用采样瞬时值计算差动电流及制动电流的瞬时值，再计算基波相量；也可先计算各侧的基波相量，再计算差动电流和制动电流（实部、虚部相加减）。

5. 起动元件及其算法

微机保护为了加强对软、硬件的自检工作，提高保护动作可靠性及快速性，往往采用检

测扰动的方式决定程序进行故障判别计算，还是进行自检。在本差动保护方案中，采用差动电流的突变量，且分相检测的方式构成起动元件，其公式为

$$\Delta i_d(k) = \left| \, |i_d(k) - i_d(k-N)| - |i_d(k-N) - i_d(k-2N)| \, \right| > \Delta I_{dset} \quad (7\text{-}39)$$

式中　N——每工频周期采样点数；

　　　k——当前采样点；

　$\Delta i_d(k)$——k 时刻差动电流的突变量；

　ΔI_{dset}——差动保护起动定值。

差动电流的突变量 $i_d(k) - i_d(k-N)$ 实质是用叠加原理分析短路电流时的事故分量电流，负荷分量在式中被减去了。采用式（7-39），既保证了消除电网频率偏离 50Hz 时产生的不平衡电流，又保证了突变量的存在时间是两个工频频率。总之，采用式（7-39）作起动元件能反映各种故障，且不受负荷电流的影响，灵敏度高，抗干扰能力强。ΔI_{dset} 按躲过变压器在正常运行条件下产生的不平衡电流整定。当某一相差动电流连续 3 次大于 ΔI_{dset} 时，起动保护算法。故障起动算法的定值低，灵敏度高，区内、外发生故障时只要差动电流大于定值就可起动保护。

6. 电流互感器 TA 的断线判别

对于中低压变电站变压器保护中 TA 断线判别采用以下两个判据。

（1）电流互感器 TA 断线时产生的负序电流仅在断线侧出现，而在发生故障时至少有两侧会出现负序电流。

（2）以上判据在变压器空载时发生故障的情况下，因仅电源侧出现负序电流，将误判 TA 断线。因此要求另外附加条件：降压变压器低压侧三相都有一定的负荷电流。

六、微机变压器差动保护的软件流程

微机变压器差动保护的软件部分由主程序、故障处理程序和中断服务程序组成。主程序和定时器中断服务程序与其他保护相同，详细介绍见第十章第三节。下面介绍变压器差动保护的故障处理程序。

故障处理程序流程图如图 7-15 所示。为了防止发生干扰或发生内部轻微故障时偶然计算误差等原因使保护复归，设置了一个外部故障复算次数，达到规定的外部故障复算次数后即断定为外部故障。为了防止因干扰和偶然计算误差而造成误出口，这里预先给定内部故障复算次数，只有当连续计算内部故障判断次数达到规定次数后才发跳闸命令。故障后 5s 内保护仍没有跳闸的情况下，形成跳闸异常报告，返回主程序专门为运行错误处理设计的一段程序，即告警处理，以便提醒运行值班人员处理，以防程序进入死循环。检测故障是否已切除，可检测断路器状态开入量进行判别，或判断差动电流和制动电流是否小于规定的一个较小定值。

【例 7-1】　对一台容量为 40.5MVA 的三相三绕组降压变压器进行差动保护整定计算。变压器的接线及各侧的短路电流如图 7-16 所示。电压：$110(1 \pm 2 \times 2.5\%)\text{kV}/38.5(1 \pm 2 \times 2.5\%)\text{kV}/11\text{kV}$，接线方式：Y0，Y，d11，变压器的额定电流：213/608/2130A。图 7-16 中标出了最大运行方式下归算到 110kV 侧的三相短路电流值，括号内的数值为最小运行方式下归算到 110kV 侧的两相短路电流值。k_1 点单相接地时的最小短路电流 $I_k^{(1)} = 2200\text{A}$。

故障处理程序入口

形成起动报告

傅氏算法数据窗口满否　N

计算差动量 I_d

满足差动速判断据 $(I_d > I_{dsat})$

计算制动量 I_{res}

$I_{res} > I_{res0}$

满足差动零段判据 $I_d > I_{act0}$?

满足差动折线段判据

计算二次谐波电流 I_{act2}

满足谐波制动比 $I_{d2} > K_{2res} \cdot I_{d1}$

是否TA断线

连续达到内部故障复算次数吗

达到外部故障复算次数吗

发出跳闸命令

形成故障报告

形成区内无故障报告，有关标志清零

形成TA断线报告，闭锁差动保护

故障已切除

收回跳闸命令

延时 ≥5s

有关标志清零

形成跳闸异常报告

返回主程运行错误处理处

返回主程序循环入口处

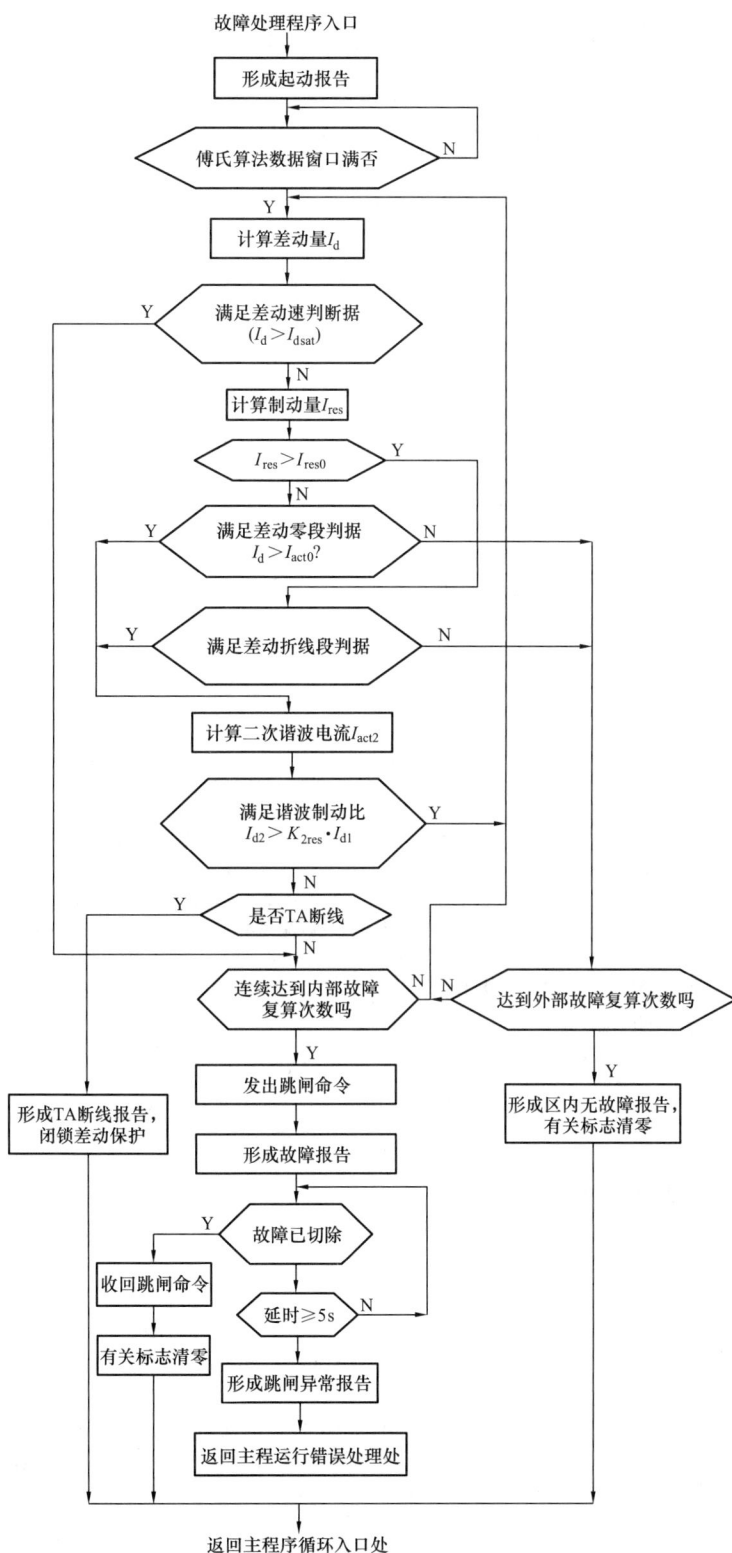

图 7-15　故障处理程序流程图

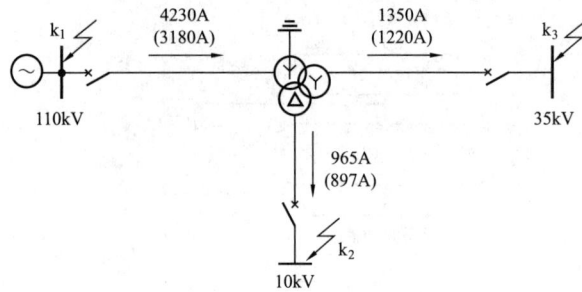

图 7-16 ［例 7-1］图

解：

（1）确定基本侧及平衡系数。微型机变压器差动保护整定计算基础数据见表 7-3。

表 7-3 ［例 7-1］微型机变压器差动保护整定计算基础数据

名　　称	各侧数值		
额定电压/kV	110	38.5	11
额定电流/A	213	608	2130
电流互感器接线	Y	Y	Y
电流互感器计算变比	$213\sqrt{3}/5$	$608\sqrt{3}/5$	$2130/5$
电流互感器实际变比	400/5	1200/5	3000/5
流入差动臂中的电流/A	$\dfrac{213\sqrt{3}}{400/5}=4.61$	$\dfrac{608\sqrt{3}}{1200/5}=4.39$	$\dfrac{2130}{3000/5}=3.55$
不平衡电流/A	0（基本侧）	4.61−4.39=0.22	4.61−3.55=1.06
平衡系数	1.00	1.05	1.30

注　本例中，电流互感器二次侧均采用星形接线，由程序实现电流角度统一，原理见式（7-6）。

（2）比率制动特性的变压器差动保护整定计算（以两折线比率制动为例）。

1）差动保护最小动作电流

$$I_{act0}=K_{rel}(K_{st}K_{err}+\Delta U_{H}+\Delta U_{M})I_{N}$$
$$=1.5\times(1.0\times0.1+0.05+0.05)\times4.61$$
$$=1.383(A)$$

2）制动特性的拐点电流

$$I_{res0}=I_{N}=4.61A$$

3）制动特性的斜率。

差动保护的最大动作电流

$$I_{act.\,max}=K_{rel}(K_{st}K_{np}K_{err}+\Delta U_{H}+\Delta U_{M}K_{ph\cdot M})I_{kw.\,max}$$

$$=1.5\times(1.0\times2.0\times0.1+0.05+0.05\times1.05)\times\frac{1350\sqrt{3}}{80}$$

$$=13.26(A)$$

$$I_{res.\,max}=I_{kw.\,max}$$

$$=\frac{1350\sqrt{3}}{80}$$

$$= 29.23(\mathrm{A})$$

其中，$K_{\mathrm{rel}}=1.5$、$K_{\mathrm{err}}=0.1$、$K_{\mathrm{st}}=1.0$，如果取 $K_{\mathrm{np}}=2.0$、$\Delta U_{\mathrm{H}}=\Delta U_{\mathrm{M}}=0.05$。

制动特性斜率

$$K = \frac{I_{\mathrm{act.\,max}} - I_{\mathrm{act0}}}{I_{\mathrm{res.\,max}} - I_{\mathrm{res0}}} = \frac{13.26 - 1.383}{29.23 - 4.61} = 0.482$$

4）两折线制动特性差动保护的动作方程

$$\begin{cases} I_{\mathrm{d}} \geqslant 1.383\mathrm{A} & I_{\mathrm{res}} < 4.61\mathrm{A} \\ I_{\mathrm{d}} \geqslant 1.383 + 0.482(I_{\mathrm{res}} - 4.61) & I_{\mathrm{res}} \geqslant 4.61\mathrm{A} \end{cases}$$

5）保护区内短路灵敏度校验。

最小运行方式两相短路灵敏度校验：最小运行方式变压器低压侧两相短路灵敏度最低。

$$\begin{cases} I_{\mathrm{d}} = |\dot{I}_{\mathrm{H}} + \dot{I}_{\mathrm{L}} + \dot{I}_{\mathrm{M}}| = \dfrac{897}{80} = 11.21(\mathrm{A}) \\[2mm] I_{\mathrm{res}} = \max\{|\dot{I}_{\mathrm{H}}|,\ |\dot{I}_{\mathrm{L}}|,\ |\dot{I}_{\mathrm{M}}|\} = \dfrac{897}{80} = 11.21(\mathrm{A}) \\[2mm] I_{\mathrm{act}} = 1.383 + 0.482(I_{\mathrm{res}} - 4.61) \\[1mm] \qquad = 1.383 + 0.482(11.21 - 4.61) = 4.56(\mathrm{A}) \end{cases}$$

灵敏度

$$K_{\mathrm{sen}} = \frac{I_{\mathrm{k.\,min}}}{I_{\mathrm{act}}} = \frac{I_{\mathrm{d}}}{I_{\mathrm{act}}} = \frac{11.21}{4.56} = 2.46$$

此时差动元件的灵敏度等于系统最小运行方式低压侧两相短路时的差动电流与动作电流的比值。计算结果 2.46 大于 2，满足要求。

单相接地短路灵敏度校验：根据变压器高压侧单相接地短路电流进行校验。

$$\begin{cases} I_{\mathrm{d}} = |\dot{I}_{\mathrm{H}} + \dot{I}_{\mathrm{L}} + \dot{I}_{\mathrm{M}}| = \dfrac{2200}{80} = 27.5(\mathrm{A}) \\[2mm] I_{\mathrm{res}} = \max\{|\dot{I}_{\mathrm{H}}|,\ |\dot{I}_{\mathrm{L}}|,\ |\dot{I}_{\mathrm{M}}|\} = \dfrac{2200}{80} = 27.5(\mathrm{A}) \\[2mm] I_{\mathrm{act}} = 1.383 + 0.482(I_{\mathrm{res}} - 4.61) \\[1mm] \qquad = 1.383 + 0.482(27.5 - 4.61) = 12.42(\mathrm{A}) \end{cases}$$

灵敏度

$$K_{\mathrm{sen}} = \frac{I_{\mathrm{k\cdot min}}}{I_{\mathrm{act}}} = \frac{I_{\mathrm{d}}}{I_{\mathrm{act}}} = \frac{27.5}{12.42} = 2.21$$

此时差动元件的灵敏度等于高压侧单相接地短路时的差动电流与动作电流的比值。计算结果 2.21 大于 2，满足要求。

第五节　变压器相间短路的后备保护

变压器相间短路的后备保护，既作为变压器主保护的后备保护，又可作为相邻母线或线路相间故障的后备保护。根据变压器容量和系统短路电流水平的不同，变压器相间短路的后备保护可采用过电流保护、低压起动过电流保护、复合电压起动过电流保护、负序过电流和单相式低电压起动过电流保护，以及距离保护等。

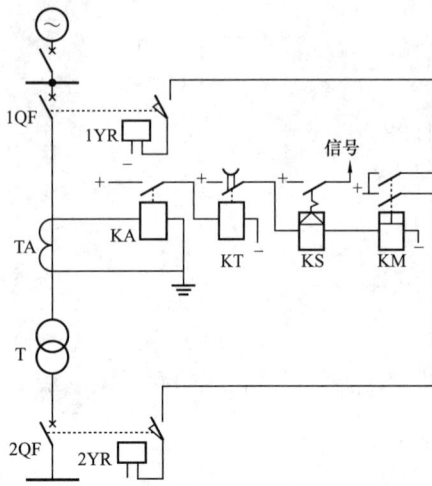

图 7-17　变压器过电流保护的单相原理图

一、变压器过电流保护

变压器过电流保护的单相原理图如图 7-17 所示，保护装于其工作原理与线路的定时限过电流保护相同。过电流保护动作后，经整定的延时动作于变压器各侧的断路器跳闸。

保护装置的动作电流 I_{act} 按躲开变压器的最大负荷电流 I_{Lmax} 整定，即

$$I_{act} = \frac{K_{rel}}{K_{re}} I_{Lmax} \tag{7-40}$$

式中　K_{rel}——可靠系数，取 1.2~1.3；

　　　K_{re}——返回系数，取 0.85。

变压器的最大负荷电流应考虑下述情况。

（1）对并列运行的变压器，应考虑切除一台变压器后所出现的负荷电流，当各台变压器容量相同时，最大负荷电流按下式计算

$$I_{Lmax} = \frac{m}{m-1} I_{NT} \tag{7-41}$$

式中　m——并列运行的变压器的最少台数；

　　　I_{NT}——每台变压器的额定电流。

（2）对降压变压器，应考虑其负荷电动机自起动时的最大电流，即

$$I_{Lmax} = K_{ss} I_{NT} \tag{7-42}$$

式中　K_{ss}——自起动系数，其值与负荷性质及用户与电源间的电气距离有关，对于 110kV 降压变电站，6~10kV 侧 $K_{ss}=1.5 \sim 2.5$；35kV 侧 $K_{ss}=1.5 \sim 2.0$。

保护装置的灵敏度校验和动作时限的选择方法与前面章节所讲的定时限过电流保护相同，这里不再赘述。

二、低电压起动过电流保护

一般情况下，当简单的过电流保护灵敏度不能满足要求时，可以考虑通过降低电流元件的动作值来提高保护装置动作的灵敏度，引入低电压起动的过电流保护。

低电压起动的过电流保护原理图如图 7-18 所示。保护的起动元件由电流继电器和低电压继电器共同构成。只有当电流继电器和低电压继电器都动作后，才能经整定延时动作于保护出口回路。

与简单的过电流保护相比，低电压起动的过电流保护增设了低电压元件。这样可以在提高保护装置灵敏度的同时，防止突然切除一台并列运行的变压器或电动机自起动时保护误动作。

电流继电器的动作电流按躲开变压器额定电流来整定即可

$$I_{act} = \frac{K_{rel}}{K_{re}} I_{NT} \tag{7-43}$$

低电压继电器的动作电压按躲开正常运行时母线上可能出现的最低工作电压整定，同时，在外部故障切除后电动机自起动的过程中，低电压元件必须可靠返回。根据运行经验，

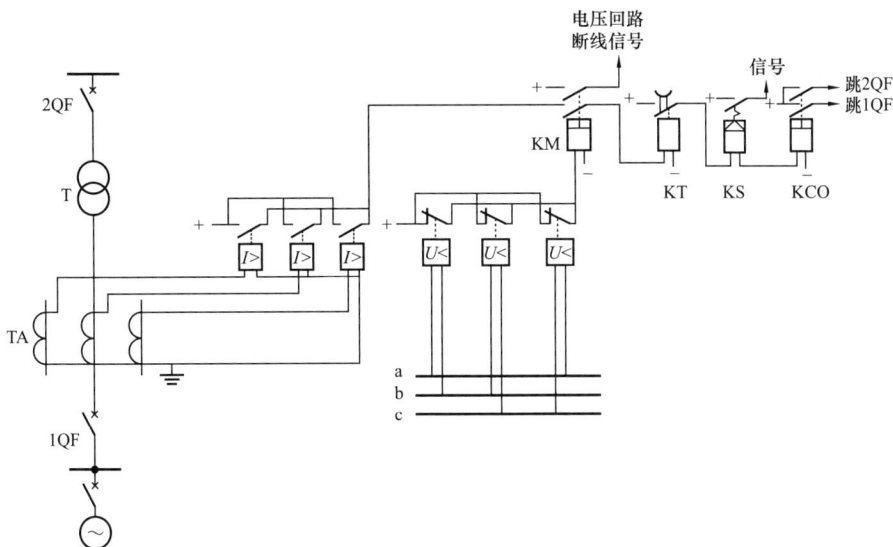

图 7-18　低电压起动的过电流保护原理图

一般取

$$U_{\text{act}} = 0.7 U_{\text{NT}} \tag{7-44}$$

式中　U_{NT}——变压器的额定线电压。

电流元件的灵敏系数校验与定时限过电流保护相同；电压元件的灵敏度校验公式为

$$K_{\text{sen}} = \frac{U_{\text{act}}}{U_{\text{kmax}}} \tag{7-45}$$

式中　U_{kmax}——最大运行方式下，后备保护范围末端三相金属性短路时，要求保护安装处
的最大线电压。灵敏系数 $K_{\text{sen}} > 1.2$。

当电压回路断线时，低电压继电器将误动作，并且，如果此时一次系统的电流值达到了电流
元件的起动值（一次系统无故障），则保护误动作，因此，在图 7-18 中设置了中间继电器
KM，当电压互感器二次回路断线时，低压继电器动作，经中间继电器 KM 去中央信号系
统，以整定延时发出电压回路断线信号。

三、复合电压起动过电流保护

复合电压起动的过电流保护是低电压起动的过电流保护的一种发展形式，一般用于升压
变压器、系统联络变压器及过电流保护灵敏系数达不到要求的降压变压器。其保护的原理图
如图 7-19 所示。电流起动元件由接于相电流的继电器 1~3kA 构成，电压起动元件由反应
不对称短路的负序电压继电器 KVN（内附有负序电压滤过器 U_2）和反应对称短路接于相间
电压的低电压继电器 KVU 构成。只有电流起动元件和电压起动元件都动作时才能起动保护
出口回路。

一次系统正常运行时，电流起动元件和电压起动元件都不动作，故保护装置不动作。

当变压器发生不对称短路时，故障相的电流继电器动作；同时由于出现负序电压，使得
负序电压继电器 KVN 动作，其动断触点打开，导致低电压继电器绕组所加电压变为零，动
断触点闭合，将正电源送到中间继电器 KM 的线圈正极性端，于是，中间继电器 KM 动作，

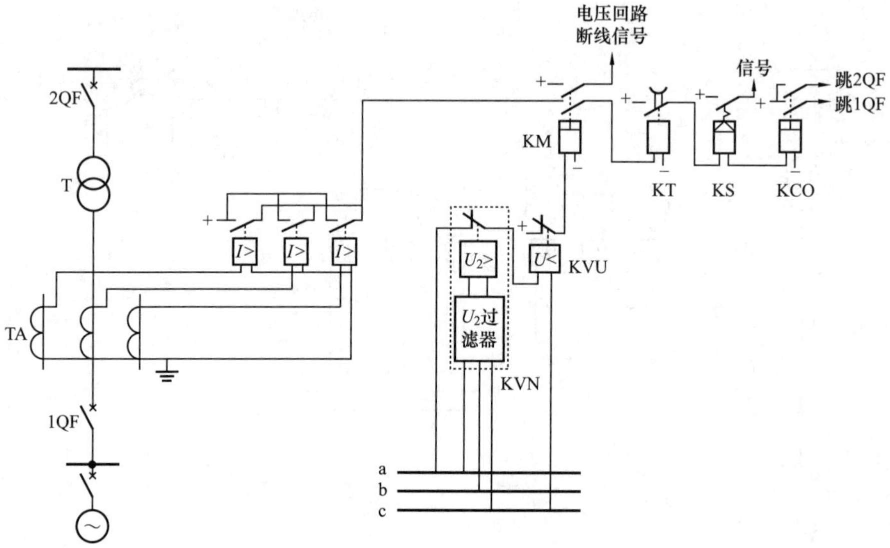

图 7-19 复合电压起动的过电流保护原理图

起动跳闸回路经整定延时动作于变压器各侧断路器跳闸。

当发生三相对称短路时，由于短路瞬间也会出现短时的负序电压，使负序电压继电器 KVN 起动，使低压继电器 KVU 动作，当负序电压消失后，KVU 接于相间电压上，由于只有母线电压高于 KVU 的返回电压方可使其返回，而三相短路时母线电压均很低，小于 KVU 的返回电压，故 KVU 保持动作状态，此时相当于低电压起动的过电流保护。

电流继电器一次动作电流仍按式（7-43）整定。

接在相间电压上的低电压继电器的一次动作电压按躲过电动机自起动的条件整定，整定公式与式（7-44）、式（7-45）相同；此外，对于火力发电厂的升压变压器，还应考虑发电机失磁运行时的非同步运行电压，一般可取为

$$U_{act} = (0.5 \sim 0.6)U_{NT} \tag{7-46}$$

负序电压继电器的动作电压按躲过正常运行时的最大不平衡电压整定，根据运行经验，其动作值可取为

$$U_{2act} = (0.06 \sim 0.12)U_{NT} \tag{7-47}$$

负序电压元件的灵敏系数按后备保护范围末端两相金属性短路的条件校验，要求灵敏系数 $K_{sen} > 1.2$。

$$K_{sen} = \frac{U_{k.\,min}^{(2)}}{U_{2act}} \tag{7-48}$$

式中 $U_{k.\,min}^{(2)}$ ——后备保护末端两相发生金属性短路时，保护安装处的最小负序电压。

与低电压起动的过电流保护相比，复合电压起动的过电流保护电压元件接入了负序电压继电器。对于不对称短路，由于负序电压继电器动作后将低电压继电器的绕组电压强制为零，因此，电压元件的灵敏度取决于负序电压继电器，负序电压继电器采用的整定值较小，提高了电压元件的灵敏度；对于对称短路，由于短路瞬间仍会出现负序电压，使得 KVN、KVU 两个继电器动作，在负序电压消失后，低电压继电器 KVU 又接于线电压上，这时，

只要保护安装处的二次线电压不大于低电压继电器的返回电压，保护装置就可以经整定延时动作于变压器各侧断路器跳闸。低电压继电器的返回电压为其起动电压的 1.15～1.2 倍（返回系数 $K_{re} = 1.15 \sim 1.2$），因此，电压元件比低电压过电流保护灵敏系数提高 1.15～1.2 倍。

基于以上优点且接线简单，复合电压起动的过电流保护已取代了低电压起动的过电流保护而得到较广泛的应用。

对于大容量变压器和发电机组，由于其额定电流较大，电流元件的灵敏系数可能不满足远后备保护的要求，为此，可选用负序电流及单相式低电压起动的过电流保护。

四、负序过电流和单相式低电压起动过电流保护

当电力系统发生不对称短路时，变压器中将出现负序电流，这是区别于系统正常运行的主要特征。因此可根据这一特征构成负序电流保护作为不对称短路时的后备保护。由于负序电流保护无法反应三相短路（短路瞬间也会出现负序电流，但其持续时间短，在保护延时到达前负序电流可能已经消失），因此，还需同时装设反应于三相短路的单相式低电压起动的过电流保护，从而负序电流及单相式低电压起动的过电流保护构成变压器相间后备保护。负序电流及单相式低电压起动的过电流保护原理图如图 7-20 所示。它由负序电流滤过器 I_2 及电流继电 2KA 组成负序电流保护，反应不对称短路；由电流继电器 IKA

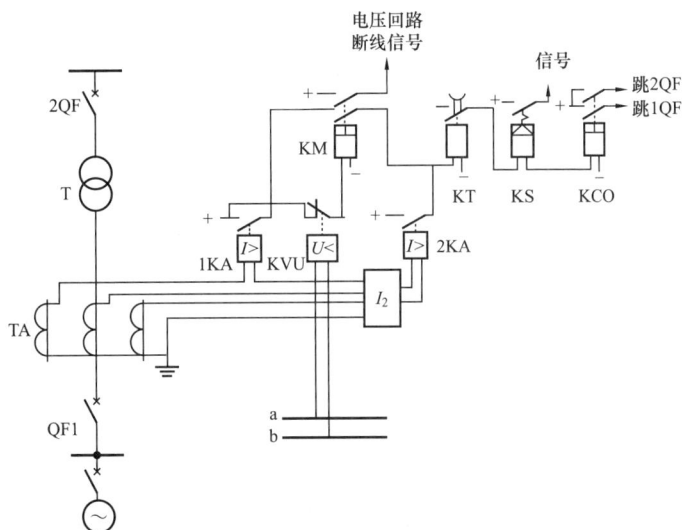

图 7-20　负序电流及单相低电压起动的过电流保护原理图

和低电压继电器 KVU 组成单相低电压起动的过电流保护，反应对称短路。

电流继电器 1KA 和低电压继电器 KVU 的整定计算与式（7-43）～式（7-45）相同。

负序电流继电器的动作电流按以下条件选择：

（1）躲过变压器正常运行时负序电流滤过器输出的最大不平衡电流，其值一般为

$$I_{2act} = (0.1 \sim 0.2) I_{NT} \tag{7-49}$$

（2）躲过变压器相邻线路发生一相断线时出现的负序电流。

（3）与相邻元件的负序电流保护在灵敏系数上相配合。

负序电流保护的灵敏系数按下式验算

$$K_{sen} = \frac{I_{k\,min}^{(2)}}{I_{2act}} \geqslant 1.2 \tag{7-50}$$

式中　　$I_{k.\,min}^{(2)}$ ——后备保护范围末端发生不对称短路时，流过保护的最小负序电流。

阻抗保护作为变压器相间故障的后备保护，相关内容见第四章第五节。

第六节　变压器接地故障的后备保护

在110kV及以上中性点直接接地的电网中，接地短路是常见的故障形式，因此，对于该系统中的变压器，在其高压侧应装设接地（零序）保护，用来反应高压绕组、引出线上的接地故障，并用作变压器主保护的后备保护及相邻元件接地故障的后备保护。

中性点直接接地系统发生接地短路时，零序电流的大小及分布与系统中变压器中性点接地的数目和位置有关。零序电流的大小及分布决定了变压器零序保护的配置及整定，因此，为了保证零序保护有稳定的保护范围和足够的灵敏度，对于有两台及以上变压器并列运行的情况，可使部分变压器中性点接地运行，以保证中性点接地的位置和数目尽量不变，从而保证接地故障时零序电流的大小及分布情况尽量不受运行方式变化的影响。

变压器高压绕组中性点是否接地运行与变压器绝缘水平有关。220kV及以上的大型变压器，高压绕组采用分级绝缘，其中性点绝缘水平不同。如果中性点绝缘水平较低（如500kV系统中，中性点绝缘水平为38kV的变压器），则中性点必须接地运行；若其绝缘水平高（如220kV变压器中性点绝缘水平为110kV的情况），则中性点可直接接地运行，也可在系统不失去接地中性点的条件下不接地运行。

一、中性点直接接地变压器的零序电流保护

中性点直接接地运行的变压器，为缩小接地故障的影响范围及提高后备保护的速动性，需要装设两段式零序电流保护，每段各带两级时限。以双绕组变压器为例，其原理接线图如图7-21所示。零序电流Ⅰ段作为变压器及母线接地故障的后备保护，其动作电流与引出线零序电流保护Ⅰ段在灵敏系数上配合整定，以较短延时（t_1）动作于缩小故障影响范围（图7-21中跳开母线联络断路器或分段断路器QF）；以较长延时（t_2）作用于跳开变压器各侧断路器。零序电流Ⅱ段作为变压器引出线接地故障的后备保护，其动作电流和时限应与

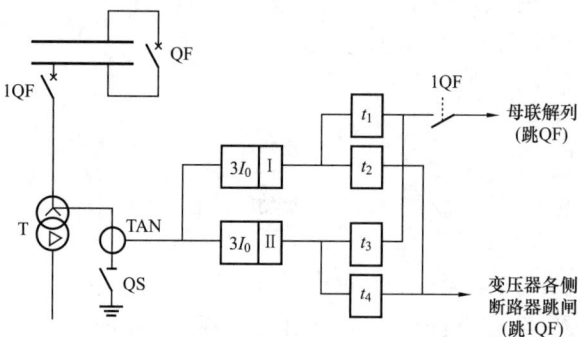

图7-21　中性点直接接地变压器零序电流保护原理框图

相邻元件零序保护的后备段相配合，短延时（t_3）与引出线零序后备段动作延时配合，长延时（t_4）比短延时（t_3）延长一个阶梯时限Δt。为防止断路器1QF断开状态下（变压器未与系统并联之前），在变压器高压侧发生接地短路时误将母线联络断路器QF跳闸，故在t_1和t_3出口回路中串接1QF辅助动合触点将保护闭锁。保护用零序电流互感器TAN接在中性点引出线上。

1. 零序过电流Ⅰ段整定计算

（1）动作电流

$$I_{0act}^{I} = K_{rel}K_{bra}I_{0actn}^{I} \tag{7-51}$$

式中　K_{rel}——可靠系数，取1.2；

K_{bra}——零序电流分支系数，其值等于引出线零序电流保护Ⅰ段保护区末端发生接地短路时，流过本保护的零序电流与流过引出线保护的零序电流之比的最大值；

I_{0actn}^{I}——引出线零序电流保护Ⅰ段动作值。

（2）保护动作时限

$$t_1 = t_0 + \Delta t$$
$$t_2 = t_1 + \Delta t \tag{7-52}$$

式中　t_0——引出线零序电流保护Ⅰ段动作时限。

2. 零序电流保护Ⅱ段整定计算

（1）动作电流

$$I_{0act}^{\text{II}} = K_{rel} K_{bra} I_{0actn} \tag{7-53}$$

式中　K_{rel}——可靠系数，取1.2；

K_{bra}——零序电流分支系数，其值等于引出线零序电流保护后备段保护区末端发生接地短路时，流过本保护的零序电流与流过引出线保护的零序电流之比的最大值；

I_{0actn}——相邻元件零序电流保护后备段动作值。

（2）保护动作时限

$$t_3 = t + \Delta t$$
$$t_4 = t_3 + \Delta t \tag{7-54}$$

式中　t——相邻元件零序电流保护后备段最大时限。

对自耦变压器和高、中压侧中性点都直接接地的三绕组变压器，其高、中压侧均应装设零序保护。当有选择性要求时，应增设功率方向元件。

二、中性点可能接地或不接地运行变压器的零序保护

对于110kV及以上中性点直接接地的系统，当变压器的中性点可能接地运行或不接地运行时，对应外部单相接地短路引起的过电流，以及因失去接地中性点引起的电压升高，应按变压器绝缘情况装设相应的保护。

（一）全绝缘变压器的零序保护

全绝缘变压器应装设零序电流保护作为中性点直接接地运行时的零序保护，还应装设零序过电压保护，作为系统单相接地且失去接地中性点运行时的零序保护。以双绕组变压器为例，其原理接线框图如图7-22所示。

若几台变压器并列运行，当发生接地故障时，由中性点接地运行变压器的零序电流保护动作先将母联解列，此时，对于中性点接地运行的变压器，若接地故障仍然存在，则由其零序电流保护延时到达后将变压器切除；

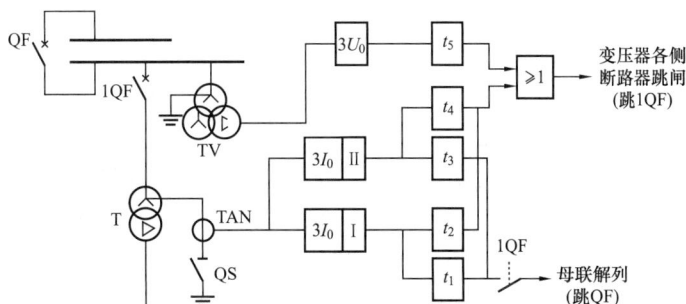

图 7-22　全绝缘变压器零序保护原理框图

母线解列后，当电网失去中性点时，对于中性点不接地运行的变压器，若零序过电压仍然存在，则由其零序过电压保护动作而将变压器切除。

零序电压继电器的动作电压按躲过部分接地电网发生单相接地短路时，保护安装处可能出现的最大零序电压整定，一般可取 $U_{0act} = 180V$。

由于零序电压保护是在中性点接地变压器全部断开后才动作的，因此保护动作时限 t_5 不需要与电网中其他接地保护的动作时限相配合，只需躲开部分变压器中性点接地的情况下电网发生接地短路时暂态过程的影响，通常取 $t_5 = 0.3 \sim 0.5s$。

（二）分级绝缘变压器

1. 中性点未装放电间隙的分级绝缘变压器

分级绝缘变压器，其中性点绝缘的耐压强度比绕组端部低，若中性点未装设放电间隙，应装设零序电流保护作为变压器中性点接地时的零序保护；还应装设零序电流电压保护，作为变压器中性点不接地时的零序保护。为防止中性点绝缘在工频过电压下损坏，不允许在无接地中性点的情况下带接地故障运行。因此，当发生接地故障时，应先切除中性点不接地的变压器，然后切除中性点接地的变压器。图 7-23 为中性点无放电间隙的分级绝缘双绕组变压器零序保护原理框图。

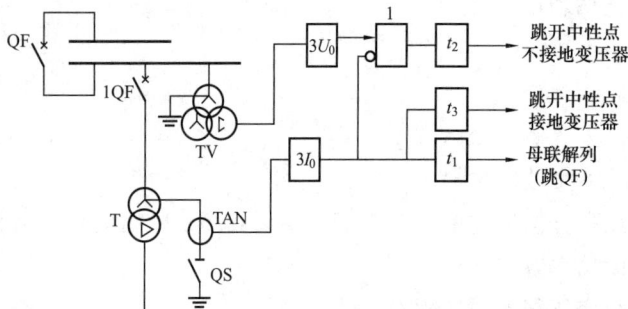

图 7-23　中性点无放电间隙的分级绝缘
变压器零序保护原理框图

零序电流元件 $3I_0$ 和零序电压元件 $3U_0$ 构成保护的起动元件。保护的延时中 t_1 最小，动作于分段断路器或母线联络断路器跳闸；$t_2 > t_1$，作用于跳开中性点不接地变压器；$t_3 > t_2$，作用于跳开中性点接地的变压器。

零序电流元件的动作电流按式（7-51）计算，还应与中性点不接地变压器的零序电压元件在灵敏系数上相配合。当零序电压元件处于临界动作状态时，流过变压器的零序电流

$$3I_0 = \frac{U_{0act}}{X_{T0}}$$
$$I_{0act} = K_{CO} 3I_0 \tag{7-55}$$

式中　　K_{CO}——配合系数，取 1.1；

U_{0act}——零序电压元件的动作电压；

X_{T0}——变压器的零序电抗。

保护的动作时限 t_1 应比相邻线路零序电流保护后备段最大时限大一个阶梯时限 Δt，$t_2 = t_1 + \Delta t$，$t_3 = t_2 + \Delta t$。

零序电压元件的动作电压按躲开正常运行时的最大不平衡电压整定。一般二次动作电压取 5V。

2. 中性点装设放电间隙的分级绝缘变压器

中性点装设放电间隙时，应装设零序电流保护作为变压器中性点直接接地运行时的零序保护，并增设一套反应间隙放电电流的零序电流保护和一套零序电压保护作为变压器中性点

不接地运行时的零序保护。
零序电压保护作为间隙放电
电流的零序电流保护的后备
保护，中性点装有放电间隙
的分级绝缘双绕组变压器的
零序保护原理框图如图 7-24
所示。

当发生接地短路时，中
性点接地运行的变压器由其
零序电流保护动作切除。若
此时高压母线上已没有中性
点接地的变压器时，中性点

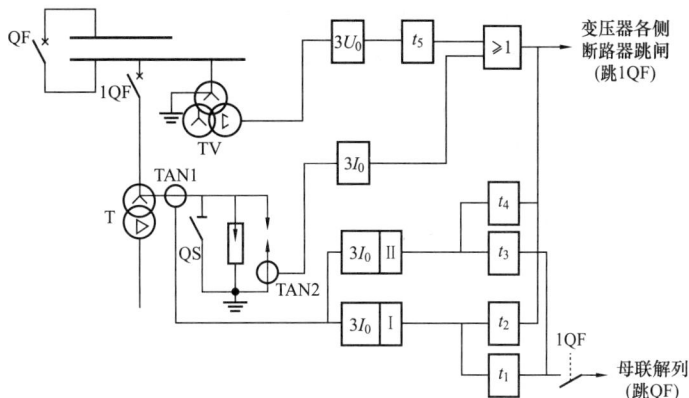

图 7-24　中性点装有放电间隙的分级绝缘双绕组
变压器零序保护原理框图

不接地变压器将发生中性点过电压，若放电间隙被击穿，则中性点不接地运行的变压器将由
反映间隙放电电流的零序电流保护瞬时动作切除变压器；如果中性点过电压值不足以使放电
间隙击穿，则可由零序电压元件经 $t_5 = 0.3 \sim 0.5 \mathrm{s}$ 延时将中性点不接地运行的变压器切除。

中性点接地运行时的零序电流元件动作值的整定与式（7-51）~式（7-54）相同。

放电间隙零序电流元件的动作电流可根据间隙放电电流的经验数据整定，一般取一次动
作电流值为 100A。

零序电压元件的动作电压应低于变压器中性点工频耐压水平，且大于接地系统中不失去
接地中性点且发生单相接地时的零序电压。工程实际中，一般可取 $U_{0\mathrm{act}} = 180\mathrm{V}$。

第七节　变压器的异常运行保护

变压器的不正常运行状态主要有过负荷、大容量变压器的过励磁、油箱漏油造成的油面
降低、外部短路引起的过电流和中性点过电压等。本节内容对变压器可能发生的过负荷及过
励磁现象进行相关保护原理阐述。

一、变压器的过负荷保护

变压器的过负荷是指实际负荷超过其额定容量，这将引起变压器负荷电流增大，如果变
压器过负荷运行时间过长，将使绕组绝缘老化，影响绕组绝缘寿命，因此必须装设过负荷
保护。

变压器过负荷在大多数情况下都是三相对称的，因此，过负荷保护只需接于一相电流
上，装于各侧的过负荷保护均经过同一时间继电器经整定延时作用于信号。

过负荷保护的配置原则，应能反应变压器各侧绕组的可能过负荷情况。过负荷保护的原
理图与过电流保护相同。

1. 双绕组变压器

对于双绕组变压器，过负荷保护应装在电源侧。

2. 三绕组变压器

（1）对于单侧电源的三绕组降压变压器，若三侧绕组容量相等，过负荷保护只装于电源
侧；若三侧绕组的容量不等，则装于电源侧和绕组容量较小的一侧。

（2）对于一侧无电源的三绕组变压器，过负荷保护应装于发电机电压侧和无电源侧。

（3）对三侧有电源的三绕组升压变压器，三侧均应装设过负荷保护。

（4）对两侧有电源的三绕组降压变压器或联络变压器，三侧均应装设过负荷保护。

过负荷保护的动作电流按式（7-43）整定，式中的 K_{rel} 取 1.05，K_{re} 取 0.85。保护的动作时限应考虑后备保护最长动作时间，一般取 $9 \sim 10\text{s}$。

二、变压器的过励磁保护

1. 变压器过励磁的危害

变压器一次侧电压 U_1 可表示为

$$U_1 = 4.44 f W_1 B S \times 10^{-8} \tag{7-56}$$

式中　B——铁芯的工作磁通密度；

　　　S——铁芯截面积；

　　　f——电源频率；

　　W_1——变压器一次绕组的匝数。

变压器的一次侧绕组匝数 W_1 和铁芯截面积 S 都是常数，令

$$K = \frac{10^8}{4.44 W_1 S}$$

则变压器磁通密度

$$B = K \frac{U_1}{f} \tag{7-57}$$

式（7-57）表明变压器工作磁密 B 与电压和频率的比值成正比，即电压升高或频率下降都会使磁通密度增加，使铁芯饱和。现代大型变压器的额定工作磁通密度一般为 $B_N = (1.7 \sim 1.8)T$，而饱和磁密 $B_S = (1.9 \sim 2.0)T$，两者相差不多，可见现代大型变压器极易饱和，铁芯饱和后，励磁电流急剧增大，造成变压器过励磁。

过励磁会使变压器铁损增加，铁芯温度升高；同时，还会使漏磁场增强，使靠近铁芯的绕组导线、油箱壁和其他金属构件产生涡流损耗、发热、引起高温，严重时要造成局部变形和损伤周围的绝缘介质。因此，对于现代大型变压器，应装设过励磁保护。

2. 变压器过励磁的原因

（1）电力系统由于发生事故而解列，造成系统中某一部分因大量甩负荷使变压器电压升高，或由于发电机自励磁引起过电压。

（2）由于发电机铁磁谐振过电压，使变压器过励磁。

（3）发电机组起动过程中，由于误操作引起过励磁。

（4）在正常运行情况下，突然甩负荷也会引起变压器过励磁。因为励磁调节系统与原动机调速系统都是由惯性环节组成，突然甩负荷后电压迅速上升，而频率上升缓慢，则电压频率比 U_1/f 增大，从而使变压器过励磁。

3. 变压器的过励磁保护的构成原理

由于 U_1/f 这一比值可反应变压器的工作磁通密度，图 7-25 所示为反应 U_1/f 比值的变压器过励磁保护原理框图。图中 UV 为中间电压变换器，其输入端接电压互感器二次侧；输出端接 R、C 串联回路。电容 C 两端电压 U_C 经整流滤波后接执行元件。电容两端电压

$$U_C = \frac{U_1}{K_{TV} K_{UV} \sqrt{(2\pi f R C)^2 + 1}} \tag{7-58}$$

式中 K_{TV} ——电压互感器的变比；

K_{UV} ——电压变换器的变比。

合理选择 R、C 的数值，使 $(2\pi fRC)^2 \geqslant 1$，令 $K' = \dfrac{1}{2\pi RCK_{TV}K_{UV}}$，则式（7-58）可表示为

$$U_C = K'\frac{U_1}{f} = \frac{K'}{K}B \tag{7-59}$$

式（7-59）表明，U_C 的大小反应了工作磁通密度 B 的大小，即工作磁通密度 B 的整定值可通过 U_C 反映出来，因此可将 U_C 的大小作为变压

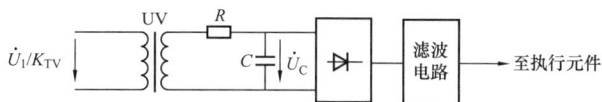

图 7-25 变压器过励磁保护原理框图

器过励磁保护的判据。过励磁保护可以按饱和磁通密度 B_S 进行整定。

复习思考题

7-1 电力变压器可能发生的故障和不正常工作情况有哪些？应该装设哪些保护？

7-2 引起变压器差动保护不平衡电流的因素有哪些？

7-3 为了提高变压器差动保护的灵敏度并保证选择性，应采用哪些措施来减少不平衡电流及其对保护的影响？

7-4 何谓变压器的励磁涌流？励磁涌流是如何产生的？有什么特点？

7-5 一台变压器如果采用 Y/△-11（Yd11）接线方式，那么在构成差动保护时，变压器两侧的电流互感器应采用怎样的接线方式才能补偿变压器两侧电流的相位差？试用相量图来分析。在微机保护中，变压器差动保护互感器一般如何接线？如何进行相位补偿？

7-6 什么是变压器差动保护的制动特性曲线？

7-7 变压器相间短路的后备保护有几种常用方式？试比较它们的优缺点。

7-8 某变电站有两台 220kV 三绕组降压变压器，仅 220kV 有电源，120 000kVA、220/110/10kV，容量比 100/100/50，220、110kV 中性点可能接地、可能不接地且中性点均装有放电间隙（两台变压器中性点一台接地运行时，另一台经放电间隙接地），试对该变压器进行继电保护配置。

7-9 如图 7-26 所示降压变压器采用二折线比率制动纵联差动保护，已知变压器的参数：31.5MVA，110(1±2×2.5%)/11kV，$U_k = 10.5\%$，Ynd11 接线；系统正、负序电抗相等，当 $S_B = 100MVA$，$U_B = U_{AV}$ 时：系统最小运行方式正序电抗 $X_{s1} = 0.4$、零序电抗 $X_{s0} = 0.27$，系统最大运行方式正序电抗 $X_{s1} = 0.2$、零序电抗 $X_{s0} = 0.21$。试对其差动保护进行整定。

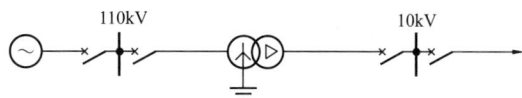

图 7-26 题 7-9 图

第八章 发电机保护

第一节 发电机的故障类型、不正常运行状态及其保护方式

发电机是电力系统的核心，它的安全运行对保证电力系统的稳定运行和电能质量起着决定性作用。相比变压器等设备，发电机造价较高，结构更为复杂，分为静止部分和旋转部分，主要包括定子绕组、定子铁芯、转子绕组和转子铁芯等。复杂的结构使得发电机比变压器和输电线路存在更多种故障和不正常运行状态，因此，应装设性能完善的继电保护装置来确保发电机的安全运行。

一、发电机的故障和不正常运行状态

发电机的故障类型主要是由定子绕组及转子绕组绝缘损坏引起的，分为定子回路故障和转子回路故障两大类，常见的故障有：

(1) 定子绕组相间短路。定子内部没有发生三相对称短路的可能性，相间短路通常是由单相接地故障没有及时得到处理而发展成两点接地故障，直接的相间短路很少。由于振动等多种原因，使得定子绕组相与相之间的绝缘损坏，产生很大的短路电流，造成发电机急剧温升，使发电机绕组过热，故障点的电弧将破坏绝缘、烧坏铁芯和绕组，甚至导致发电机着火。定子绕组相间短路是发电机危害最大的一种故障类型。

(2) 定子绕组一相的匝间短路。一般发生在同一槽内的直接短路或同一位置单点接地故障后电弧引发同相短路故障，分为两种情况：同相同分支故障；同相不同分支故障。定子绕组发生匝间短路时，从故障区域外部来看没有较大的短路电流，但是被短路的部分绕组内将产生较大的环流，从而引起故障处温度升高，绝缘破坏，并有可能转化为单相接地和相间短路故障。

(3) 定子绕组单相接地。定子绕组单相接地故障是发电机故障的一种较常见的类型，占定子回路故障的 70%～80%。由于目前电力系统往往采用发电机中性点不接地或经高电阻接地，因此在发生此类故障时，发电机没有较大的短路电流或短路电流比较小，对发电机没有直接的危害。但是发电机电压网络的电容电流将流过故障点，当电流达到一定值时，会使铁芯局部熔化，给检修工作带来很大的困难。

(4) 转子绕组一点接地或两点接地。当转子励磁回路一点接地时，由于没有构成接地电流通路，因此对发电机没有直接危害；如果再发生另一点接地，就有电流通过转子主体，烧损转子铁芯。

(5) 转子励磁回路励磁电流异常下降或完全消失。由于励磁电流消失或异常下降，使得发电机感应电动势随着励磁电流的减小而减小。

发电机的不正常运行状态主要有：

(1) 外部短路或系统振荡引起的定子绕组过电流。

(2) 外部不对称短路或不对称负荷（如单相负荷、非全相运行等）而引起的发电机负序过电流和过负荷。

（3）负荷超过发电机额定容量而引起的三相对称过负荷。

（4）励磁回路故障或强励时间过长而引起的转子绕组过负荷。

（5）突然甩负荷而引起的定子绕组过电压或过励磁。

（6）汽轮机主汽门突然关闭而引起的发电机逆功率、系统振荡影响机组安全运行等。

二、发电机保护配置原则

针对不同的故障类型和不正常运行状态，按照发电机容量大小、类型等具体情况，根据 GB/T 50062—2008《电力装置的继电保护和自动装置设计规范》有关规定，发电机应配置的相应的保护功能如下。

（一）发电机主保护

（1）对容量 1MW 以上发电机的定子绕组及其引出线间的相间短路，应装设纵联差动保护作为其主保护。

（2）对于发电机定子绕组的匝间短路，当绕组接成星形接线且每相中有引出的并联支路时，应装设单元件式横差保护。

（3）对直接与母线相连的发电机定子绕组单相接地故障，当发电机电压网络的接地电容电流大于或等于 5A 时（不考虑灭弧线圈的补偿作用），应装设动作于跳闸的零序电流保护；接地电容电流小于 5A 时，则装设动作于信号的定子接地保护。

对于发电机变压器组，当发电机与变压器之间有断路器时，发电机与变压器应单独装设纵联差动保护；当发电机与变压器之间没有断路器时，可装设发电机变压器组共用的纵联差动保护。对 100MW 以下容量的发电机，发电机变压器组应装设保护区不小于 90% 的定子接地保护。对 100MW 及以上容量的发电机，应装设保护区为 100% 的定子接地保护。一般在发电机电压侧装设作用于信号的接地保护，当发电机电压侧接地电容电流大于 5A 时，应装设灭弧线圈。

（4）对于发电机励磁回路的接地故障：

1）水轮发电机一般装设一点接地保护，小容量机组可采用定期检测装置。

2）对汽轮发电机励磁回路的一点接地，一般采用定期检测装置，对大容量机组则可以装设一点接地保护。对两点接地故障，应装设两点接地保护，在励磁回路发生一点接地后投入运行。

（5）对于发电机励磁消失的故障，在发电机不允许失磁运行时，应在自动灭磁开关断开时连锁断开发电机的断路器；对采用半导体励磁，以及 100MW 及以上采用电动机励磁的发电机，应增设直接反应发电机失磁时电气参数变化的专用失磁保护。

（二）发电机后备保护

（1）对于发电机外部短路引起的过电流，可采用下列保护方式：

1）负序过电流及单相式低电压动作过电流保护，一般用于 50MW 及以上的发电机。

2）复合电压（负序电压及线电压）起动的过电流保护。

3）过电流保护，用于 1MW 及以下的小发电机。

4）带电流记忆的低压过电流保护，用于自并励发电机。

（2）对于由不对称负荷或外部不对称短路而引起的负序过电流，一般在 50MW 及以上的发电机上装设负序电流保护。

（3）对于由对称负荷引起的发电机定子绕组过电流，应装设接于一相电流的过负荷保护。

（4）对于水轮发电机定子绕组过电压，应装设带延时的过电压保护。

（5）对于转子回路的过负荷，在100MW及以上并采用半导体励磁系统的发电机上，应装设转子过负荷保护。

（6）对于汽轮发电机主汽门突然关闭，为防止损坏汽轮机，对大容量汽的发电机组可考虑装设逆功率保护。

（7）对于300MW及以上的发电机，应装设过励磁保护。

（8）其他保护：如当电力系统振荡影响机组安全运行时，在300MW机组上，宜装设失步保护；当汽轮机低频运行会造成机械振动，叶片损伤对汽轮机危害极大时，可装设低频保护；当水冷发电机断水时，可装设断水保护等。

为了快速消除发电机内部的故障，在保护动作于发电机断路器跳闸的同时，还必须动作于自动灭磁开关，断开发电机励磁回路，使定子绕组中不再感应出电动势，继续供给短路电流。

三、发电机保护出口方式

发电机的保护出口方式主要有以下几种。

（1）停机：断开发电机断路器、灭磁。对汽轮发电机，关闭主汽门；对水轮发电机，关闭导叶。

（2）解列灭磁：断开发电机断路器，灭磁，汽轮机甩负荷。

（3）解列：断开发电机断路器，汽轮机甩负荷。

（4）减输出功率：将原动机输出功率减到给定值。

（5）程序跳闸：首先关闭主汽门，待逆功率继电器动作后，再跳开发电机断路器并灭磁。

第二节　发电机定子绕组相间短路保护

发电机定子绕组发生短路故障时，在被短接的绕组中将会出现很大的短路电流而严重损伤发电机本体，甚至使发电机报废，危害十分严重，而发电机的修复费用非常高，因此发电机保护中的发电机定子绕组的短路故障保护历来是研究的重点。虽然发电机的定子绕组都设计为全绝缘，且发电机定子绕组中性点一般不直接接地，而是通过高阻、灭弧线圈接地，或者不接地，但是发电机定子绕组仍可能由于过电压冲击或者绝缘老化、机械振动等原因发生相间短路、匝间短路和接地故障。由于发电机定子单相接地并不会引起大的短路电流，因此不属于严重的短路性故障。发电机内部短路故障主要是指定子的各种相间和匝间短路故障。

发电机及其机端引出线的故障中相间短路是最严重的，是发电机保护考虑的重点。纵联差动保护是发电机内部相间短路故障的主保护，纵联差动保护整定的原则要求既能快速、灵敏地切除内部所发生的故障，又要保证正常运行及外部故障时动作的选择性和工作的可靠性。

在发电机中性点侧和引出线侧装设型号特性和变比完全相同的电流互感器，发电机纵联差动保护通过比较发电机中性点侧和引出线侧电流幅值和相位原理构成的，其基本原理与变压器纵联差动保护原理相似，其单相原理图如图8-1所示。

当正常运行及发生保护区外故障时，流入差动继电器的差动电流为零或较小的不平衡电流，继电器不动作；当发生发电机内部故障时，流入差动继电器的差动电流将会出现较大的数值，当差动电流超过整定值时，继电器判别为发生了发电机内部故障而作用于跳闸。但是完全电流差动保护不能反应定子绕组匝间短路故障，而不完全电流差动保护可以反应定子绕组匝间短路故障。

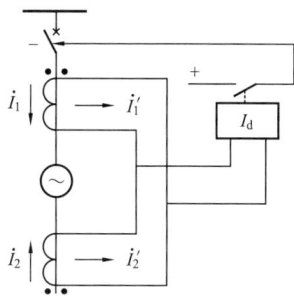

图 8-1 发电机纵联差动保护原理图

发电机纵联差动保护的动作电流有以下不同的选取原则，与不同原则对应的接线也存在一定的差别。

一、传统纵联差动保护整定方法

传统发电机纵联差动保护的动作电流按照以下两个原则来整定。

（1）在正常情况下，任一相电流互感器二次侧回路断线时保护不应误动作。假设图 8-1 下侧电流互感器的二次侧引出线发生了断线，则电流 i_2' 被迫为零，此时在差动继电器中将流过电流 i_1'，当发电机在额定容量运行时，此电流即为发电机额定电流变换到二次侧的数值。在此情况下，任一相电流互感器二次侧断线时差动保护不应该动作。为防止差动保护误动作，应整定保护装置的动作电流大于发电机的额定电流 I_{gN}。引入可靠系数 K_{rel}（一般取 1.3），则保护装置和继电器的动作电流分别为

$$I_{act} = K_{rel} I_{gN} \tag{8-1}$$

$$I_{kact} = K_{rel} I_{gN} / K_{TA} \tag{8-2}$$

但如果在任一相电流互感器二次侧断线后又发生了保护区外部故障，则继电回路中要流过较大的短路电流，按照以上整定方法，差动保护仍然要误动作。为了防止这种情况的发生，在差动保护中一般装设断线监视装置。发生断线故障后，断线监视装置立即发出信号，运行人员应将差动保护退出工作。断线监视器的动作电流按照躲开正常运行时的不平衡电流，原则上越灵敏越好，一般根据经验，其整定值通常为

$$I_{kact} = 0.2 I_{gN} / K_{TA} \tag{8-3}$$

为了防止断线监视装置在外部故障时由于不平衡电流的影响而误发信号，它的动作时限应大于发电机的后备保护动作时限。

（2）保护装置的动作电流按躲开外部故障时的最大不平衡电流整定，此时动作电流应整定为

$$I_{act} = K_{rel} I_{unb.max} \tag{8-4}$$

再根据前面章节对不平衡电流的分析，有

$$I_{act} = 0.1 K_{rel} K_{np} K_{st} I_{kw.max} / K_{TA} \tag{8-5}$$

当采用具有速饱和铁芯的差动继电器时，非周期分量系数 $K_{np} = 1$；当电流互感器型号相同时同型系数 $K_{st} = 0.5$，不同型号时取 1；可靠系数 K_{rel} 一般取 1.3。

对于汽轮发电机，其出口处发生三相短路的最大外部短路电流 $I_{k.max} \approx 8 I_{gN}$，代入式（8-5），则差动继电器的动作电流为

$$I_{act} \approx (0.5 \sim 0.6) I_{gN} / K_{TA} \tag{8-6}$$

对于水轮发电机，其出口处发生三相短路的最大短路电流 $I_{k.max} \approx 5 I_{gN}$，则其差动继电

器的动作电流为

$$I_{\text{act}} \approx (0.3 \sim 0.4) I_{\text{gN}} / K_{\text{TA}} \tag{8-7}$$

由以上分析可知，按照原则二躲开不平衡电流条件整定的差动保护，其起动值都远小于按原则一整定的值，故其保护的灵敏度就高。可反过来看，这样整定之后，在正常情况下如果发生电流互感器二次侧回路断线的话，在负荷额定电流或者保护区外部短路电流的作用下，差动保护就可能误动作，所以其可靠性较差。

传统纵联差动保护虽然是发电机内部相间短路最灵敏的保护，但由于定子绕组的电动势和匝数成正比，靠近中性点短路时，定子电动势随定子绕组匝数的减少而减少，虽然定子绕组的电抗和匝数的平方成正比，比定子电动势减少得更快，但是当经过过渡电阻时，短路电流可能很小，而使保护不能动作。所以在中性点附近经过过渡电阻相间短路时，仍存在一定的死区。

二、比率制动式纵联差动保护整定方法

当内部发生轻微故障时，例如，经绝缘材料的过渡电阻短路，短路电流的数值往往比较小，差动保护不能起动，此时只有等故障进一步发展后，保护方能动作，而这时故障可能已经对发电机造成更大的危害。所以对于大容量的发电机（100MW 及以上）不仅要考虑减少故障发生于发电机中性点附近而出现的纵联差动保护的死区，要求将纵联差动保护的动作电流尽量降低，提高保护动作的灵敏度，并且还要保证在区外发生短路时保护可靠不误动作。

比率制动式纵联差动保护利用外部故障时的穿越电流实现制动，在提高灵敏度的情况下，可使其动作值躲过不同的不平衡电流值，即其原理接线如图 8-2 所示。

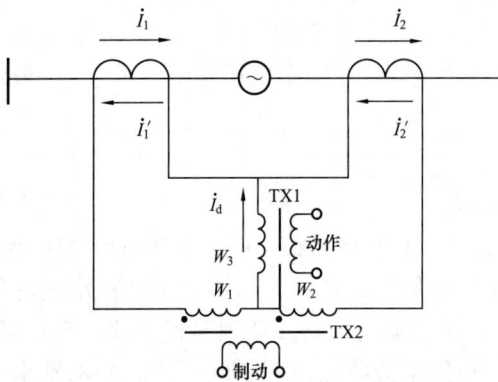

图 8-2　比率制动式纵联差动继电器原理接线图

设 $I_d = |\dot{I}_1' - \dot{I}_2'|$，$I_{\text{res}} = \dfrac{|\dot{I}_1' + \dot{I}_2'|}{2}$，比率制动式纵联差动保护的动作方程

$$\left.\begin{array}{ll} I_d > I_{\text{act. min}} & I_{\text{res}} \leqslant I_{\text{res. min}} \\ I_d > K(I_{\text{res}} - I_{\text{res. min}}) + I_{\text{act. min}} & I_{\text{res}} > I_{\text{res. min}} \end{array}\right\} \tag{8-8}$$

式中　　K ——制动曲线斜率；

　　　　I_d ——差动电流；

　　　　I_{res} ——制动电流；

　　　$I_{\text{res. min}}$ ——拐点电流；

　　　$I_{\text{act. min}}$ ——最小动作电流。

式（8-8）对应的比率制动特性如图 8-3 所示。根据比率制动特性曲线分析，动作方程中引入了动作电流和拐点电流，使制动线 BP 不再经过原点，从而进一步提高差动保护的灵敏度。发电机正常运行或区外较远的地方发生短路时，差动电流接近为零，差动保护不会误动作，而在发电机内部发生短路故障时，差动电流明显增大，$\dot{I}_1$ 和 $\dot{I}_2$ 相位接近相同，减小了制动量，从而会灵敏动作。当发生发电机内部轻微故障时，虽然有负荷电流制动，但制动量比较小，保护一般也能可靠动作。

由图 8-3 可以看出，具有比率制动特性的纵联差动保护的动作特性可由 A、B、P 三点决定。对纵联差动保护的整定计算，实质上就是对 $I_{act.min}$、$I_{res.min}$ 和 K 进行整定计算。

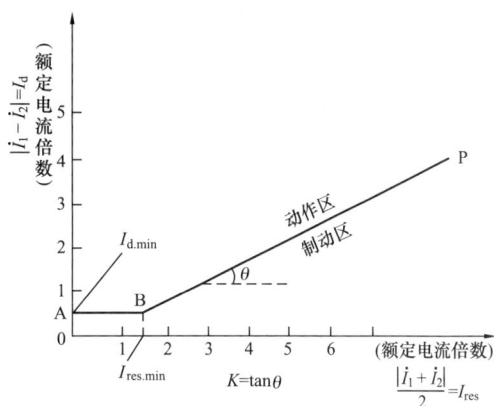

图 8-3 比率制动特性曲线

（1）动作电流 $I_{act.min}$ 的整定。动作电流是按照躲过发电机额定工况下差动回路中的最大不平衡电流进行整定。在发电机额定工况下，在差动回路中产生的不平衡电流主要由纵联差动保护两侧的 TA 变比误差、二次侧回路参数及测量误差（简称为二次误差）引起。因此动作电流为

$$I_{act.min} = K_{rel}(I_{er1} + I_{er2}) \tag{8-9}$$

式中　K_{rel}——可靠系数，取 1.5～2；

I_{er1}——保护两侧的 TA 变比误差产生的差流，取 $0.06I_{gN}$（I_{gN} 为发电机额定电流）；

I_{er2}——保护两侧的二次误差（包括二次侧回路引线差异及纵联差动保护输入通道变换系数调整不一致）产生的差流，取 $0.1I_{gN}$。代入式（8-9）得，$I_{act.min} = (0.24\sim0.32)I_{gN}$，通常取为 $0.3I_{gN}$。

在微机保护中，由于可由软件对纵联差动保护两侧的输入量进行精确的平衡调整，可有效地减小上述稳态误差，因此发电机在正常平稳运行时，在微机保护中的电流差很小，动作电流的不平衡主要是指暂态不平衡量。

（2）拐点电流 $I_{res.min}$ 的整定。拐点电流 $I_{res.min}$ 的大小决定保护开始产生制动作用的电流大小。由图 8-3 可以看出，在动作电流 $I_{act.min}$ 及动作特性曲线的斜率 K 保持不变的情况下，$I_{res.min}$ 越小，差动保护的动作区域越小，而制动区增大；反之亦然。因此，拐点电流的大小直接影响差动保护的动作灵敏度。通常拐点电流整定计算式为

$$I_{res.min} = (0.5\sim1.0)I_{gN} \tag{8-10}$$

（3）比率制动特性的制动系数 K_{res} 和制动线斜率 K 的整定。发电机纵联差动保护比率制动特性的制动线斜率 K 决定于夹角 θ。可以看出，当确定拐点电流后，夹角 θ 决定于 P 点。而特性曲线上的 P 点又近似由发电机外部故障时流过发电机的最大外部短路电流 $I_{kw.max}$ 与差动回路中的最大不平衡电流 $I_{unb.max}$ 情况下差动保护不误动作的条件确定。由此制动系数 K_{res}（即 OP 连线的斜率）可表示为

$$K_{res} = \frac{I_{unb.max}}{I_{kw.max}} \tag{8-11}$$

而制动线斜率 K 则可表示为

$$K = \frac{I_{unb.max} - I_{act.min}}{I_{kw.max} - I_{res.min}} \tag{8-12}$$

差动回路中的最大不平衡电流与纵联差动保护用的两侧 TA 的 10%误差、二次侧回路参数差异及差动保护测量误差（即前述二次误差），以及纵联差动保护两侧 TA 暂态特性有关。因

此在发生外部故障时，为躲过差动回路中的最大不平衡电流，P 点的纵坐标电流应取为

$$I_{\text{act. max}} = K_{\text{rel}}(0.1 + 0.1 + K_{\text{f}})I_{\text{kw. max}} \tag{8-13}$$

式中　　K_{rel}——可靠系数，取 $1.3 \sim 1.5$；

　　　　K_{f}——暂态特性系数，当两侧 TA 变比、型号完全相同且二次侧回路参数相同时，$K_{\text{f}} \approx 0$；当两侧 TA 变比、型号不同时，K_{f} 可取 $0.05 \sim 0.1$；

　　$I_{\text{act. max}}$——最大动作电流。

将以上数据代入式（8-13），得 $I_{\text{act. max}} \approx (0.26 \sim 0.45)I_{\text{kw. max}}$。可令 $I_{\text{act. max}} = I_{\text{unb. max}}$，代入式（8-11），可得 $K_{\text{res}} = 0.26 \sim 0.45$。

发电机纵联差动保护的灵敏度是指在发电机机端发生两相金属性短路情况下差动电流和动作电流的比值，此时短路电流较大，要求 $K_{\text{sen}} \geqslant 2$，一般都能满足灵敏度的要求。

由于发电机纵联差动保护无延时切除保护范围内的各种故障，同时又不反应发电机的过负荷和系统振荡，且灵敏度比较高。因此，纵联差动保护毫无例外地用于容量在 1MW 以上发电机的主保护。

第三节　发电机定子绕组匝间短路保护

在大容量发电机中，由于额定电流很大，因此其每相都是由两个或多个并联绕组组成的。在正常运行时，各绕组中的电动势相等，流过相等的负荷电流。而当任一绕组发生匝间短路时，绕组中的电动势就不再相等而在各绕组间出现因电动势差而产生很大的环流，引起故障处温度升高，绝缘损坏，并可能转换成单相接地故障或相间短路故障，进一步损坏发电机。横差动保护可以实现对发电机定子绕组匝间短路的保护。以一个每相具有两个并联分支绕组的发电机为例，发生不同性质的同相内部短路时横差动保护的原理可由图 8-4 和图 8-5 来说明。发电机在正常运行状态下，每相定子绕组的两个分支上电动势相等，各供出一半的负荷电流。发电机定子绕组匝间短路分以下两种情况。

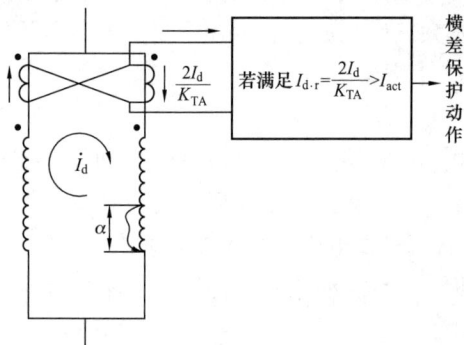

图 8-4　一个绕组内部匝间短路的横差动保护

（1）若一个分支绕组内部发生匝间短路，如图 8-4 所示，两个分支绕组的电动势不相等，会出现环流 I_{d}，这时在差动回路中将会有

$$I_{\text{d}\cdot\text{r}} = 2I_{\text{d}}/K_{\text{TA}}$$

如果这个电流大于动作电流，保护将动作。但若短路匝数 α 较小，则产生的环流 I_{d} 有可能小于动作电流，因此该保护有动作死区。

（2）若发电机同相的两个并联分支绕组间发生了匝间短路，只要这两个分支绕组短路点存在电动势差（即当 $\alpha_1 \neq \alpha_2$ 时），就会分别产生两个环流 i'_{d} 和 i''_{d}，如图 8-5 所示，此时差动电流为 $I_{\text{d}\cdot\text{r}} = 2I'_{\text{d}}/K_{\text{TA}}$。当两个匝间短路匝数相近时，产生的电动势差较小，也会有保护动作死区。

横差动保护有两种接线方式：一种是每相装设两个电流互感器和一个继电器构成单独的保护，其原理图如图 8-4 和图 8-5 所示。这样，三相共需要 6 个互感器和 3 个继电器。由于这种方式接线复杂，保护中的不平衡电流较大，因此在实际中已经很少采用。

目前，应用较广是单元件式横差动保护接线方式，如图 8-6 所示。这种接线方式只用一个互感器装于一台发电机两组星形中性点的连线上，其本质是把一半绕组的三相电流之和与另一半绕组的三相电流之和进行比较。因通过保护的是三相电流之和（零序），因此又称为零序横差动保护。这种接线方式只采用一个电流互感器，没有由于互感器误差所引起的不平衡电流，具有动作电流较小、灵敏度高且接线非常简单的优点，但也应该注意到这种接线方式要求发电机中性点必须由 6 个引出端子，其死区范围较大，也存在一定的缺点。

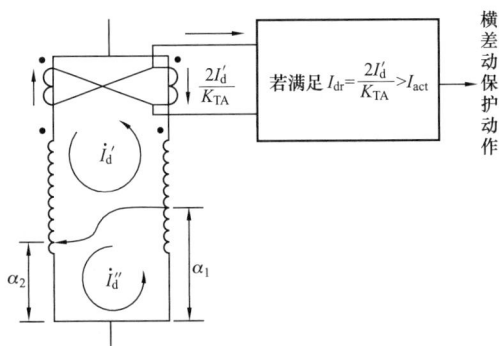

图 8-5 同相不同分支绕组匝间短路的横差动保护

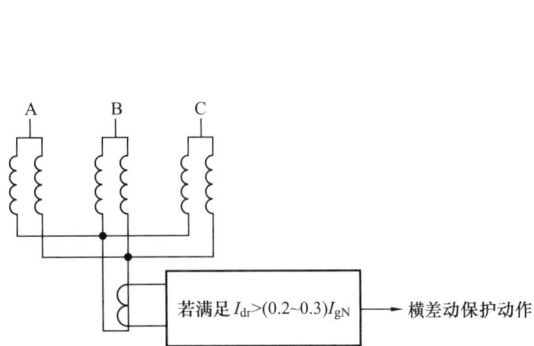

图 8-6 单元横差动保护接线原理图

理想发电机正常时中性点连线上不会有电流产生，实际上发电机不同中性点之间存在不平衡电流。因此横差动保护动作电流必须要克服这些不平衡量，整定式为

$$I_{act} = K_{rel}(I_{unb1} + I_{unb2} + I_{unb3}) \tag{8-14}$$

式中　I_{unb1}——额定工作情况下，同相不同分支绕组由于绕组之间参数的差异而产生的不平衡电流，是三相之和，因此一般可取 $3 \times 2\% I_{gN}$；

I_{unb2}——由于转子偏心（包括正常和异常的工况）而产生的不平衡电流，因此一般可取 $10\% I_{gN}$；

I_{unb3}——由于磁场气隙不平衡而产生的不平衡电流，因此一般可取 $5\% I_{gN}$；

K_{rel}——可靠系数，取 $1.2 \sim 1.5$。

由此可推得 $I_{act} = (0.25 \sim 0.31) I_{gN}$，一般可以选取经验数据 $(0.2 \sim 0.3) I_{gN}$。上述整定计算中没有考虑三次谐波电流的影响，而经验表明在很多情况下存在较大的三次谐波不平衡电流。因此，横差动保护需要具有良好的三次谐波滤过器。针对中性点只有 3 个引出端子的多分支发电机，可以采用负序功率方向闭锁的定子纵向零序电压保护。该保护装设在发电机机端，利用发电机外部故障与定子绕组匝间短路时产生的负序分量及其负序功率的方向不同而实现。它不仅可作为发电机内部匝间短路的主保护，还可以作为发电机内部相间短路及定子绕组开焊的保护。

第四节　发电机定子绕组单相接地保护

发电机外壳根据安全性的要求都接地，故定子绕组因绝缘破坏而引起的单相接地故障很普遍，是发电机较常见的故障。由于发电机中性点不接地和经高阻抗接地，定子绕组单相接地并不能引起大的故障电流，因此定子单相接地故障电流主要是由绕组对铁芯的分布电容引起的电容电流。在过去 100MW 以下的发电机定子接地保护装置只发信号而不立即跳闸停机。当接地故障电流较大时，持续的接地电流会产生电弧，烧损铁芯，使定子铁芯叠片烧结在一起，造成检修困难。而且接地电流还将进一步破坏绕组绝缘，如果一点接地而未及时发现并采取措施，很有可能再发生第二点接地，造成匝间或者相间短路故障而严重损坏发电机。因此，为了确保大型发电机的安全，不使单相接地故障发展为相间或匝间短路，应该使单相接地故障处不产生电弧或者接地电弧瞬间熄灭，这个不产生电弧的最大接地电流被定义为发电机单相接地安全电流。实践运行经验表明，当接地电容电流大于或等于安全电流时，发电机应装设动作于跳闸的接地保护，当接地电流小于安全电流时，应装设动作于信号的接地保护。在安全电流下，定子接地保护动作只发信号而不跳闸，但应及时处理，不再继续运行，因为如果再发生另一点接地故障，将对发电机造成更大的危害。

一、基于零序电压构成的发电机定子绕组接地保护的基本原理

目前，发电机中性点都是不接地或经灭弧线圈接地的，当发电机内部发生单相接地故障时，流经接地点的电流仍为发电机所在电压网络对地电流的总和。大型发电机由于造价高，结构复杂，检修困难，且随着容量的增大其接地故障电流也随之增大，为了防止故障电流烧坏铁芯，大型发电机有的装设了灭弧线圈，通过灭弧线圈的电感电流与接地电容电流二者相互抵消，把定子绕组单相接地电容电流限制在规定的允许值之内。

如图 8-7 所示，设 A 相在距离定子绕组中性点 α 处发生金属性接地短路故障，则机端各相对地电动势约为

$$\left. \begin{array}{l} \dot{U}_{AD} = (1-\alpha)\dot{E}_A \\ \dot{U}_{BK} = \dot{E}_B - \alpha\dot{E}_A \\ \dot{U}_{CK} = \dot{E}_C - \alpha\dot{E}_A \end{array} \right\} \tag{8-15}$$

式中　α ——中性点到故障点的绕组部分占全部绕组的百分数。

各相量关系如图 8-8 所示。由相量图可以求得故障零序电压

$$\dot{U}_{0ka} = \frac{1}{3}(\dot{U}_{AD} + \dot{U}_{BK} + \dot{U}_{CK}) = -\alpha\dot{E}_A \tag{8-16}$$

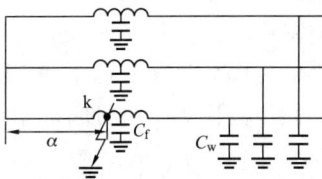

图 8-7　发电机定子绕组单相接地电路　　　图 8-8　发电机定子绕组单相接地时机端电压相量图

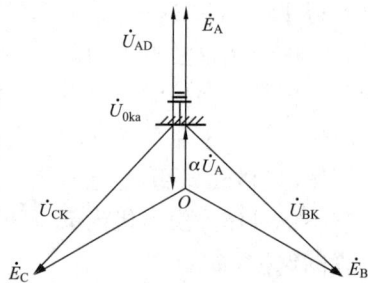

式（8-16）表明，故障点的零序电压将随着故障点位置的不同而发生改变。当 $\alpha=1$，即发电机机端接地时，故障点的零序电压 $\dot{U}_{0ka}$ 最大，等于额定相电压。在中性点发生单相接地时，零序电压为 0V。因此，零序电压间接反映接地故障点的位置。

发电机外部发生单相接地时，流过零序电流互感器的零序电流为发电机的电容电流；发电机内部发生接地短路时，流过零序电流互感器的零序电流为除发电机外全发电机电压的电

容电流。图 8-9 所示为发电机定子绕组单相接地时的零序等效网络图，其中 C_f 为发电机每相对地电容；C_w 为发电机以外的电压网络每相对地等效电容；L 代表中性点灭弧线圈的电感。

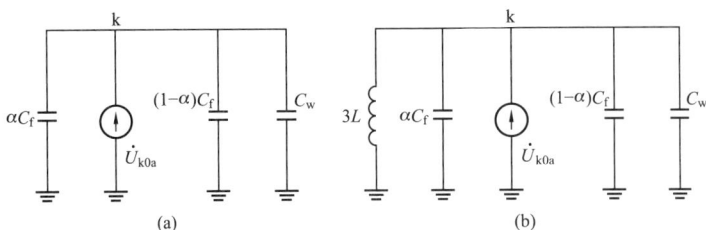

图 8-9 发电机定子绕组单相接地时的零序等效网络

(a) 中性点不接地；(b) 中性点经灭弧线圈接地

当中性点不接地时，故障点的接地电流

$$\dot{I}_{ka} = -j3\omega(C_f + C_w)\alpha\dot{E}_A \tag{8-17}$$

当中性点经灭弧线圈接地时，故障点的接地电流

$$\dot{I}_{ka} = j\left[\frac{1}{\omega L} - 3\omega(C_f + C_w)\right]\alpha\dot{E}_A \tag{8-18}$$

由式（8-18）可知，经灭弧线圈接地可以补偿故障接地的容性电流。在大型发电机变压器组接线的情况下，由于总电容一定，一般采用的运行方式为欠补偿，这样有利于减小电力变压器耦合电容传递的过电压。

当发电机电压网络的接地电容电流大于允许值时，不论该网络是否装有灭弧线圈，接地保护动作于跳闸；当接地电流小于允许值时，接地保护动作于信号，可以不立即跳闸，而由值班人员请示调度中心，转移故障发电机的负荷后平稳停机进行检修。

一般大、中型发电机在电力系统中大都采用发电机变压器组的接线方式，在这种情况下，发电机电压网络中，只有发电机本身、连接发电机与变压器的电缆及变压器的对地电容。当发电机单相接地后，接地电容电流一般小于允许值。对于大容量的发电机变压器组，若接地后的电容电流大于允许值，则可在发电机电压网络中装设灭弧线圈予以补偿。由于上述三种电容电流的数值基本上不受系统运行方式变化的影响，因此装设灭弧线圈后，可以把接地电流补偿到很小的数值，故可以装设作用于信号的接地保护。

发电机内部单相接地信号装置，一般是反应于零序电压而动作，其原理接线图如图 8-10 所示，过电压继电器连接于发电机电压互感器二次侧接成开口三角的输出电压上。

由于发电机相电压中含有三次谐波，机端三相电压互感器各相间也存在变比误差，此外发电机电压系统中三相对地绝缘不一致及主变压器高压侧发生接地故障时由变压器高压侧传递到发电机，都会在发电机端产生零序电压，因此为了保证动作的选择性，保护装置的整定值应躲开发电机正常运行时的不平衡电压。根据运行经

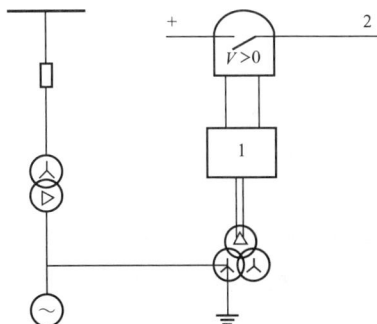

图 8-10 发电机—变压器组单相接地信号装置原理图

验，继电器起动电压一般整定为 15～30V。若零序电压小于继电器动作电压时，该保护存在死区，但因为其简单、可靠，可加装三次谐波滤过器提高灵敏度的优点，特别适用于发电机—变压器组合方式。

二、发电机 100%定子绕组单相接地保护的基本原理

发电机 100%定子绕组单相接地保护种类很多，广泛使用的是利用三次谐波电压构成的 100%定子绕组接地保护。该保护一般由两部分组成：一部分是基波零序电压保护，保护定子绕组的 85%以上；另一部分利用发电机三次谐波电压构成，它用来消除零序电压保护的死区，从而实现保护 100%定子绕组的单相接地保护。两部分保护区有一段重叠，可以提高可靠性。发电机三次谐波电压构成部分的原理是利用发电机中性点和出线端的三次谐波电压在正常运行和接地故障时变化相反的特点构成的。正常运行时，发电机中性点的三次谐波电压比发电机出线端的三次谐波电压大；而在发电机内部定子接地时，出线端的三次谐波却比中性点的大。利用这个特点，使发电机出口的三次谐波电压成为动作分量，而使中性点的三次谐波分量成为制动分量，从而使发电机出口三次谐波电压大于中性点三次谐波电压时让继电器动作，可以反应中性点侧定子绕组 50%范围以内的接地故障，从而发电机 100%定子绕组单相接地保护就会在正常时制动，而在定子绕组接地时保护可靠动作。

第五节　发电机的其他保护

一、发电机的负序过电流保护

当电力系统中发生不对称短路或在正常运行情况下三相负荷不平衡时，在发电机定子绕组中将出现负序电流。负序电流在发电机气隙中建立的负序旋转磁场相对于转子为 2 倍同步转速，将在转子绕组、阻尼绕组及转子铁芯等部件上感应出 2 倍频电流。在负序电流出现后，与正序电流叠加使绕组电流超过额定值，该电流使得转子上电流密度很大的某些部位（如转子端部、护环内表面等），可能出现局部灼伤，甚至可能使护环受热松脱，造成机械振动，从而导致发电机发生重大事故。此外，负序气隙旋转磁场与转子电流之间，以及正序气隙旋转磁场与定子负序电流之间所产生的 2 倍频交变电磁转矩，将同时作用在定子机座和转子大轴上，引起 2 倍频的振动，威胁发电机的安全。

随着发电机组容量不断增大，它所允许的承受负序过负荷的能力也随之下降。此外，由于大容量机组的额定电流比较大，而在相邻元件末端发生两相短路时的短路电流可能较小，采用复合电压动作的过电流保护往往不能满足作为相邻元件后备保护时对灵敏度的要求。在这种情况下，若采用负序过电流保护作为后备保护，就可以提高不对称短路时的灵敏度。由于负序过电流保护不能反应于三相短路，因此，当用它作为后备保护时，还需要装设一个单相式的低电压动作过电流保护，以专门反应三相短路。

二、发电机的失磁保护

发电机低励失磁故障是指发电机的励磁突然部分或全部消失。引起失磁的原因主要有励磁回路开路、励磁绕组断线、励磁装置及其电源发生故障、励磁机故障、转子绕组故障、自动灭磁开关误动作、半导体励磁系统中某些元件损坏或回路发生故障，以及运行人员误操作等。

当发电机失磁时，其励磁电流将近似按照指数规律衰减，定子电动势也随着励磁电流的

下降而减少，因此发电机的电磁转矩将小于原动机的转矩，从而引起转子加速，使发电机功角 δ 增加。当功角超过静稳极限时，发电机失去同步而进入异步运行。发电机转速超过同步转速后，在转子本体表层和转子绕组中产生差频电流，由此产生平均异步转矩，其随转差率的增加而增加。当平均异步转矩与原动机转矩达到新的平衡时，发电机进入稳定异步运行状态。

发电机失磁后，对电力系统和发电机本身会产生诸多不利影响：

（1）需要从电力系统中吸收很大的无功功率以建立发电机的磁场。

（2）由于从电力系统中吸收无功功率将引起电力系统电压下降，因此如果电力系统的容量较小或无功功率储备不足，则可能使失磁发电机的机端电压、升压变压器高压侧的母线电压或其他邻近的电压低于允许值，从而破坏了负荷与各电源间的稳定运行，甚至可能因电压崩溃而使系统瓦解。

（3）造成系统中其他发电机增加无功输出，使某些发电机、变压器、输电线路过电流，后备保护可能因过电流动作，进一步扩大停电范围。

（4）失磁后发电机的转速超过同步转速，在转子及励磁回路中将产生差频电流，因而形成附加损耗，使发电机转子和励磁回路过热等。

由于以上原因，应在发电机尤其是在大型发电机上装设失磁保护，以便及时发现失磁故障，并采取必要的措施，如发出信号、自动减负荷、动作于跳闸等，以确保发电机和系统的安全。

发电机失磁保护对于小型发电机通常采用灭磁开关联跳主断路器，这种方式一般用于容量在 100MW 以下带直流励磁机的水轮发电机或不允许失磁运行的汽轮发电机。当发电机的自动灭磁开关误跳闸，引起失磁时，利用自动灭磁开关的动断辅助触头去接通发电机断路器的跳闸回路，使断路器跳闸。

对于大型发电机通常装设专门的失磁保护，动作于信号、减负荷或停机。失磁对发电机本身的危害，并不像发电机内部短路那样迅速地表现出来。大型机组突然跳闸会给机组本身造成较大的冲击，对系统也会加重扰动。因此，除水轮发电机的失磁保护直接动作于跳闸外，一般汽轮发电机的失磁保护仅动作于减负荷，转入低负荷异步运行。若不能在允许的异步运行时间内消除失磁因素，保护再动作于跳闸。若大型机组失磁而危及电力系统安全时，保护应尽快断开失磁的发电机。

三、发电机的逆功率保护

大型汽轮机在运行中由于各种原因将关闭主气门后，发电机将从电力系统吸收能量变为电动机运行。汽轮机关闭主气门后，转子和叶片的旋转会产生风损。这个风损和转子叶轮直径及叶片的长度有关，因此在汽轮机的排汽端风损最大。此外，风损还和周围蒸汽密度成正比，一旦机组失去真空，使排出的蒸汽密度增大，风损将急剧增加。由于逆功率运行时没有蒸汽流过汽轮机，因此风损造成的热量不能被带走，汽轮机叶片将会过热而导致损坏。而且发电机变为电动机运行时，燃气轮机可能有齿轮损坏的问题。因此为了及时发现发电机的逆功率运行的异常工作状况，一般对大、中型机组都装设逆功率保护。保护装置由灵敏的功率继电器构成，带时限动作于信号，经长时限动作于解列。

四、发电机的失步保护

对于中、小型机组，通常都不需要装设失步保护。当系统发生振荡时，运行人员做出判断后利用人工增加励磁电流、增加或减少原动机输出功率、局部解列等方法来处理。但对于大型机组，这样处理并不能完全保证机组的安全，通常需要装设用于反应振荡过程的专门的失步保护。

一般认为失步带来的危害主要有：

（1）在大型机组和超高压电力系统中，发电机与升压变压器组成单元接线并装有快速响应的自动调整励磁装置。系统的等效阻抗值随着输电网的扩大会下降，发电机和变压器的阻抗值相对增加，因此振荡中心常落在发电机机端或升压变压器的范围以内。由于振荡中心落在机端附近，使振荡过程对机组的危害进一步加重。机炉的辅机都由接在机端的厂用变压器供电，机端电压周期性的严重下降，将使厂用机械工作的稳定性遭到破坏，甚至使一些重要电动机制动而导致停机、停炉。

（2）由于大型机组热容量相对下降，必须对振荡电流引起的热效应的持续时间加以限制，因为时间过长有可能导致发电机定子绕组过热而损坏。

（3）振荡过程中，当发电机电动势与系统等效电动势的夹角为180°时，振荡电流的幅值将接近机端三相短路时流过的短路电流的幅值，该振荡电流的反复出现有可能使定子绕组端部受到机械损伤。

（4）振荡过程常伴随短路及网络操作过程，短路、切除及重合闸操作都可能引起汽轮发电机轴系扭转振荡，甚至造成严重的事故。

（5）在短路伴随振荡的情况下，定子绕组端部先后遭受短路电流和振荡电流产生的应力，增加了定子绕组端部出现机械损伤的可能性。

由于失步带来上述危害，因此通常要求发电机失步保护在振荡的第一、二个振荡周期内能够可靠动作。

失步保护只反应发电机的失步状况，能可靠躲过系统短路和同步摇摆，并能在失步开始的摇摆过程中区别加速失步和减速失步。目前，实用的失步保护主要基于反应发电机机端测量阻抗变化轨迹的原理。

此外，应用于发电机的保护还有发电机低频保护、非全相运行保护、过电压保护等。

复习思考题

8-1　简述发电机应装设哪些反应故障的保护和保护的作用。

8-2　简述发电机可能发生的不正常工作状态。

8-3　简述发电机纵联差动保护和横差动保护的原理特点。

8-4　分析说明比率制动系数和斜率之间的关系。

8-5　为什么发电机定子绕组单相接地的零序电流保护存在死区？如何减小？

8-6　利用发电机定子绕组三次谐波电压构成的100%定子接地保护的基本原理是什么？

8-7　为什么要为发电机装设发电机的逆功率保护和失磁保护？

第九章 母 线 保 护

第一节 母线故障和装设母线保护的基本原则

一、母线故障

母线是电力系统汇集和分配电能的重要电气元件。运行经验表明，母线故障的类型主要是各种相间短路故障和单相接地短路故障。引起母线故障的主要原因有：断路器套管及母线绝缘子的闪络；母线电压互感器的故障；运行人员的误操作等。虽然母线发生故障的概率较低，但故障的影响面很大。这是因为母线上通常连有较多的电气元件，母线故障将使这些元件被迫停电，从而造成大面积停电事故，并可能破坏系统运行的稳定性，使故障进一步扩大，可见，母线故障是较严重的电气故障之一。

二、母线故障的保护

如果未装设专用的母线保护，只能由供电元件的后备保护切除故障母线。例如，利用变压器的过电流保护（见图 9-1）、发动机的过电流保护（见图 9-2）或者供电线路的过电流保护切除母线故障。利用供电元件的保护来切除母线故障，不需另外装设保护装置，简单、经济，但故障切除的时间一般较长，将可能造成母线结构和设备的严重损坏，甚至破坏系统的稳定性；另外，当双母线同时运行或者单母分段并列运行时，供

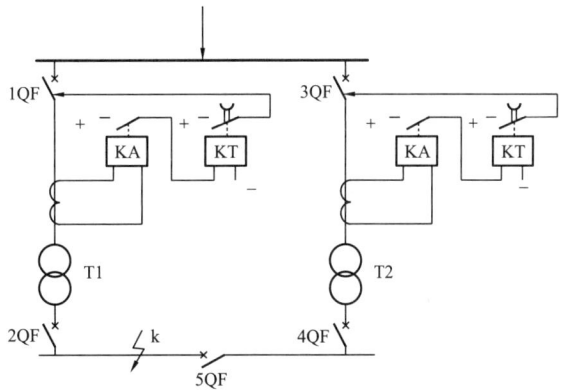

图 9-1 变压器的过电流保护兼作母线故障的保护

电元件的后备保护动作将会造成两条母线停电，不能选择故障母线。因此，利用专用母线保护清除和缩小故障造成的后果是十分有必要的。

三、装设专用母线保护的基本原则

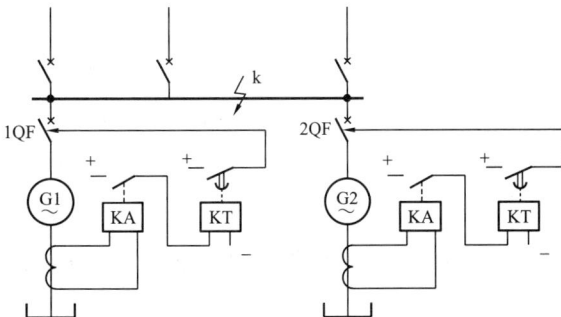

图 9-2 发电机的过电流保护兼作母线故障的保护

根据 GB14285—1993《继电保护及安全自动装置技术规程》，在下列情况下应装设专门的母线保护：

（1）在 110kV 的双母线和 220kV 及以上的母线上，为保证快速有选择性地切除任一组（或段）母线上发生的故障，而另一组（或段）无故障的母线仍能继续运行，应装设专用的母线保护。对于一个半断路器接线的每组母线应装设两套母线保护。

（2）110kV 及以上的单母线，重要发电厂或 110kV 及以上重要变电站的 35～66kV 母线，根据系统稳定的要求，需要快速切除母线上的故障时，应装设专用的母线保护。

（3）35～66kV 电力网中主要变电站的 35～66kV 双母线或分段单母线需要快速而有选择地切除一段或一组母线上的故障，以保证系统安全、稳定运行和可靠供电时，应装设专用的母线保护。

（4）对于发电厂或主要变电站的 3～10kV 分段母线及并列运行的双母线，在下列情况下应装设专用的母线保护：

1）必须快速而有选择性地切除一段或一组母线上的故障，以保证发电厂及电力网安全运行和重要负荷的可靠供电时。

2）当线路断路器不允许切除线路电抗器前的短路时。

鉴于母线在电力系统中的重要性，对于母线保护的基本要求，除了快速、可靠、有选择性地切除故障母线外，其结构应尽可能简单，并能适应母线运行方式的变化。

四、母线保护的构成原理

为了满足速动性和选择性的要求，母线保护按差动原理构成。

（1）在正常运行及母线保护范围之外发生故障时，在母线上所有连接的元件中，流入的电流与流出的电流相等；当母线保护范围内发生故障时，所有与母线连接的元件都向故障点供给短路电流或流出残余的负荷电流。

（2）从每个连接到母线的元件电流相位来看，在正常运行及外部故障时，至少有一个元件中的电流相位和其余元件中的电流相位相反，也就是说，流入元件的电流相位与流出元件的电流相位相反；当母线故障时，除电流等于零的元件以外，其他元件中的电流相位接近相等。

根据（1）可构成电流差动保护，根据（2）可构成电流比相式差动保护。

第二节　单母线保护

母线电流差动保护因其接线简单、工作可靠性高而得到广泛应用，常用作单母线或只有一组母线经常运行的双母线的专用母线保护。母线电流差动保护按其保护范围又可分为完全电流差动母线保护和不完全电流差动母线保护。完全电流差动母线保护，是指在所有接于母线的回路上都装设具有相同特性和变比的电流互感器，将电流互感器的二次电流接入差动回路，其保护区为各电流互感器之间的一次侧电气设备；不完全电流差动母线保护，是指对于只带负荷的回路，其电流不接入差动回路，仅在对端有电源的回路上装设电流互感器，将电流互感器的二次侧电流接入差动回路，负荷线路上的故障属于母线差动保护范围内的故障。单母线完全电流差动保护的原理接线如图 9-3 所示。图中 $\dot{i}_1$、$\dot{i}_2$、$\cdots$、$\dot{i}_n$ 为一次侧电流，$\dot{i}'_1$、$\dot{i}'_2$、$\cdots$、$\dot{i}'_n$ 为二次侧电流。

保护区内部故障（图 9-3 中的 K 点短路）时，流入差动继电器的电流等于短路点的总电流归算到电流互感器二次侧的值，此时保护应可靠动作。

在正常运行和外部故障（图 9-4 中的 K_n 点短路）时，根据基尔霍夫电流定律，流入母线的电流等于流出母线的电流，则理想情况下流入继电器的电流为零，即 $\dot{I}_r = 0$；实际上，

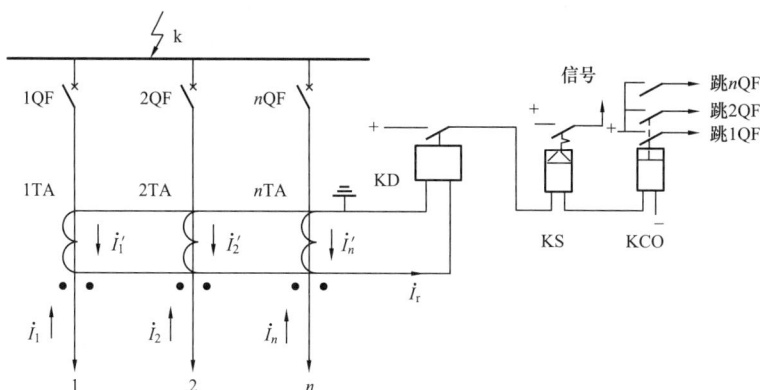

图 9-3 单母线完全电流差动保护原理接线图

由于电流互感器有误差，流入差动继电器的电流是不平衡电流，在此电流作用下，保护不应该误动作。

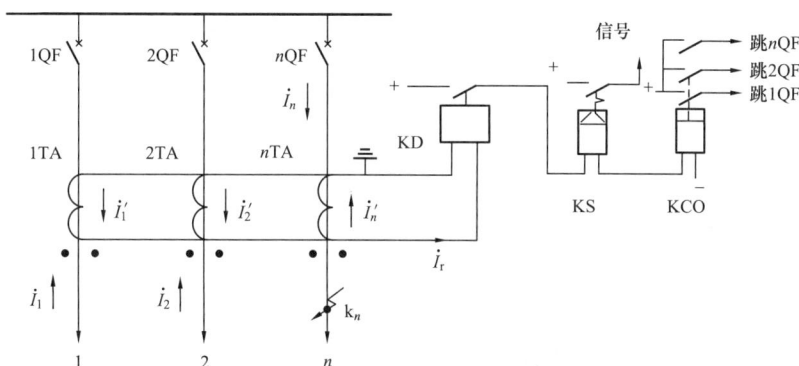

图 9-4 保护区外部短路时单母线完全电流差动保护电流分布

差动继电器的动作电流按以下条件整定：

(1) 躲开外部故障时的最大不平衡电流。母线所有连接元件的电流互感器均按 10％误差曲线选择，且采用具有速饱和铁芯的差动继电器时，其动作电流按下式计算：

$$I_{act.\,r}=K_{rel}\times 0.1I_{kw.\,max}/K_{TA} \tag{9-1}$$

式中　K_{rel}——可靠系数，取 1.3；

$I_{kw.\,max}$——母线保护范围外部短路时，流过差动保护电流互感器一次侧的最大短路电流；

K_{TA}——母线保护用电流互感器的变比。

(2) 按躲过电流互感器二次回路断线的条件整定。由于母线完全电流差动保护电流回路连接的元件较多，因此，电流互感器二次回路断线的概率较大。为防止正常运行情况下任一电流互感器二次回路断线引起保护误动作，动作电流应大于任一连接元件中最大的负荷电流，即

$$I_{act.\,r}=K_{rel}I_{Lmax}/K_{TA} \tag{9-2}$$

式中　K_{rel}——可靠系数，取 1.3；

I_{Lmax} ——流过差动保护电流互感器一次侧任一连接元件中的最大负荷电流。

选择式（9-1）和式（9-2）中的较大者作为母线完全电流差动保护的动作电流。

保护装置的灵敏系数按式（9-3）校验，且灵敏系数应不低于2，即

$$K_{sen} = \frac{I_{k.min}}{K_{TA} I_{act.r}}$$ (9-3)

$I_{k.min}$ ——最小运行方式下母线保护区域内部故障时，流过母线保护一次侧的最小短路电流值。

母线完全电流差动保护不反应负荷电流和外部短路电流，只反应各电流互感器之间的电气设备的故障，因此，母线完全电流差动保护不必和其他保护在时限上进行配合，因此可瞬时动作。

第三节 双 母 线 保 护

对于双母线经常以一组母线运行的方式，可采用完全电流差动保护作为母线故障的专用母线保护。但这种母线运行方式在母线上发生故障后，将造成全部停电，需把所连接的元件切换至另一组母线上才能恢复供电。为此，在发电厂及重要变电站的高压母线上，一般都采用双母线同时运行（母线联络断路器经常投入），而每组母线上连接一部分（大约1/2）供电和受电元件，这样当任一组母线上发生故障后，只影响到约一半的负荷供电，而另一组母线上的连接元件仍可以继续运行，这就极大地提高了供电的可靠性。此时，要求母线保护具有选择故障母线的能力，现就几种实现方法说明如下。

一、元件固定连接的双母线电流差动保护

双母线同时运行，元件固定连接的电流差动保护由三组差动保护组成，其原理接线图如图9-5所示。第一组差动保护由电流互感器1、2、5和差动继电器1KD组成，用以选择第Ⅰ组母线上的故障，1KD动作时切除母线Ⅰ上的全部连接元件；第二组差动保护由电流互感器3、4、6和差动继电器2KD组成，用以选择第Ⅱ组母线上的故障，2KD动作时切除母线Ⅱ上的全部连接元件；第三组差动保护实际上是由电流互感器1、2、3、4和差动继电器3KD组成的一个完全电流差动保护，当任一组母线上发生故障时它都起动，立即动作于母线联络断路器（5QF）跳闸，同时作为母线固定连接方式下整套保护的起动元件，而当母线外部故障时它不动作。当固定连接方式被破坏后，在发生保护区外部故障时，3KD不起动，可防止保护的误动作。

当正常运行及母线外部（k点）短路时的电流分布如图9-6（a）所示，理想情况下，流经差动元件1KD、2KD和3KD的电流均为零，考虑到不平衡电流的存在，此时流过1KD、2KD和3KD的电流均为不平衡电流，保护装置已从整定值上躲开不平衡电流，所以保护不会动作。图9-6中粗箭头表示一次侧电流，细箭头表示二次侧电流。

当第Ⅰ组母线上（k点）发生短路时，如图9-6（b）所示，由电流的分布情况可见，差动继电器1KD和3KD中流入全部故障电流，而差动继电器2KD中流入的是不平衡电流，于是1KD和3KD动作。由图9-5（b）可见，3KD动作后起动3KM，使母线联络断路器5QF跳闸。1KD动作后起动1KM，随即使断路器1QF和2QF跳闸并发出相应的信号，这样就把发生故障的第Ⅰ组母线从电力系统中切除了，而没有发生故障的第Ⅱ组母线仍可继续

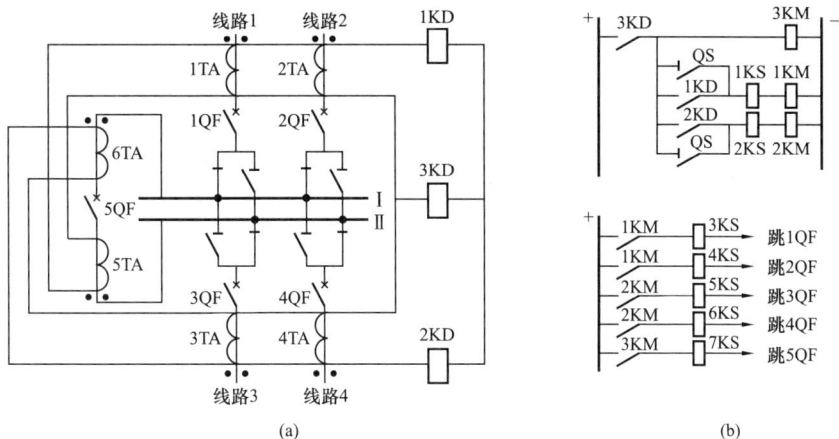

图 9-5 元件固定连接的双母线电流差动保护原理图

(a) 交流电流回路；(b) 直流回路

运行。同理，可以分析当第Ⅱ组母线上某点短路时保护的动作情况，此时只有 2KD 和 3KD 动作，最后使 5QF、3QF 和 4QF 跳闸切除故障元件。

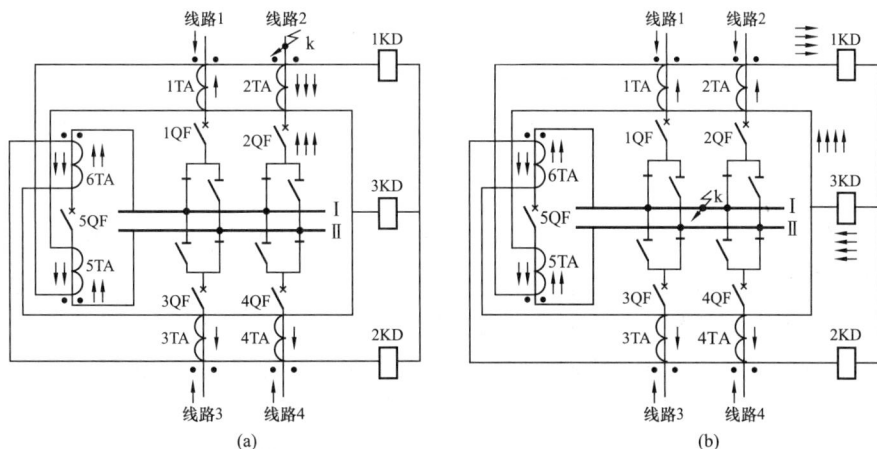

图 9-6 元件固定连接方式下双母线电流差动保护电流分布图

(a) 保护区外部故障；(b) 保护区内部故障（以Ⅰ母线故障为例）

在固定连接方式被破坏时，保护装置的动作情况将发生变化。例如图 9-7 中线路 2 自母线Ⅰ切换到母线Ⅱ上工作时，由于差动保护的二次回路不能随着切换，因此，按原有接线工作的Ⅰ、Ⅱ两组母线的差动保护都不能正确反映母线上实际连接元件的电流值。

在这种情况下发生保护区外部故障时的电流分布如图 9-7（a）所示。由于起动元件 3KD 中没有故障电流流过，因此，无论选择元件 1KD、2KD 中的电流为何值，保护都不会误动作。

固定连接方式被破坏时（线路 2 切换到母线Ⅱ）发生保护区内部故障的电流分布如图 9-7（b）所示。起动元件 3KD 中流过全部故障电流，而选择元件 1KD 和 2KD 中都流过部分故障电流，当这一电流值达到选择元件的动作值时，保护将无选择性地切除两组母线上的元件。（在固定连接方式被破坏且发生保护范围内部故障时，由于 1KD、2KD 中仅流过部分故

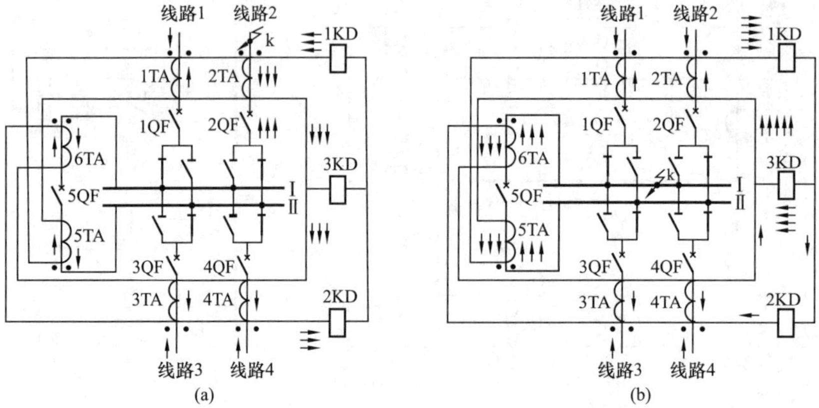

图 9-7 固定连接方式被破坏后双母线差动保护电流分布图（线路 2 切换到母线Ⅱ）

（a）保护区外部故障；（b）保护区内部故障

障电流，可能使其无法可靠动作，因此，在图 9-5（b）中接入隔离开关 QS，在固定连接方式被破坏时将其投入，把 1KD、2KD 的触点短接。这样，起动元件 3KD 动作后即可将两组母线上的元件无选择性地切除。)

综上所述，当母线按照固定连接方式运行时，保护装置可以保证有选择性地只切除发生故障的一组母线，而另一组母线可继续运行；当固定连接方式被破坏时，任一组母线上的故障都将导致切除两组母线。因此，对保护而言，希望尽量保证固定连接的运行方式不被破坏，这就必然限制了电力系统运行调度的灵活度，这是这一保护的主要缺点。

二、双母线同时运行的母联相位差动保护

这种保护是在元件固定连接的双母线电流差动保护的基础上改进的，它更适合于作为母线连接元件运行方式经常改变的母线保护。保护装置的原理接线如图 9-8 所示，它利用比较母联中电流与总差电流的相位作为故障母线的选择依据。这是因为当第Ⅰ组母线上发生故障时，流过母联的电流是由母线Ⅱ流向母线Ⅰ的；而当第Ⅱ组母线上发生故障时，流过母联的电流是由母线Ⅰ流向母线Ⅱ的。在这两种故障情况下，母联电流的相位变化了 $180°$，而总差电流是反应母线故障的总电流，其相位是不变的，因此，利用母联电流与总差电流的相位比较，就可以选择出故障母线。基于这种原理，当母线上发生故障时，不管母线上的元件如何连接，只要母联中有电流流过，则选择元件就能够正确动作。因此，对母线上的元件就无须提出固定连接的要求，这是它的主要优点。其工作原理如下。

（1）保护装置的主要部分由总差动电流回路、相位比较回路和相应的继电器组成。

总差动电流回路由母线上所有连接元件（不包括母线联络断路器）的电流互感器二次回路并联组成，母线联络断路器的电流互感器二次回路电流直接接入相位比较继电器。在总差动回路中接有保护装置的起动元件 KA，其作用与固定连接式母线保护中的 3KD 相同，只有当保护范围内部故障时它才动作。选择元件可用任何相位比较原理构成，图 9-8 中采用的是磁合成原理构成的电流相位比较式继电器作为选择元件。电流相位比较式继电器是由中间变流器 TAM、整流滤波回路 1VU、C_1 和 2VU、C_2 和极化继电器 1KP、2KP 组成，由相位比较式继电器比较总差电流 i_{cd} 和母联电流 i_M 的相位。电流相位比较式继电器按幅值比较的方式构成，可以双方向动作。如将比较相位的两个电流 i_{cd} 和 i_M 转化为比较幅值的两个量，

则比较幅值的两个量应为 $|\dot{I}_{cd}+\dot{I}_M|$ 和 $|\dot{I}_{cd}-\dot{I}_M|$，可采用中间变流器 TAM 进行磁通合成，如图 9-8（a）所示。当第 I 组母线上发生故障时，在 TAM 右侧边柱上的磁通为 $\Phi_{cd}-\Phi_M$，则在二次绕组 W2 中的输出电压 $\dot{U}_2=K(\dot{I}_{cd}-\dot{I}_M)$，而在左侧边柱上的磁通为 $\Phi_{cd}+\Phi_M$，因此，在二次绕组 W3 中的输出电压 $\dot{U}_3=K(\dot{I}_{cd}+\dot{I}_M)$。将 $\dot{U}_2$、$\dot{U}_3$ 整流滤波后即可得到比较幅值的两个电压。

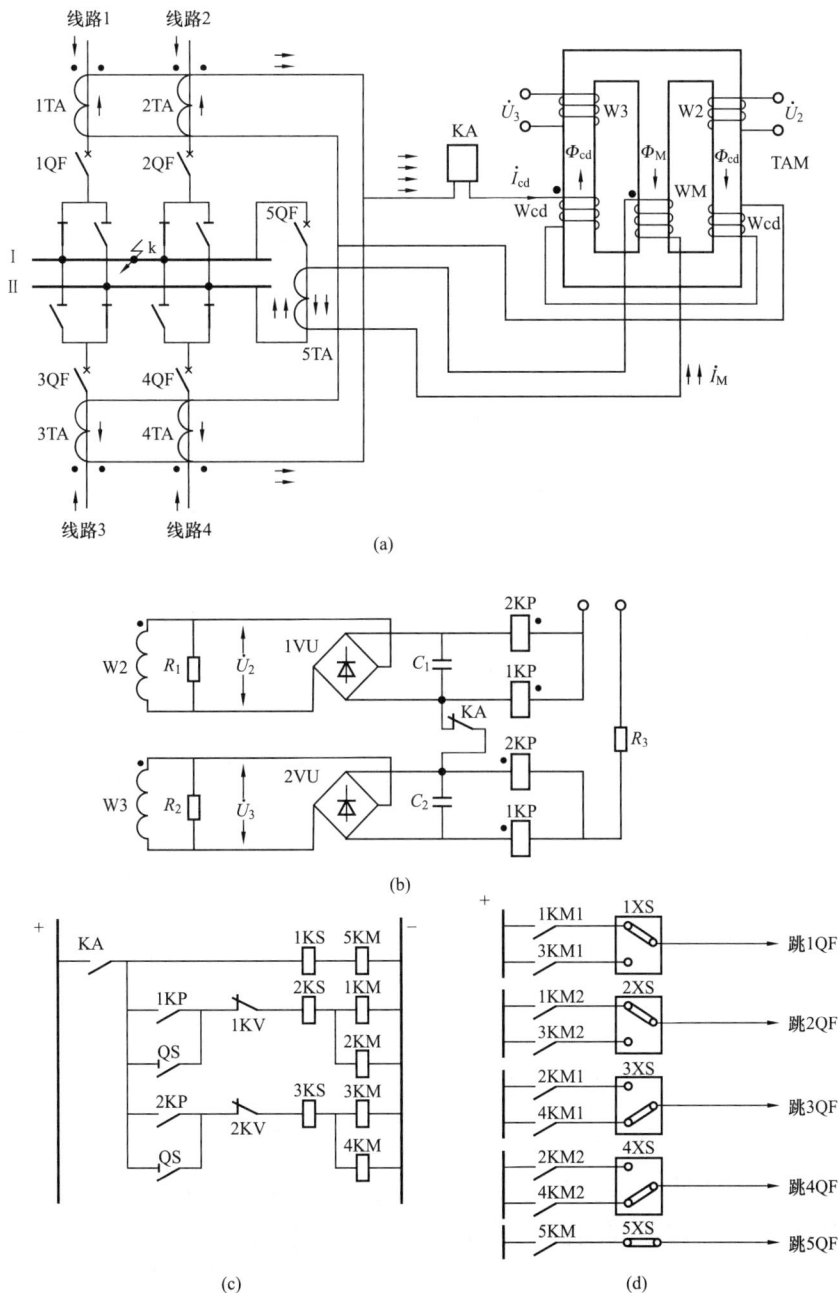

图 9-8　母联电流相位差动保护原理接线图

（a）交流电流回路（以 I 母线故障为例）；（b）电流相位比较回路内部接线图；（c）直流回路展开图；（d）跳闸回路

相位比较元件的执行元件是两个极化继电器 1KP 和 2KP，内部接线如图 9-8（b）所示。电流从极性端进入极化继电器绕组时使其动作，反之，从非极性端进入极化继电器绕组时使其制动。$\dot{U}_2$ 整流后接于 1KP 的工作绕组和 2KP 的制动绕组，而 $\dot{U}_3$ 整流后则接于 2KP 的工作绕组和 1KP 的制动绕组上。当第 I 组母线上发生故障时，$\dot{I}_M$ 和 $\dot{I}_{cd}$ 相位相差 180°，因此，$|\dot{U}_2| > |\dot{U}_3|$，1KP 的工作电流大于制动电流，则 1KP 动作；而此时，2KP 的制动电流大于工作电流，2KP 制动。同理，当第 II 组母线发生故障时，$\dot{I}_M$ 和 $\dot{I}_{cd}$ 相位相同，使得 $|\dot{U}_3| > |\dot{U}_2|$，2KP 动作，1KP 制动。

为了提高选择元件工作的可靠性，在正常运行情况下，1KP 和 2KP 的两组制动绕组通过电阻 R_3 和起动元件 KA 的动断触点都加入一个附加的制动电流，使这两个继电器都处于闭锁状态，仅当保护区内部发生故障，KA 动作以后，此附加制动电流才被取消，1KP 和 2KP 将根据相位比较的结果而动作。

（2）母线发生外部故障时，差动回路中仅有不平衡电流，起动元件 KA 不动作，同时，选择元件因起动元件不动作也处于闭锁状态，因此保护装置不可能动作。

（3）母线发生内部故障时，起动元件 KA 反应于故障点的总电流而动作，其动合触点闭合，起动 5KM 动作于母线联络断路器 5QF 跳闸，并为起动 1KM～4KM 跳闸继电器的回路接通正电源；同时，打开 KA 的动断触点，解除对 1KP 和 2KP 的制动。

当故障发生在第 I 组母线上时，选择元件 1KP 动作，如图 9-8（c）所示，其动合触点闭合，经闭锁继电器的动断触点 1KV 而起动该母线上连接元件的跳闸元件 1KM 和 2KM。

当第 II 组母线上发生故障时，选择元件 2KP 动作，其动合触点闭合，经闭锁继电器的动断触点 2KV 而起动该母线上连接元件的跳闸元件 3KM 和 4KM。

（4）保护装置的电压闭锁元件为两组低电压继电器，如图 9-8（c）中的 1KV 和 2KV，它们分别接两组母线的电压互感器二次侧线电压上，能反应母线上各种类型的故障，其作用如下。

1）在正常运行情况下，低电压继电器 1KV 和 2KV 均不起动，因此将保护闭锁，可以防止各种原因引起的保护误动作。实践中，为了提高电压闭锁对不对称短路的可靠性，常采用复合电压闭锁，即用负序电压和零序电压反映不对称短路。当线路电压降低超过整定值，或者负序电压或零序电压大于整定值时，都可将保护闭锁解除。

2）当母线联络断路器因故障退出运行时，由于 $\dot{I}_M = 0$，因此选择元件将无法工作，此时可以投入隔离开关 QS，解除 1KP 和 2KP 的作用。在这种情况下，可用电压闭锁元件作为保护装置的选择元件，以选出发生故障的母线。这是因为，当母线联络断路器断开运行时，一组母线上发生故障后，在一般情况下，故障母线上的电压很低，而非故障的母线上则电压较高，因此利用低电压或复合电压继电器经过适当的调定后，就可能选出故障的母线。

（5）根据选择性的要求，当任一组母线上发生故障时，保护装置应动作切除母线上的全部连接元件；又根据系统运行方式的需要，每个连接元件都有可能运行在第 I 组或第 II 组母线上，因此，在各连接元件断路器的跳闸回路中均装设了切换片 XS，如图 9-8（d）所示，根据切换片位置的不同，可分别由任一组母线保护跳闸继电器断开某元件的断路器。

第四节　一个半断路器接线的母线差动保护

一、双母线连接方式的缺点

双母线具有设备投资少，一次回路的操作比较灵活，继电保护和自动重合闸的接线简单等优点，但在运行实践中也遇到了一些问题。

例如，对于母线联络断路器兼作旁路断路器，或旁路断路器兼作母线联络断路器的场合，在上述断路器代替出线断路器的情况下，双母线将以单母线方式运行。如果此时母线发生短路，将使变电站全部停电。另外，高压断路器的检修时间通常需要半个月以上，这样，一年中将有很长一部分时间使母线运行在单母线状态，从而相对地降低了母线工作的可靠性。

通常在双母线的变电站中，母线联络断路器处于合闸状态，即按分段的单母线方式运行。若其中一组母线上发生断路时，变电站中约有一半的连接元件将停电，并且当一组母线发生短路并伴随母线联络断路器失灵，或短路发生在母线联络断路器与电流互感器之间（死区）时，将使整个变电站停电。

随着电力系统的发展，对连续供电提出更为严格的要求，目前对于 500kV 变电站和 220kV 枢纽变电站，要求在母线发生短路时不影响变电站的连续供电；在母线发生短路并伴随断路器失灵时也要求将停电的范围缩减到最小。为满足上述要求，对于220kV 及以上的重要变电站，如串数为 3 串及以上时，推荐采用一个半断路器母线接线方式。图 9-9 为一个半断路器母线差动保护的接线方式。

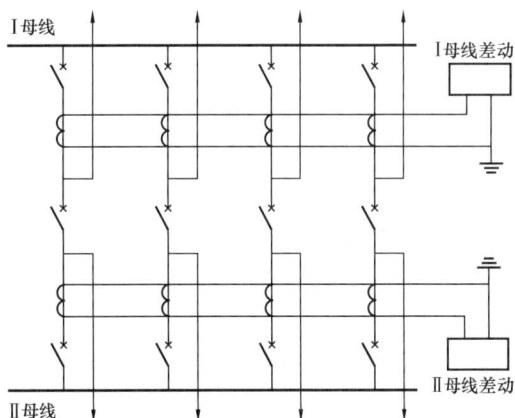

图 9-9　一个半断路器接线的母线差动
保护接线原理图

二、一个半断路器接线的母线差动保护注意事项

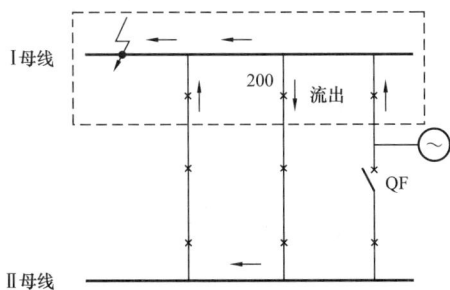

图 9-10　一个半断路器接线的母线
短路时的电流流出的情况

一个半断路器接线的母线与各断路器串形成多网孔，阻抗很小，使母线间电流分布不固定，母线发生故障时可能出现电流流出现象，如图 9-10 所示为断路器 QF 检修且Ⅰ母线发生短路时电流的流出情况。这种情况会使比较连接元件电流相位原理的母线保护发生拒动，也会使具有制动特性原理的母线差动保护灵敏度降低。因此，要考虑母线内部发生短路时有一定的流出电流的影响。

第五节　断路器失灵保护

电力系统正常运行时，有时会出现某元件发生故障，该元件的继电保护动作发出跳闸脉冲之后，断路器却拒绝动作（即断路器失灵）的情况，这种情况可能导致事故范围扩大、烧毁设备，甚至使系统的稳定运行遭到破坏。虽然，用相邻元件保护作为远后备是最简单、最合理的后备保护方式，既可作保护拒绝动作时的后备，又可作断路器拒动时的后备。但是，这种后备保护方式在高压电网中由于各电源支路的助增电流和汲出电流的作用，使后备保护的灵敏度得不到满足，动作时间也较长。因此，对于比较重要的高压电力系统，应装设断路器失灵保护。

断路器失灵保护又称为后备接线，是一种近后备保护。当故障线路的继电保护动作发出跳闸脉冲而断路器拒绝动作时，能够以较短的时限切除同一发电厂或变电站内其他有关的断路器，将故障元件隔离，使停电范围限制到最小，从而保证整个电网的稳定运行，避免造成发电机、变压器等故障元件的严重烧损和电网的崩溃瓦解事故的一种近后备保护。断路器拒动是电网故障情况下又叠加断路器操作失灵的双重故障，允许适当降低其保护要求，但必须以最终能切除故障为原则。在现代高压和超高压电网中，断路器失灵保护作为一种近后备保护方式得到了普遍采用。

根据 GB/T 14285—2023 的规定，对断路器跳闸功能失灵，应按下列要求配置断路器失灵保护：

（1）220kV 及以上电压等级的电网，应配置断路器失灵保护。

（2）110kV（66kV）电网个别重要部分，远后备保护切除故障时故障切除时间不满足稳定要求的，应配置断路器失灵保护。

（3）容量在 100MW 及以上的发电机或发变组，发电机断路器或发变组高压侧断路器应配置失灵保护。

一、断路器失灵保护的基本构成及作用

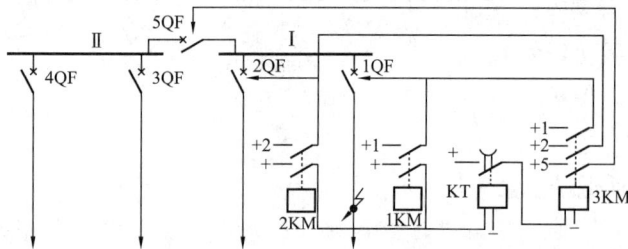

图 9-11　断路器失灵保护的基本原理图

图 9-11 是断路器失灵保护的基本原理图，所有连接至一组（或一段）母线上的元件的保护装置，当其出口继电器（如 1KM、2KM）动作于跳开本身断路器的同时，也起动失灵保护中的公用时间继电器 KT，KT 的延时应大于故障元件断路器的跳闸时间与保护装置返回时间之和，因此，并不妨碍正常地切除故障。

断路器失灵保护由保护动作与电流判别元件构成的起动回路、电压闭锁元件、时间元件及跳闸出口回路组成。结合图 9-11 的 I 母线断路器失灵保护，可得失灵保护逻辑框图如图 9-12 所示。

起动回路是保证整套保护正确工作的关键，必须安全可靠，应实现双重判别，防止单一条件判断断路器失灵，以及因保护触点卡涩不返回或误碰、误通电等造成的误起动。起动回

路包括起动元件和判别元件；2 个元件构成"与"逻辑。起动元件通常利用断路器自动跳闸出口回路本身，可直接用瞬时返回的出口跳闸继电器触点，也可与出口跳闸继电器并联的、瞬时返回的辅助中间继电器触点（见图 9-12 中 3KM），触点动作不复归表示断路器失灵。判别元件以不同的方式鉴别故障确未消除。现有运行设备采用相电流（线路）、零序电流（变压器）的"有流"判别方式。保护动作后（见图 9-11 中出线Ⅰ保护动作），回路中仍有电流（见图 9-11 中出线Ⅰ过电流），两个条件均满足，说明故障确未消除。

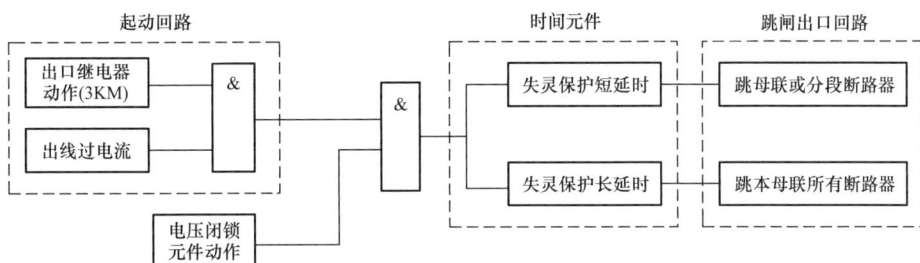

图 9-12　断路器失灵保护逻辑框图（结合Ⅰ段母线的断路器失灵保护）

失灵保护的电压闭锁一般由母线低电压、负序电压和零序电压继电器构成。当失灵保护与母线差动保护共用出口跳闸回路时，它们也共用电压闭锁元件。电压闭锁元件中的电压取自相应母线（如Ⅰ母线）的电压互感器二次侧。比如相间短路低电压继电器作为电压闭锁元件，当故障切除后母线电压恢复，低电压继电器动断触点被打开，说明断路器未失灵，由低电压元件将失灵保护闭锁；当发生出线相间故障且相应断路器失灵时，母线电压低，低电压继电器动，打开的动断触点回到闭合状态，开放失灵保护。

时间元件是断路器失灵保护的中间环节，为了防止单一时间元件故障造成失灵保护误动作，时间元件应与起动回路构成"与"逻辑后，再起动出口继电器。

二、断路器失灵保护的动作条件

断路器失灵保护的动作条件如下。

（1）故障引出线的保护装置出口继电器动作后不返回。

（2）在保护范围内仍然存在故障（断路器拒绝动作且故障仍未消除）。当母线上引出线较多时，鉴别元件采用检查母线电压的低电压元件（或复合电压元件、或负序过电压元件等）；当母线上引出线较少时，鉴别元件采用检查故障电流的电流元件。

由于断路器失灵保护和母线保护动作后都要跳开母线上所有电源的各个断路器，因此，两者的出口跳闸回路可以共用。

复习思考题

9-1　简述母线故障的原因、类型。

9-2　简述何谓母线完全电流差动保护。

9-3　简述固定连接方式破坏对元件固定连接的双母线差动保护的影响。

9-4　简述母联相位差动保护的原理。

9-5　简述何谓断路器失灵保护。

第十章 微机保护基础

早在 20 世纪 60 年代末，研究人员提出用小型计算机实现微机保护的设想，但当时计算机价格较高，难以在实际中实现，但此时开始的继电保护算法的研究为微机保护的发展奠定了理论基础。20 世纪 70 年代中、后期，国外已有少量的样机在电力系统中试运行，微型计算机保护趋于实用。我国对微机继电保护的研究从 20 世纪 70 年代后半期开始，1984 年原华北电力学院研制的输电线路微机保护装置首先通过鉴定，并在系统中获得应用，揭开了我国继电保护发展史上新的篇章，为微机保护的推广开辟了道路。从 20 世纪 90 年代开始我国继电保护技术已进入了微机保护的时代，到 21 世纪，微机保护已成为继电保护的主要形式。

与传统常规继电保护装置相比，微机型继电保护装置具有以下优点。

1. 易于获得附加功能

应用微型计算机后，如果配置一个打印机，或者其他显示设备，可以在系统发生故障后提供多种信息。例如，一台微机距离保护装置在硬件配置合理的前提下，只需修改软件，便可使其不但具有距离保护功能，而且还可具有故障测距、故障录波、重合闸等功能。

2. 微机保护具有灵活性

利用相同的硬件配置，仅替换软件芯片就可以提供不同原理的保护特性和功能。而且软件程序可以实现自适应性，可依靠运行状态而自动改变整定值和特性。

3. 微机保护具有高可靠性

微机保护可以对其硬件和软件进行连续的自检，有很强的综合分析和判断能力。它能自动检测出硬件故障的同时发出报警信号并闭锁其跳闸出口回路。软件也具有自检功能，可以对输入的数据进行校错和纠错，即自动地识别和排除干扰。总之，作为一个系统，微机保护的可靠性比传统保护高。

4. 维护调试方便

传统继电保护装置的调试工作量很大，微机保护装置则不同。它的硬件核心是单片机或数字信号处理器，各种复杂的保护功能是由相应的软件来实现的。保护装置对硬件和软件都具有自诊断功能，一旦发现异常就会发出报警信号。除输入和修改定值及检查外部接线外几乎不用调试，极大地减轻了运行维护的工作量。

5. 保护性能得到很好的改善

常规保护存在的一些技术问题，在微机保护中可找到新的解决方法。同时，可以将自动控制理论的一些成功引入继电保护领域，使继电保护的动作性得到根本改进。

6. 良好的经济性

微处理器和集成电路芯片的性能不断提高而价格不断下降，而且，微机保护装置是一个可编程的装置，可基于通用硬件实现多种保护功能，具有良好的经济性。

第一节　微机保护硬件系统

微机保护装置硬件系统按功能分为以下五部分。

（1）数据采集单元。包括电压形成、低通滤波、采样保持、多路转换开关和模数转换等模块，完成将模拟输入量转换成数字输出量的功能。

（2）中央数据处理单元。包括中央处理器（Central Processing Unit，CPU）、可擦除可编程只读存储器 Erasable Programmable Read-Only Memory，EPROM、电可擦除可编程只读存储器 Electrieally Erasable Programmable Read-Only Memory，EEPROM）、随机存取存储器（Random Access Memory，RAM）、定时器等。中央处理器执行存放在程序存储器中的保护程序，对数据采集系统输入随机存储器的数据进行分析处理，完成继电保护的功能。

（3）开关量输入/输出接口。由若干并行接口、光电隔离器及中间继电器等组成，完成各种保护的出口跳闸、信号警报等功能。

（4）人机对话及通信接口。人机对话通过液晶显示器（Liquid Crystal Display，LCD）、键盘实现操作人员对微机保护装置的参数修改、信息查看等。通信接口电路及接口以实现多机通信或联网。

（5）电源。供给中央处理器、数字电路、模数转换芯片及继电器所需的电源。常用的有3.3V、5V、±12V、+24V等直流电源。

微机保护的硬件系统常采用插件式结构，其印制电路板插件常包括：电源插件、出口继电器板、开关量输入输出插件、CPU 主板、模拟量输入变换插件等。微机保护机箱内装有相应的插座，印制电路板均可方便地插入和拔出。通过机箱插座间的连线将各个印制电路板连成整体并实现到端子排（数据线）的输入输出线的连接，人机对话辅助插件，例如，键盘、LCD显示器等装在微机保护机箱前面板上并通过数据线与机箱内 CPU、主板等相连。微机保护硬件系统示意框图如图 10-1 所示。

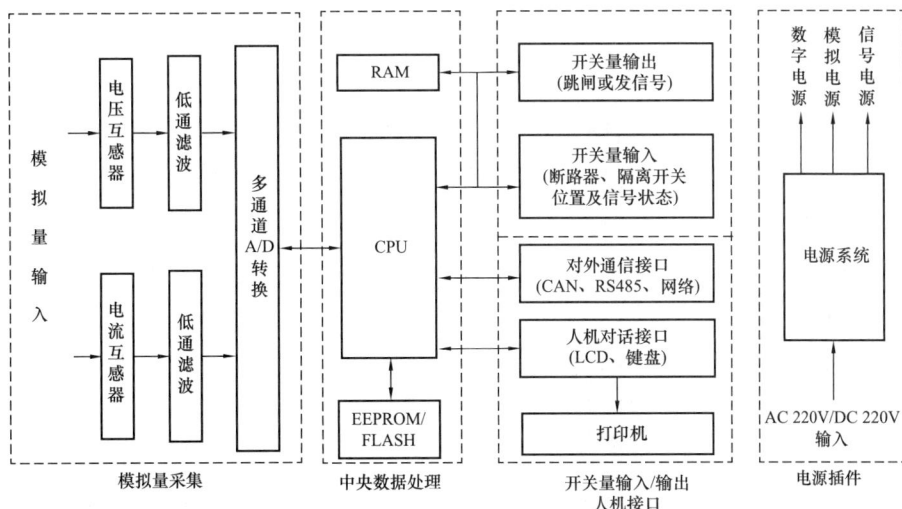

图 10-1　微机保护硬件系统示意框图

一、数据采集系统

1. 电压形成回路

电压形成回路的作用是将电压互感器和电流互感器的二次值变换为和模/数转换器输入范围相匹配的电压值。模/数转换器的输入范围根据型号不同，有单极性和双极性之分，其常见范围有 $0\sim5V$、$0\sim10V$、$0\sim20V$、$\pm2.5V$、$\pm5V$ 和 $\pm10V$ 等。

目前，电流和电压变换常采用小型中间变换器来实现，电流变换器、电压变换器和电抗变换器的原理图分别如图 10-2（a）、（b）和（c）所示，图 10-2（d）是电抗变换器的原理结构图。

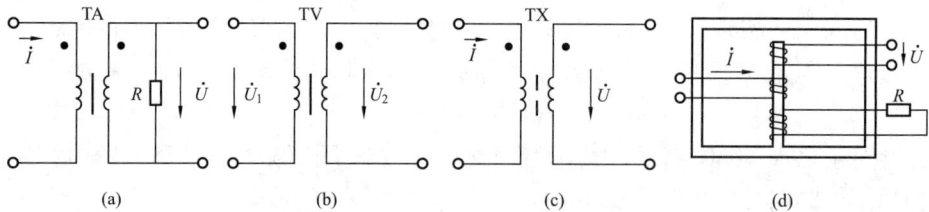

图 10-2　变换器原理图

对于电流的变换一般采用电流变换器并在其二次侧并联电阻以取得所需的电压，改变电阻值可以改变输出范围的大小。也可以采用电抗变换器，二者各有优缺点。电流变换器最大的优点：只要铁芯不饱和，其二次侧电流及并联电阻上电压的波形基本保持与一次侧电流波形相同且同相，其缺点是在非周期分量的作用下容易饱和，线性度较差，动态范围小。电抗变换器的优点：由于铁芯带气隙而不易饱和，线性范围大，同时有移相作用；其缺点是会抑制直流分量，放大高频分量。因此当一次侧流过非正弦电流时，其二次侧电压波形将发生畸变。相比而言，电流变换器在微机保护中的应用较多。电流、电压变换回路除了起电气量变换作用外，还起到屏蔽和隔离的作用。它使得微机保护装置在电路上与电力系统二次侧回路隔离，在变换器一次和二次绕组之间通常有接地的屏蔽绕组以防止来自高压系统的电磁干扰，以提高保护的可靠性。

2. 模拟低通滤波器（ALF）

滤波器是一种能使有用频率信号通过，同时抑制无用频率信号的电路。对微机保护系统来说，在故障初始瞬间，电压、电流中可能含有相当高的频率分量（如 2kHz 以上）。为防止频率混叠，采样定理要求采样频率 f_s 必须大于 2 倍的被采样信号频率 f_0。实际上，微机保护可以在采样前用一个模拟低通滤波器（ALF）将高频分量滤掉，这样就可以降低采样频率 f_s，从而降低对硬件速度的要求。

通常，模拟低通滤波器分为两大类：一类是无源滤波器，由 RLC 元件构成；另一类是有源滤波器，主要由 RC 元件与运算放大器构成。

微机保护是一个实时系统，数据采集系统以采样频率不断地向 CPU 输入数据，CPU 必须要来得及在两个相邻采样间隔时间 T_s 内处理完对每一组采样值所必须做的各种操作和运算，否则 CPU 将跟不上实时节拍而无法工作。而采样频率过低将不能真实地反映被采样信号的情况。目前，微机保护中，采样频率常采用 600Hz（即每工频周波采样 12 个点）、800Hz、1200Hz、1600Hz 等。

3. 采样保持电路（S/H）

采样就是将连续变化的模拟量通过采样器加以离散化。其过程如图 10-3（a）、（b）、（c）所示。模拟量连续加于采样器的输入端，由采样控制脉冲控制采样器，使之周期性地短时开放输出离散脉冲。采样脉冲宽度为 T_C，采样脉冲周期为 T_S。采样器的输出是离散化了的模拟量。

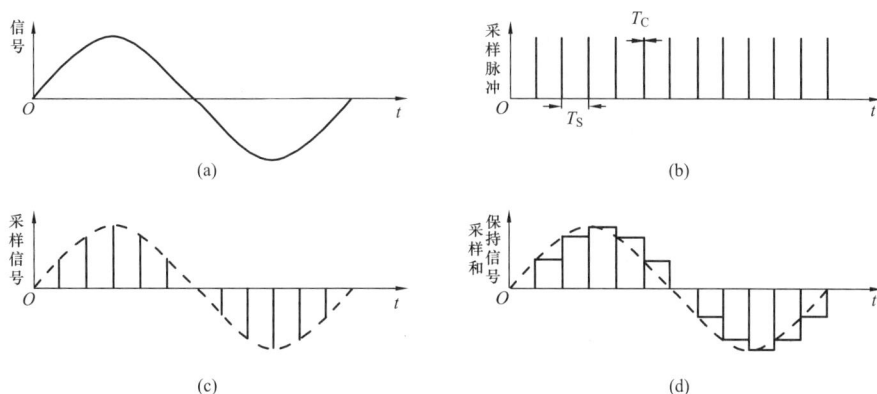

图 10-3　采样保持过程示意图

但是上面的采样方式只适于单个变量的采样，或允许各输入信号依顺序相继采样的情况。继电保护算法往往是多输入且要求同时采样，共用一个模/数（A/D）转换器时需要依次顺序转换。另外，A/D 转换器完成一次完整的转换过程是需要时间的，对变化较快的模拟信号来说，如果不采取措施，将引起转换误差。所以，微机保护中通常需要采样保持电路。

采样保持电路原理图如图 10-4 所示。它由一个电子模拟开关 S，保持电容 C_h 及两个阻抗变换器组成。开关 S 受逻辑输入端电平控制。在高电平时 S 闭合，此时，电路处于采样状态，电容迅速充电，使电容两端电压等于该采样时刻的电压值 u_i。S 的闭合时间应满足使电容 C_h 有足够的充电时间，即采样时间。为了缩短采

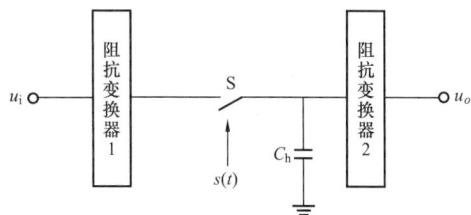

图 10-4　采样保持电路原理图

样时间，这里采用阻抗变换器 1，它在输入端呈现高阻抗，输出端呈现低阻抗，使电容 C_h 上电压能迅速跟踪等于 u_i 值。S 打开时，电容 C_h 上保持住 S 打开瞬间的电压值，电路处于保持状态。同样为了提高保持能力，电路中也采用了另一个阻抗变换器 2，它对电容 C_h 呈现高阻抗，使电容 C_h 上的电压保持较长时间。阻抗变换器可由运算放大器构成。采样保持信号如图 10-3（d）所示。

目前，采样保持电路大多集成在单一芯片中，但芯片内不设保持电容，需用户外设，常选 0.01μF 左右。常用的采样保持芯片有 LF198、LF298、LF398 等。

4. 模拟多路转换开关（MPX）

多路转换开关又称多路转换器，是多信号输入，单信号输出的电子切换开关器件，能够实现多路信号的切换，用一个 A/D 转换器对多路输入信号进行依次转换。

在数据采集系统中，模拟量可能是几路或十几路，利用多路转换开关轮流切换各被测量与 A/D 转换电路的通路，达到分时转换的目的。在微机保护中，各通道的模拟电压是在同一瞬间采样并保持记忆的，在保持期间各路被采样的模拟电压依次取出并进行模/数转换，忽略保持期间的极小衰减，转换结果仍可认为是同一时刻的信息。

目前，微机保护中常用的多路转换芯片是美国 AD 公司的 AD7501、AD7503 和 AD7506 等。AD7501 和 AD7503 是 8 选 1 多路开关，而 AD7506 是 16 选 1 多路开关，它们均为 CMOS 集成芯片，接通电阻 170~400Ω，接通时间 0.8μs。

5. 模数（A/D）转换器

A/D 转换器是数据采集系统的核心，它的任务是将连续变化的模拟信号转换为数字信号，以便计算机进行处理。A/D 转换器主要有以下类型：逐位比较（逐位逼近）型、积分型及计数型、并行比较型、电压频率（即 V/F）型等。

逐次逼近型的 A/D 转换器的主要特点：转换速度较快，一般在 1~100μs 以内，分辨率可以达 18 位；转换时间固定，不随输入信号的变化而变化；抗干扰能力相对积分型的差。微机保护常用的 A/D 转换芯片有 AD574 及 ADC-HS12B 等，它们都是采用逐次逼近式原理，具有 12 位分辨能力的复合型芯片，芯片内包括一个 12 位 D/A 转换器，一个比较器和逐次逼近的硬件控制电路，以及控制电路所需的内部电路。

对于微机保护，选择 A/D 转换芯片时主要考虑两个指标：①转换时间；②数字输出的位数。对于转换时间，由于各通道共用一个 A/D，至少要求所有的通道轮流转换所需的时间总和小于采样间隔 T_s。例如，设采样频率为 600Hz，即每工频频率 12 点，采样周期为 1.667ms，而 AD574 的转换时间为 25μs 足以满足保护要求。而微机保护对 A/D 转换芯片的位数要求较苛刻，因为保护在工作时输入电压和电流的动态范围很大。例如，输电线的微机距离保护要保证最大可能的短路电流（如 100A）时 A/D 不溢出，又要求有尽可能小的精确工作电流值（如 0.5A）以保证在最小运行方式下远方短路仍能精确测量距离，这就要求有接近 200 倍的精确工作范围，显然 8 位的 A/D 转换器是不能满足要求的。除以上两个指标外，A/D 芯片的线性度、温度漂移等，一般都能满足继电保护的要求。

随着大规模集成电路技术的发展，很多的 A/D 转换器芯片将采样保持器、多路开关和 A/D 转换器集成在一起，例如，MAX125 芯片，支持 8 路模拟量输入，内部集成 4 通道采样保持器和 4 选 1 多路开关，8 路模拟量输入信号分成两组，这样每组的 4 个模拟输入信号可同时采样，然后顺序 A/D 转换，MAX125 内部框图如图 10-5 所示，MAX125 引脚功能见表 10-1。

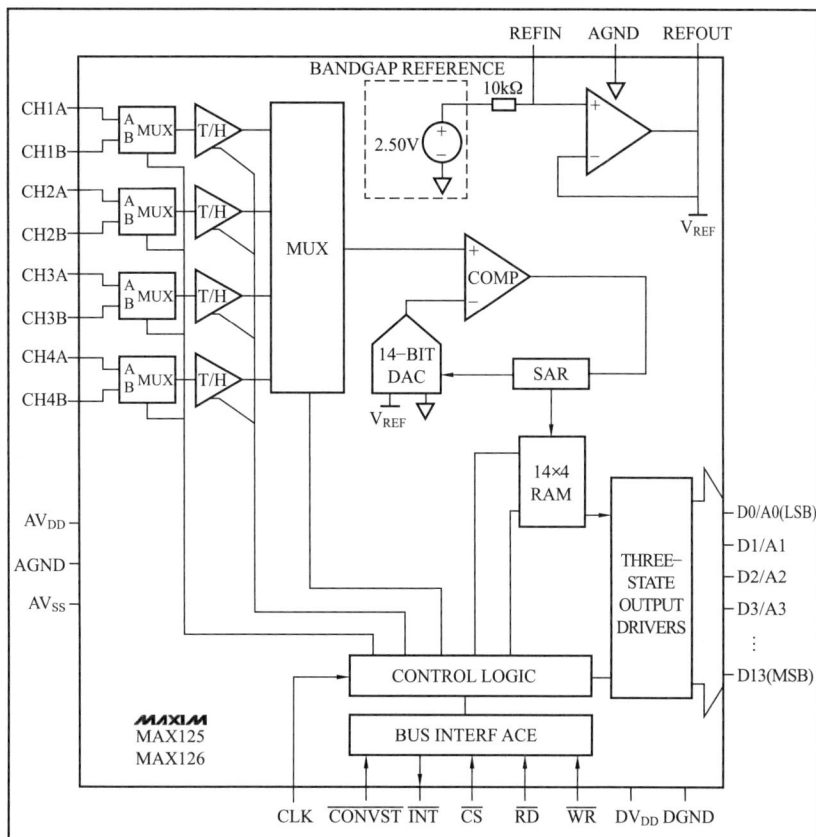

图 10-5　MAX125 内部框图

表 10-1　　　　　　　　　　　　　　MAX125 引脚功能表

引脚	名称	功能	引脚	名称	功能
1，2	CH2B，CH2A	通道 2 多路输入	18	DGND	芯片数字地
3，4	CH1B，CH1A	通道 1 多路输入	19，20	D5，D4 D3/A3	输出数据端
32，33	CH4A，CH4B	通道 4 多路输入	21—24	—D0/A0	数据输出与地址复用端
34，35	CH3A，CH3B	通道 3 多路输入	25	CLK	时钟输入端
5	AV_{DD}	＋5V 模拟电源端	26	$\overline{CS}$	片选输入端
6	REF_{IN}	外部参考电压输入/内部参考电压输出端	29	$\overline{CONVST}$	转换开始输入端，上升沿始采样既转换
7	REF_{OUT}	参考缓冲器输出	27，28	$\overline{WR}/\overline{RD}$	写输入端/读输入端
8，36	AGND	模拟接地端	31	AV_{ss}	－5V 模拟电源端
9-16	D13-D6	输出数据端	30	$\overline{INT}$	中断输出端，下降沿有效转换结束
17	DV_{DD}	芯片数字部分电源电压，＋5(1±5％)V			

6. 数据采集系统应用电路

数据采集系统典型电路设计如图 10-6 所示。信号采集系统电路主要包括信号输入部分、信号调理部分、A/D 转换部分。

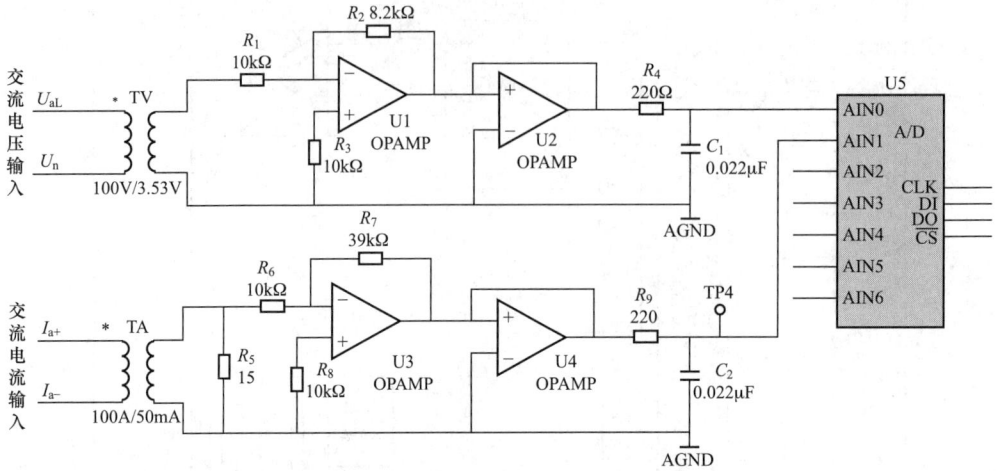

图 10-6　数据采集系统典型电路设计图

（1）信号输入部分。

信号输入部分主要包括电压互感器（TV）和电流互感器（TA），其主要作用是实现高压或大电流信号到弱信号的转换，并且实现外部信号与采集系统的安全隔离。

输入电压信号通过电压互感器等比例降低电压幅值，输出较低幅值的电压信号以满足微机保护装置模拟量采集的需要，典型设计选配 100V/3.53V 变比的电压互感器进行电压信号变换。

输入电流信号通过电流互感器进行等比例电流幅值变换，输入大电流按比例输出小电流，输出侧通过取样电阻（R_5）将输出电流信号变换为电压信号，典型设计选配 100A/50mA 变比的电流互感器，经采样电阻（R_5）变换得到 100A/0.75V 变比的电压信号。

（2）信号调理部分。

信号调理部分主要包括信号放大、信号驱动及低通滤波等，其主要作用是将输入的信号按照 A/D 要求的幅值进行信号放大或缩小处理，经信号驱动和低通滤波后提供给 A/D 芯片进行模数转换。

图 10-6 中运算放大器 U1 与 R_1、R_2、R_3 构成交流电压采样信号的放大电路，放大倍数为 $8.2K(R_2)/10K(R_1)=0.82$，按输入信号的 1.2 倍考虑，经信号放大后最大输出信号幅值为 $3.53V \times 1.2 \times 0.82 = 3.47V$，交流峰值电压为 $3.47V \times 1.414 = 4.906V$，即交流输入信号的峰值不超过 A/D 最大幅值（5V），当在 1.2 倍额定电压（交流 100V）输入时，电压信号的采样和 A/D 转换不会出现失真。同理，U3 与 R_6、R_7、R_8 构成交流电流采样信号的放大电路，放大倍数为 $39K(R_2)/10K(R_1)=3.9$，按输入信号的 1.2 倍考虑，经信号放大后最大输出信号幅值为 $0.75 \times 1.2 \times 3.9 = 3.51(V)$，交流峰值电压：$3.51V \times 1.414 = 4.963V$，即交流输入信号的峰值不超过 A/D 最大幅值（5V），当在 1.2 倍额定电流（交流 100A）输入时，电流信号的采样和 A/D 转换不会出现失真。

运算放大器 U2、U4 设计为同相跟随电路，分别用于电压采样信号和电流采样信号放大环节之后，主要作用是提高信号的驱动能力。

在信号进入 A/D 转换前，信号经过一级简易 RC 低通滤波，滤除信号中的高频成分，以提高采样精度。微机保护中交流信号采样经常采用快速 FFT 算法，按照每周波 32 采样点考虑，FFT 采样计算可分析至 15 次谐波分量，所以低通滤波选择的截止频率应大于 $50\text{Hz} \times 15 = 750\text{Hz}$。由于 RC 滤波幅频特性，RC 滤波的截止频率点应远大于 750Hz，避免低通滤波对 $50 \sim 750\text{Hz}$ 信号衰减，由于 FFT 本身就是滤波算法，低通滤波主要考虑滤除信号中的电源噪声和放大器噪声等，可选在截止频率 $20 \sim 100\text{kHz}$。图 10-6 中，$R_4 (220\Omega)$ 和 $C_1 (0.022\mu\text{F})$ 构成交流电压信号低通滤波，$R_9 (220\Omega)$ 和 $C_2 (0.022\mu\text{F})$ 构成交流电流信号低通滤波，由 RC 低通滤波截止频率 $f = 1/2\pi RC$ 可得到，低通滤波截止频率为 32.9kHz。

（3）A/D 转换部分。

A/D 转换采用集成多路开关（MUX）和采样保持器的多通道 A/D 芯片，本例中多路 A/D 信号输入幅值范围为 $\pm 5\text{V}$，由于 A/D 型号不同，输入信号的范围不尽相同，在选用不同 A/D 芯片时信号调理部分电路及参数需做相应的调整。

二、计算机主系统

如图 10-1 所示，微机保护的计算机主系统有中央处理器（CPU）、电可擦除可编程只读存储器 EEPROM、随机存取存储器 RAM。

CPU 执行控制及运算功能，早期国内常采用的有 Intel 8086 型 CPU、MCS-51 系列和 MCS-96 系列单片机。部分新研制的微机保护产品有的采用了数字信号处理器 DSP，如美国德州仪器公司（TI）生产的定点、浮点系列 DSP 芯片，如 TMS320F2407、TMS320F2812 等。

CPU 一般集成闪存 FLASH，可用于存储监控、继电保护功能程序。

EEPROM 可存放保护定值，可通过面板上的小键盘设定或修改保护定值。

RAM 作为采样数据及运算过程中数据的暂存器，如常见的静态 RAM 芯片 6116（2K×8）和 6264（8K×8）。

CPU 一般集成多个定时器，用以计数、计时、产生采样脉冲和实现实时钟功能等，实时钟还可采用专用实时钟芯片实现，如 PCF8563 等。

另外，CPU 主系统的常见外设，如小键盘、LCD 液晶显示器和打印机等用于实现人机对话。

三、开关量输入、输出系统

通常，微机保护所采集的信息可分为模拟量和开关量。无论何种类型的信息，在微机系统内部都是以二进制的形式存放在存储器中的。断路器和隔离开关、继电器的接点、按钮和普通的开关、隔离开关等都具有分、合两种工作状态，可以用 0、1 表示，因此，对它们的工作状态的输入和控制命令的输出都可以表示为数字量的输入和输出。

开关量输入有以下两类。

1. 可以与 CPU 主系统使用共同电源，无需电气隔离的开关量输入

如键盘上的按钮、复位按钮、定值切换按钮等。这类开关量可以直接接至微机的并行接口。如图 10-7（a）所示，S 接通时，a 点电位为 0；S 断开时，a 点电位为 5V。由此可以读得开关状态。

2. 与 CPU 主系统使用不同电源，需要电气隔离的开关量输入

如断路器、隔离开关的辅助触点、继电器触点等。为了 CPU 主系统的安全，必须采用光电隔离措施，以保证内部弱电子电路的安全，减少外部干扰。如图 10-7（b）所示是一种典型的开关量输入回路，它使用光电耦合器件实现电气隔离，光电耦合器件内部由发光二极

管和光敏晶体管组成。当外部继电器触点闭合时，电流经限流电阻 R 流过发光二极管使其发光，光敏晶体管受光照射而导通，其输出端呈现低电平 0；反之，当外部继电器触点断开时，无电流流过发光二极管，光敏晶体管无光照射而截止，其输出端呈现高电平 1。该 0、1状态可作为数字量由 CPU 直接读入，也可控制中断控制器向 CPU 发出中断请求。图 10-7（b）中的电容 C 为抗干扰电容，二极管 VD 是防止开关量输入回路电源极性接反时损坏光电耦合器而接入的保护光电耦合器芯片的二极管。

　　开关量输出主要包括保护的跳闸出口，以及本地和中央信号输出等，由并行口经光电隔离电路将开关量输出的电路如图 10-8 所示，只要由软件使并行口的 PA0 输出低电平 0，PA1 输出高电平 1，便可使与非门 H1 输出低电平，光敏三极管 VT1 导通，继电器 K 被吸合。

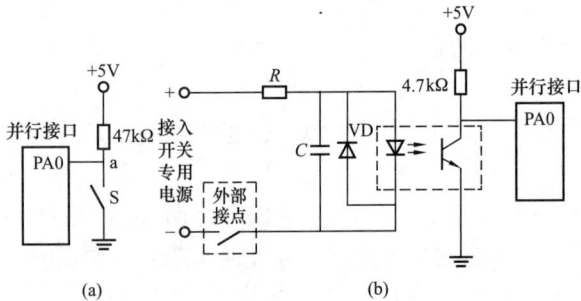

图 10-7　开关量输入回路接线图　　　　　　图 10-8　开关量输出回路接线图
（a）开关量直接输入电路；（b）开关量光电隔离输入电路

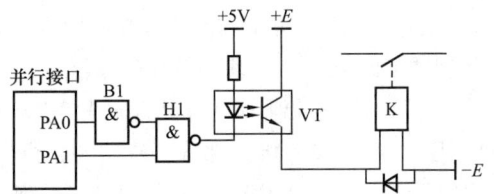

四、WZB-6211C 型线路保护装置

　　WZB-6211C 型微机保护测控装置集保护和测控功能为一体，是用于 $35\sim500kV$ 各级电压的输电线路成套保护，可快速、正确地反应输、配电线路的各种相间故障和接地故障，可进行二次重合闸，同时实现对监控对象模拟量高精度采集测量。

　　WZB-6211C 型微机保护测控装置在硬件设计上采用双 CPU 架构，主 CPU 采用 TMS320LF2407A高速数字信号处理器（High-Specd Digital Signal Processor，DSP），其高速运算能力保证了模拟量采样、保护计算、开关量输入信号、保护控制信号输出等所有功能的实现，可实现三段式过电流保护、重合闸、零序保护、低频保护、接地保护等保护功能，装置具备故障录波功能，可录取故障时刻电压、电流波形，为电网事故原因分析提供依据；辅助 CPU 实现人机交互功能，配置键盘和 LCD 液晶显示屏，可实现各种实时信息显示，包括模拟量、开关量状态、故障信息等，通过键盘实现与操作人员交互，可实现对保护定值和运行参数的修改。

　　WZB-6000C 系列微机保护装置主控制硬件电路采用统一设计，硬件结构、原理完全相同，针对不同保护、控制应用对象采用不同的软件实现。WZB-6000C 系列微机保护装置还包括 WZB-6120C 微机变压器主保护装置、WZB-6141C 微机变压器后备保护测控装置、WZB-6131C 微机电容器保护测控装置等。

　　该装置硬件框图如图 10-9 所示，共有 6 个插件和 1 块用于人机交互的显示面板，框图中小圆圈内的编号为插件号。图 10-10 为该装置的面板及插件布局图，从插件图可以清楚地看出各插件所在的位置。

　　主 CPU 插件的 A/D 采集来自交流输入插件的模拟量信号，测量电流信号送测量电流通道

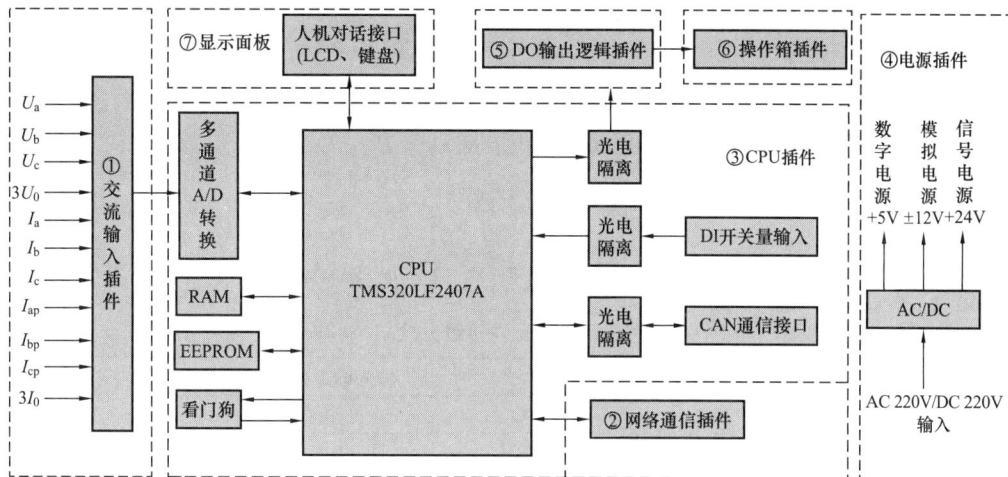

图 10-9　WZB-6211C 型微机保护测控装置硬件框图

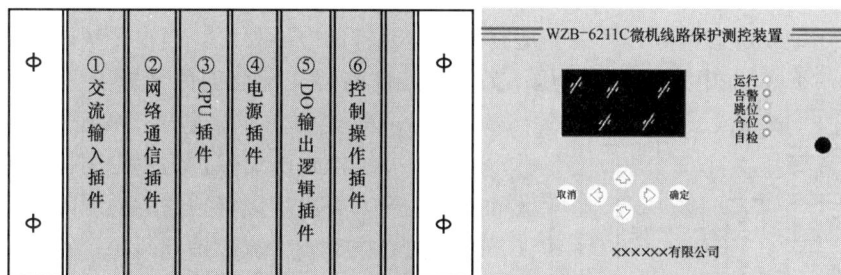

图 10-10　WZB-6211 型微机保护测控装置面板及插件布局图

采集，保护电流信号送保护电流通道采集，电压信号送电压采集信号通道采集，主 CPU 每 0.625ms 执行一次采样中断程序（即每频率采样 32 点）。A/D 转换完成模拟量到数字量的转换，主 CPU 通过快速 FFT 运算，计算出各模拟量的实时值，测量数据用于反映当前回路的实时模拟量幅值，包括电流、电压、有功功率、无功功率、电网频率等，保护数据用于保护判别。

WZB-6211C 型微机保护测控装置保护原理如下。

1. 保护起动元件

主 CPU 每执行一次采样中断程序即对各模拟量进行一次采样，然后计算、判断是否满足起动条件，若满足起动条件，则进行故障处理。保护起动采用突变量电流起动和有效值辅助起动两种方式。

突变量电流起动判别每相电流采样值的突变量，判据为

$$\Delta i = \left| i(t) - i(t - T) \right| > \Delta I_{set}$$

Δi 为计算的起动电流；ΔI_{set} 为电流突变量起动的定值。当任一相电流连续两个采样值的突变量大于起动定值时，保护起动并进入故障处理程序做故障计算判别。

保护还采用有效值辅助起动判别量，以便在没有明显突变量的情况下保护能可靠起动。判据：任一相电流有效值大于过电流保护定值；零序电流大于零序电流定值；零序电压大于零序电压定值；频率低于低频减载定值。上述条件有任一项满足保护则起动，若不投重合闸

时保护跳闸 0.5s 后整组复归，投重合闸保护起动 20s 后整组复归。

2. 电流保护方向元件

三段相电流保护采用同一个方向元件，每段可独立投退。规定由母线流向线路为正方向，方向元件采用 90°接线，阻抗角为 60°。正方向动作方程为

$$-90° \leqslant \arg \frac{\dot{U}_r e^{j30°}}{\dot{I}_r} \leqslant 90°$$

三相方向元件 DA、DB、DC 输入的交流量 I_r、U_r 见表 10-2。

表 10-2　　　　　　　　　　　　　三相方向元件接线方式

方向元件	输入的交流量	
	I_r	U_r
DA	I_a	U_{bc}
DB	I_b	U_{ca}
DC	I_c	U_{ab}

装置采用记忆电压消除近区三相短路时方向元件的电压死区，当三个线电压中的最小线电压低于 15V 时，采用故障前的电压作为方向元件的 U_r，记忆时间不短于 1s。

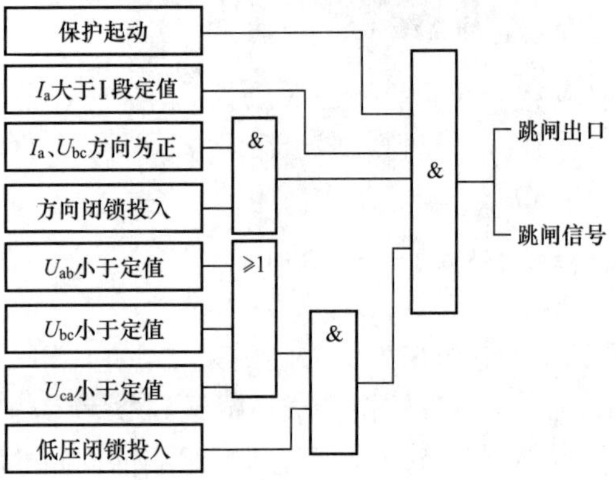

3. 电流保护低电压闭锁元件

三段式电流保护为了提高保护可靠性及灵敏度，每段均设置独立的低压闭锁元件，可以独立投退。电流保护判断每一路线电压，有一路线电压过低，低压闭锁元件打开。

4. 电流保护

电流保护逻辑框图如图 10-11 所示。图中为 A 相的一段低压闭锁方向过电流保护的原理框图，B 相、C 相的原理同 A 相。二段和三段的低压闭锁方向过电流保护的原理同一段保护，所不同的是延时后才跳闸。

图 10-11　电流保护逻辑框图

5. 重合闸功能

装置重合闸使用内部操作回路插件提供的断路器合位、跳位来判别，故控制回路断线可闭锁重合闸。

为了保证在手动合闸于故障时不进行重合闸，重合闸需要有一个准备时间。在机械型继电器中，重合闸继电器有电容器的放电电流所激励，电容器的充电时间便是重合闸的准备时间。本装置则以软件逻辑模拟前述电容器的充放电时间，即在手动和自动合闸后，都需经过 20s 的"充电"时间，重合闸功能才有效。断路器因故障跳闸或偷跳后，若重合闸已"充电"，则重合闸起动，经过重合闸延时后，就进行重合闸。重合闸动作逻辑如图 10-12 所示。

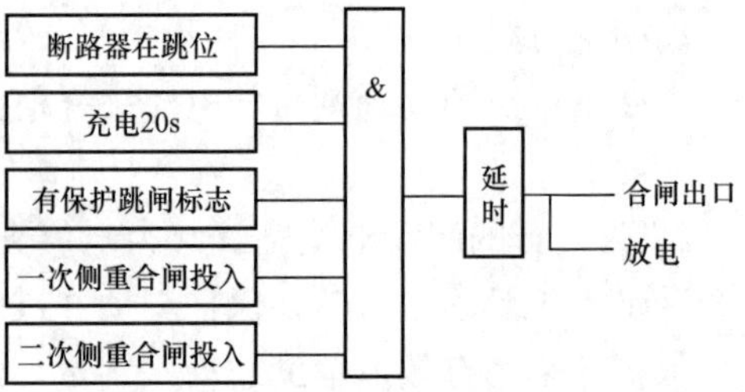

图 10-12　重合闸动作逻辑图

6. 后加速功能

后加速开放时间为 3s，即在断路器由跳位变合位后，无论手合或自动重合闸，后加速均开放 3s。后加速保护应躲过线路外带用户变压器的励磁涌流，当其动作电流按躲过最大负荷电流整定时，应延时躲过励磁涌流，延时约 200ms。后加速保护逻辑与电流保护完全一致。

7. 低频减载

低频减载设置滑差闭锁，用以区分系统频率下降的原因：系统发生故障时，频率快速下降，滑差 $\Delta f/\Delta t$ 较大，此时闭锁低频减载；当系统有功不足时，频率缓慢下降，$\Delta f/\Delta t$ 较小，此时开放低频减载。低频减载设置欠电流和欠电压闭锁：当三相负荷电流均小于欠电流定值时，可以认为该线路处于"休眠状态"，此时闭锁低频减载，欠电流定值按躲过最小负荷电流整定；同样当三相线电压都低于闭锁电压定值时，跳闸将会被闭锁。低频减载动作时，装置自动闭锁重合闸。低频减载保护逻辑框图如图 10-13 所示。

8. 过负荷告警

过负荷告警一般要求告警并发告警信号，其逻辑框图如图 10-14 所示。

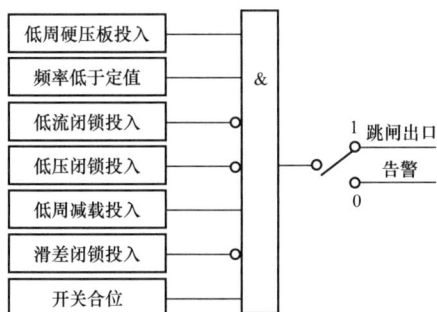

图 10-13 低频减载保护逻辑框图

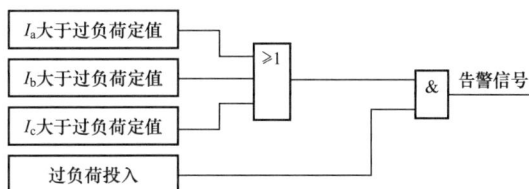

图 10-14 过负荷告警逻辑框图

9. 零序方向保护

零序方向保护主要用于中性点不接地系统的单相接地保护。中性点不接地系统发生单相接地时，非故障线流过其自身电容电流，方向由母线流向线路，零序电流超前零序电压 90°。故障线路流过母线上所有非故障线路的电容电流之和，方向由线路流向母线，零序电流落后零序电压 90°，其逻辑框图如图 10-15 所示。

10. 小电流接地选线

小电流接地选线采用零序功率方向原理，可选 5 次谐波或基波电压、电流计算，零序功率方向可选为零序保护的闭锁条件，$*3U_0$ 与 $*3I_0$ 为同名端，当零序电压大于 10V，零序电流大于零序电流定值且零序电压超前零序电流 10°~170° 时，判为小电流接地，边界误差不超过 ±5°，其逻辑框图如图 10-16 所示。

图 10-15 零序方向保护逻辑框图

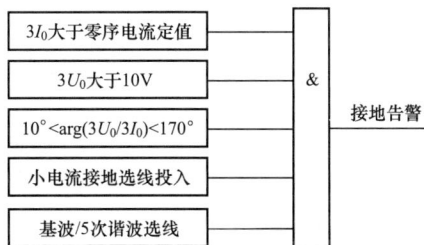

图 10-16 小电流接地选线逻辑框图

第二节　微机保护的基本算法

微机保护装置根据采样数据进行分析、计算和判断，实现继电保护功能的方法称为微机保护算法。目前，微机保护算法有很多种，本节主要介绍在微机保护中常用的几种算法，采用不同算法，可以根据电气量的采样值计算出保护所需的量值。

一、差分滤波

在微机保护中滤波也是一个必要环节，它用于滤去各种不需要的谐波，在前一节硬件的介绍中已经提到的模拟低通滤波器的作用主要是滤掉 $f_s/2$ 以上的高频分量（f_s 为采样频率），以防止混叠现象产生。而数字滤波器的用途是滤去各种特定次数的谐波，特别是接近工频的谐波。

数字滤波器不同于模拟滤波器，它不是一种纯硬件构成的滤波器，而是由软件编程来实现，改变算法或某些系数即可改变滤波性能，即滤波器的幅频特性和相频特性。

在微机保护中广泛使用的简单的数字滤波器，是一类用加减运算构成的线性滤波单元。它们的基本形式有差分滤波（减法滤波）、加法滤波、积分滤波等，下面仅以差分滤波为例做简单介绍。

1. 差分滤波原理

差分滤波器输出信号的差分方程形式为

$$y(n)=x(n)-x(n-k) \tag{10-1}$$

式中，$x(n)$、$x(n-k)$ 分别是滤波器在采样时刻 n（即 $t=nT_s$ 时）和前 k 个 T_s（采样周期）时刻（即 $t=nT_s-kT_s$ 时）的输入数据；$y(n)$ 是滤波器在 $t=nT_s$ 时刻的输出。该式是 k 阶差分方程，也是差分滤波器的数学模型，其数据窗长度为 k（或 nT_s）且 $k\geqslant1$。它表明该滤波器与前行输出无关，所以这种滤波器是非递归型数字滤波器。

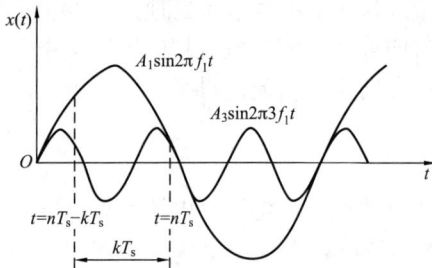

图 10-17　差分滤波器滤波原理示意

那么式（10-1）的滤波器是如何起到滤波作用的呢？这里以图 10-17 为例来说明滤波的原理。

设输入信号中含有基波，其频率为 f_1，也含有 m 次谐波，其频率为 $f_m=mf_1$，如图 10-17 所示的波形（图中，$m=3$ 为 3 次谐波）。输入信号 $x(t)$ 为

$$x(t)=A_1\sin2\pi f_1t+A_3\sin2\pi mf_1t$$

当 kT_s 正好等于谐波的周期 $T_m=\dfrac{1}{mf_1}$，或者

是 $\dfrac{1}{mf_1}$ 的整数倍（如 P 倍，$P=1$，2，…）时，则在 $t=nT_s$ 和 $t=nT_s-kT_s$ 两点的采样值中所含该次谐波成分相等，故两点采样值相减后，恰好将该次谐波滤去，剩下基波分量。此时，有

$$kT_s=\frac{P}{mf_1} \tag{10-2}$$

故滤去的谐波次数

$$m=\frac{P}{kT_sf_1} \qquad (P=1,~2,~\cdots)$$

由此可见，当 f_1 和 T_s 已确定时，能滤掉的谐波最低次数是在 $P=1$ 时计算的 m 值，除此之外，还能滤掉 m 的整数倍的谐波。因数据窗越长，其延时越长，通常 P 为 1 即可。例如，当采样频率为 600Hz 且 $P=1$ 时，若滤掉 3 次谐波，差分滤波器的 k 值应为

$$k = \frac{P}{mT_sf_1} = \frac{f_s}{3f_1} = 4$$

也就是说，若要消除 3 次谐波，可在式（10-2）中使 $k=4$ 即可。不过它除了消除 3 次谐波外，还能消除 3 的整数倍次谐波，如 6、9 等次谐波。

差分滤波器具有如下特点：

（1）因任意两点采样值中所含的直流成分相同（不考虑衰减），故差分后对应的直流输出为零，因此差分滤波器能消除直流分量。这一特点使它在数字滤波器中占有重要地位。

（2）由式（10-2）可知，当 f_1 和 T_s 已确定且选择 k 值后，差分滤波器能滤除 m 次及 m 的整倍数次谐波。当 $m=1$ 时，能消除基波及各次谐波（包括直流），若输入信号中含有直流、基波及基波的整倍数次谐波，则在稳态输入时，滤波器的输出为零。这一特点在保护中常被用作增量元件。在电力系统正常时或故障进入稳态后，滤波器的输出为零，在故障后的 kT_s 时间内，滤波器有输出，此时输出的是故障后的参数与故障前的负荷参数之差，这就是故障分量。也就是说，当 $k = \dfrac{1}{T_sf_1}$ 时，在发生故障后的一个基波周期内，只输出故障分量，所以可用来实现起动元件、选相元件及其他利用故障分量原理构成的保护。

（3）当用差分滤波器消除谐波分量时，若 $kT_s \neq 1/mf_1$，此时虽然不能滤去 m 次及 m 的整倍数次谐波，但会引起这些频率分量的幅值和相位的变化。例如，在图 10-17 中，取 $k=4$ 时，将 3 次及其整倍数次谐波消除了，不会消除基波，但基波在差分后幅值和相位都发生了变化，其变化的规律可以通过频率特性进行分析。有时利用这一特点，常把差分滤波器用作移相器。

2. 差分滤波器的频率特性

从频域的角度讨论差分滤波器的滤波特性，可将式（10-1）进行 Z 变换，得

$$Y(z) = X(z)(1 - z^{-k})$$

从而得出差分滤波器的传递函数

$$H(z) = \frac{Y(z)}{X(z)} = 1 - z^{-k} \tag{10-3}$$

为求其频率特性，以 $z = e^{j\omega T_s}$ 代入式（10-3）中，得

$$H(e^{j\omega T_s}) = 1 - e^{-jk\omega T_s}$$

将 $e^{j\omega T_s} = \cos k\omega T_s - j\sin k\omega T_s$ 代入式（10-3），有

$$H(e^{j\omega T_s}) = 1 - \cos k\omega T_s + j\sin k\omega T_s$$

其幅频特性为

$$A(\omega) = |H(e^{j\omega T_s})| = \sqrt{(1 - \cos k\omega T_s)^2 + \sin^2 k\omega T_s} = 2\left|\sin\frac{k\omega T_s}{2}\right| \tag{10-4}$$

欲求差分滤波器能完全消除的谐波次数，可令 $A(\omega)=0$，则

$$\frac{k\omega T_s}{2} = P\pi \qquad (P = 1,\ 2,\ \cdots)$$

即 $kT_s = P/f$，此式与式（10-2）类似，其中 f 为谐波频率。

其相频特性为

$$\beta(\omega)=\arg H(\mathrm{e}^{\mathrm{j}\omega T_s})=\arctan\frac{\sin k\omega T_s}{1-\cos k\omega T_s}$$

$$=\arctan\left(\cot\frac{k\omega T_s}{2}\right)=\frac{\pi}{2}(1-2fkT_s) \tag{10-5}$$

若对于基波每周采样 12 点，则 $T_s=\dfrac{1}{12f_1}$ 时，取 $k=1$，做出幅频及相频特性如图 10-18 所示。从特性曲线可以看出，取 $T_s=\dfrac{1}{12f_1}$ 时，差分滤波器可以滤去直流分量、12 次谐波及 12 的整倍数次谐波，对于基波经滤波器后移相 75°。

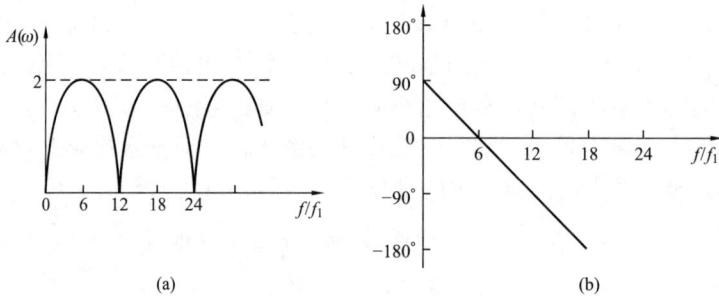

图 10-18　差分滤波器的频率特性
(a) 幅频特性；(b) 相频特性

二、基于正弦函数模型算法

下面几种算法都是假定被采样的电压、电流信号都是纯正弦函数，既不含非周期分量，又不含谐波分量。因而，可利用正弦函数的各种特性，从若干个离散化采样值中计算出电流、电压的幅值、相位角和测量阻抗等量值。

1. 半周积分算法

半周积分算法的依据是

$$S=\int_0^{\frac{T}{2}}U_m\sin\omega t\,\mathrm{d}t=-\frac{U_m}{\omega}\cos\omega\,t\,|^{\frac{T}{2}}_0=\frac{2}{\omega}U_m=\frac{T}{\pi}U_m \tag{10-6}$$

即正弦函数半周积分与其幅值成正比。

式（10-6）的积分可以用梯形法则近似求出

$$S\approx\left[\frac{1}{2}(|u_0|+|u_1|)+\frac{1}{2}(|u_1|+|u_2|)+\cdots+\frac{1}{2}(|u_{\frac{N}{2}-1}|+|u_{\frac{N}{2}}|)\right]T_s$$

$$=\left[\frac{1}{2}|u_0|+\sum_{k=1}^{N/2-1}|u_k|+\frac{1}{2}|u_{N/2}|\right]T_s \tag{10-7}$$

式中　u_k——第 k 次采样值；

　　　N——某周期 T 内的采样点数；

　　　u_0——$k=0$ 时的采样值；

　　　$u_{N/2}$——$k=N/2$ 时的采样值。

求出积分值 S 后，应用式（10-6）可求得幅值 $U_m=S\cdot\pi/T$。

因为在半波积分过程中，叠加在基频成分上的幅值不大的高频分量，其对称的正负半周相互抵消，剩余未被抵消的部分占比就减少了，所以，这种算法有一定的滤波作用。另外，这一算法所需数据窗仅为半个周期，即数据长度为 10ms。

2. 导数算法

导数算法是利用正弦函数的导数为余弦函数这一特点求出采样值的幅值和相位的一种算法。

设　$u = U_\mathrm{m} \sin\omega t$，$i = I_\mathrm{m} \sin(\omega t - \theta)$，则

$$\left.\begin{array}{l} u' = \omega U_\mathrm{m} \cos\omega t \\ i' = \omega I_\mathrm{m} \cos(\omega t - \theta) \\ u'' = -\omega^2 U_\mathrm{m} \sin\omega t \\ i'' = -\omega^2 I_\mathrm{m} \sin(\omega t - \theta) \end{array}\right\} \tag{10-8}$$

很容易得出

$$u^2 + \left(\frac{u'}{\omega}\right)^2 = U_\mathrm{m} \ \text{或} \ \left(\frac{u'}{\omega}\right)^2 + \left(\frac{u''}{\omega^2}\right)^2 = U_\mathrm{m}^2 \tag{10-9}$$

$$i^2 + \left(\frac{i}{\omega}\right)^2 = I_\mathrm{m}^2 \ \text{或} \ \left(\frac{i'}{\omega}\right)^2 + \left(\frac{i'}{\omega}\right)^2 = I_\mathrm{m}^2 \tag{10-10}$$

和

$$z^2 = \frac{U_\mathrm{m}^2}{I_\mathrm{m}^2} = \frac{\omega^2 u^2 + u'^2}{\omega^2 i^2 + i'^2} \tag{10-11}$$

根据式（10-8），也可推导出

$$\frac{ui'' - u'i'}{ii'' - i'^2} = \frac{U_\mathrm{m}}{I_\mathrm{m}} \cos\theta = R \tag{10-12}$$

$$\frac{u'i - ui'}{ii'' - i'^2} = \frac{U_\mathrm{m}}{\omega I_\mathrm{m}} \sin\theta = \frac{X}{\omega} = L \tag{10-13}$$

式（10-9）～式（10-13）中，u、i 对应 t_k 时为 u_k、i_k，均为已知数，而对应 t_{k-1} 和 t_{k+1} 的 u、i 为 u_{k-1}、u_{k+1}、i_{k-1}、i_{k+1}，也为已知数，此时

$$u'_k = \frac{u_{k+1} - u_{k-1}}{2T_\mathrm{s}} \tag{10-14}$$

$$i'_k = \frac{i_{k+1} - i_{k-1}}{2T_\mathrm{s}} \tag{10-15}$$

$$u''_k = \frac{1}{T_\mathrm{s}}\left(\frac{u_{k+1} - u_k}{T_\mathrm{s}} - \frac{u_k - u_{k-1}}{T_\mathrm{s}}\right) = \frac{1}{(T_\mathrm{s})^2}(u_{k+1} - 2u_k + u_{k-1}) \tag{10-16}$$

$$i''_k = \frac{1}{T_\mathrm{s}}\left(\frac{i_{k+1} - i_k}{T_\mathrm{s}} - \frac{i_k - i_{k-1}}{T_\mathrm{s}}\right) = \frac{1}{(T_\mathrm{s})^2}(i_{k+1} - 2i_k + i_{k-1}) \tag{10-17}$$

导数算法最大的优点是它的"数据窗"，即算法所需要的相邻采样数据是 3 个，即计算速度快。导数算法的缺点是当采样频率较低时，计算误差较大。

3. 两采样值积算法

两采样值积算法是利用 2 个采样值以推算出正弦曲线波形，即用采样值的乘积来计算电流、电压、阻抗的幅值和相角等电气参数的方法，属于正弦曲线拟合法。这种算法的特点是计算的判定时间较短。

设有正弦电压、电流波形在任意两个连续采样时刻 t_k、$t_{k+1}(= t_k + T_\mathrm{s})$ 进行采样，并没

被采样电流滞后电压的相位角为 θ，则 t_k 和 t_{k+1} 时刻的采样值分别表示为式（10-18）和式（10-19）。

$$\left.\begin{array}{l} u_1 = U_\mathrm{m}\sin\omega t_k \\ i_1 = I_\mathrm{m}\sin(\omega t_k - \theta) \end{array}\right\} \tag{10-18}$$

$$\left.\begin{array}{l} u_2 = U_\mathrm{m}\sin\omega t_{k+1} = U_\mathrm{m}\sin\omega(t_k + T_\mathrm{s}) \\ i_2 = I_\mathrm{m}\sin(\omega t_{k+1} - \theta) = I_\mathrm{m}\sin[\omega(t_k + T_\mathrm{s}) - \theta] \end{array}\right\} \tag{10-19}$$

其中，T_s 为两采样值的时间间隔，即 $T_\mathrm{s} = t_{k+1} - t_k$。

由式（10-18）和式（10-19），取两采样值乘积，则有

$$u_1 i_1 = \frac{1}{2}U_\mathrm{m}I_\mathrm{m}[\cos\theta - \cos(2\omega t_k - \theta)] \tag{10-20}$$

$$u_2 i_2 = \frac{1}{2}U_\mathrm{m}I_\mathrm{m}[\cos\theta - \cos(2\omega t_k + 2\omega T_\mathrm{s} - \theta)] \tag{10-21}$$

$$u_1 i_2 = \frac{1}{2}U_\mathrm{m}I_\mathrm{m}[\cos(\theta - \omega T_\mathrm{s}) - \cos(2\omega t_k + \omega T_\mathrm{s} - \theta)] \tag{10-22}$$

$$u_2 i_1 = \frac{1}{2}U_\mathrm{m}I_\mathrm{m}[\cos(\theta + \omega T_\mathrm{s}) - \cos(2\omega t_k + \omega T_\mathrm{s} - \theta)] \tag{10-23}$$

式（10-20）和式（10-21）相加，得

$$u_1 i_1 + u_2 i_2 = \frac{1}{2}U_\mathrm{m}I_\mathrm{m}[2\cos\theta - 2\cos\omega T_\mathrm{s}\cos(2\omega t_k + \omega T_\mathrm{s} - \theta)] \tag{10-24}$$

式（10-22）和式（10-23）相加，得

$$u_1 i_2 + u_2 i_1 = \frac{1}{2}U_\mathrm{m}I_\mathrm{m}[2\cos\omega T_\mathrm{s}\cos\theta - 2\cos(2\omega t_k + \omega T_\mathrm{s} - \theta)] \tag{10-25}$$

从式（10-24）和式（10-25）可以看到，只要能消去含 ωt_k 的项，便可由采样值计算出其幅值 U_m、I_m。为此，将式（10-25）乘以 $\cos\omega T_\mathrm{s}$ 再与式（10-24）相减，可消去 ωt_k 项，得

$$U_\mathrm{m}I_\mathrm{m}\cos\theta = \frac{u_1 i_1 + u_2 i_2 - (u_1 i_2 + u_2 i_1)\cos\omega T_\mathrm{s}}{\sin^2\omega T_\mathrm{s}} \tag{10-26}$$

同理，由式（10-22）与式（10-23）相减消去 ωt_k 项，得

$$U_\mathrm{m}I_\mathrm{m}\sin\theta = \frac{u_1 i_2 - u_2 i_1}{\sin T_\mathrm{s}} \tag{10-27}$$

在式（10-26）中，如用同一电压的采样值相乘，或用同一电流的采样值相乘，则 $\theta = 0°$，此时可得

$$U_\mathrm{m}^2 = \frac{u_1^2 + u_2^2 - 2u_1 u_2\cos\omega T_\mathrm{s}}{\sin^2 T_\mathrm{s}} \tag{10-28}$$

$$I_\mathrm{m}^2 = \frac{i_1^2 + i_2^2 - 2i_1 i_2\cos\omega T_\mathrm{s}}{\sin^2\omega T_\mathrm{s}} \tag{10-29}$$

由于 T_s、$\sin\omega T_\mathrm{s}$、$\cos\omega T_\mathrm{s}$ 均为常数，只要送入时间间隔 T_s 的两次采样值，便可按式（10-28）和式（10-29）计算出 U_m、I_m。

以式（10-29）去除式（10-26）和式（10-27）还可得测量阻抗中的电阻和电抗分量，即

$$R = \frac{U_\mathrm{m}}{I_\mathrm{m}}\cos\theta = \frac{u_1 i_1 + u_2 i_2 - (u_1 i_2 + u_2 i_1)\cos\omega T_\mathrm{s}}{i_1^2 + i_2^2 - 2i_1 i_2\cos T_\mathrm{s}} \tag{10-30}$$

$$X = \frac{U_m}{I_m}\sin\theta = \frac{(u_1 i_2 - u_2 i_1)\sin\omega T_s}{i_1^2 + i_2^2 - 2i_1 i_2 \cos\omega T_s} \tag{10-31}$$

由式（10-28）和式（10-29）也可求出阻抗的模值

$$z = \frac{U_m}{I_m} = \sqrt{\frac{u_1^2 + u_2^2 - 2u_1 u_2 \cos\omega T_s}{i_1^2 + i_2^2 - 2i_2 i_1 \cos\omega T_s}} \tag{10-32}$$

由式（10-30）和式（10-31）还可求出 U、I 之间的相角差 θ，

$$\theta = \arctan\frac{(u_1 i_2 - u_2 i_1)\sin\omega T_s}{u_1 i_1 + u_2 i_2 - (u_1 i_2 + u_2 i_1)\cos\omega T_s} \tag{10-33}$$

若取 $\omega T_s = 90°$，则式（10-28）~式（10-33）可进一步化简，进而大大减少了计算机的运算时间。

4. 三采样值积算法

三采样值积算法是利用 3 个连续的等时间间隔 T_s 的采样值中两两相乘，通过适当的组合消去 ωt 项以求出 u、i 的幅值和其他电气参数。

设在 t_{k+1} 后再隔一个 T_s 为时刻 t_{k+2}，此时的 u、i 采样值为

$$u_3 = U_m\sin\omega(t_k + 2T_s) \tag{10-34}$$
$$i_3 = I_m\sin(\omega t_k + 2\omega T - \theta) \tag{10-35}$$

上式两采样值相乘，得

$$u_3 i_3 = \frac{1}{2}U_m I_m[\cos\theta - \cos(2\omega t_k + 4\omega T_s - \theta)] \tag{10-36}$$

上式与式（10-20）相加，得

$$u_1 i_1 + u_3 i_3 = \frac{1}{2}U_m I_m[2\cos\theta - 2\cos2\omega T_s\cos(2\omega t_k + 2\omega T_s - \theta)] \tag{10-37}$$

显然，将式（10-37）和式（10-21）经适当组合以消去 ωt_k 项，得

$$U_m I_m\cos\theta = \frac{u_1 i_1 + u_3 i_3 - 2u_2 i_2\cos2\omega T_s}{2\sin^2\omega T_s} \tag{10-38}$$

若要 $\omega T_s = 30°$，式（10-38）可简化为

$$U_m I_m\cos\theta = 2(u_1 i_1 + u_3 i_3 - u_2 i_2) \tag{10-39}$$

用 I_m 代替 U_m（或 U_m 代替 I_m），并取 $\theta = 0°$，则有

$$U_m = 2u(u_1^2 + u_3^2 - u_2^2) \tag{10-40}$$
$$I_m = 2(i_1^2 + j_3^2 - i_2^2) \tag{10-41}$$

由式（10-39）和式（10-41）可得

$$R = \frac{U_m}{I_m}\cos\theta = \frac{u_1 i_1 + u_3 i_3 - u_2 i_2}{i_1^2 + i_3^2 - i_2^2} \tag{10-42}$$

由式（10-27）和式（10-41），并考虑到 $\omega T_s = 30°$，得

$$X = \frac{U_m}{I_m}\sin\theta = \frac{u_1 i_2 - u_2 i_1}{i_1^2 + i_3^2 - i_2^2} \tag{10-43}$$

由式（10-40）和式（10-41），得

$$z = \frac{U_m}{I_m} = \sqrt{\frac{u_1^2 + u_3^2 - u_2^2}{i_1^2 + i_3^2 - i_2^2}} \tag{10-44}$$

由式（10-42）和式（10-43），得

$$\theta = \arctan \frac{u_1 i_2 - u_2 i_1}{u_1 i_1 + u_3 i_3 - u_2 i_2} \tag{10-45}$$

三采样值积算法的数据窗是 $2T_s$。从精确角度看，如果输入信号波形是纯正弦的，这种算法没有误差，因为算法的基础是考虑了采样值在正弦信号中的实际值。

三、基于周期函数模型算法

前面所讲正弦函数模型算法只是对理想情况的电流、电压波形进行了粗略的计算。由于故障时的电流、电压波形畸变很大，此时不能再把它们假设为单一频率的正弦函数。而基于周期函数模型算法是将输入信号看作周期性函数，或者可以近似地作为周期函数处理。当信号是周期函数时，它可以被分解为一个函数系列之和，即级数，这是在时域的表现，从频域看，周期函数可以用一系列离散的频率分量表示。针对这种周期函数模型，最常用的是傅氏算法。傅氏算法假定被采样信号是一个周期性时间函数，除基波外还含有不衰减的直流分量和各次谐波，本身具有滤波作用。

1. 全周傅氏算法

全周傅氏算法是采用由 $\cos n\omega_1 t$ 和 $\sin n\omega_1 t (n=0，1，2，\cdots)$ 正弦函数组作为样品函数，将这一正弦样品函数与待分析的时变函数进行相应的积分变换，以求出与样品函数频率相同的分量的实部和虚部的系数。进而可以求出待分析的时变函数中该频率的谐波分量的模值和相位。

根据傅里叶级数，我们将待分析的周期函数电流信号 $i(t)$ 表示为

$$i(t) = I_0 + \sum_{n=1}^{\infty} I_{nI} \cos n\omega_1 t + \sum_{n=1}^{\infty} I_{nR} \sin n\omega_1 t \tag{10-46}$$

式中　　n —— n 次谐波（$n=1$，2，$\cdots$）；

I_0 —— 恒定电流分量；

I_{nR}、I_{nI} —— 分别表示 n 次谐波分量的实部和虚部。

对于 n 次谐波，还可以表示为

$$\begin{aligned} i_n(t) &= \sqrt{2} I_n \sin(n\omega_1 t + \alpha_n) \\ &= \sqrt{2} I_n [\sin(n\omega_1 t \cos\alpha_n + \cos n\omega_1 t \sin\alpha_n)] \\ &= (\sqrt{2} I_n \cos\alpha_n)\sin n\omega_1 t + (\sqrt{2} I_n \sin\alpha_n)\cos n\omega_1 t \\ &= I_{nR} \sin n\omega_1 t + I_{nI} \cos n\omega_1 t \end{aligned}$$

当我们希望得到 n 次谐波分量时，可用 $\cos n\omega_1 t$ 和 $\sin n\omega_1 t$ 分别乘式（10-46）的两边，然后在 $t_0 \sim t_0 + T$ 积分，得到

$$I_{nI} = \frac{2}{T} \int_{t_0}^{t_0+T} i(t) \cos n\omega_1 t \, dt \tag{10-47}$$

$$I_{nR} = \frac{2}{T} \int_{t_0}^{t_0+T} i(t) \sin n\omega_1 t \, dt \tag{10-48}$$

每工频周期 T 采样 N 次，对式（10-47）和式（10-48）用梯形法数值积分来代替，则得

$$I_{nI} = \frac{2}{N} \sum_{k=1}^{N} i_k \cos k \frac{2\pi n}{N} \tag{10-49}$$

$$I_{nR} = \frac{2}{N} \sum_{k=1}^{N} i_k \sin k \frac{2\pi n}{N} \tag{10-50}$$

式中　k、i_k——第 k 采样及第 k 个采样值。

电流 n 次谐波的有效值和相位分别为

$$I_n = \frac{1}{\sqrt{2}}\sqrt{I_{nR}^2 + I_{nI}^2} \tag{10-51}$$

$$\alpha_n = \arctan\frac{I_{nI}}{I_{nR}} \tag{10-52}$$

写成复数形式，有

$$\dot{I}_n = \frac{1}{\sqrt{2}}(I_{nR} + \mathrm{j}I_{nI})$$

对于基波分量，若每周采样 12 点（$N=12$），则式（10-49）和式（10-50）可简化为

$$6I_{1I} = \frac{\sqrt{3}}{2}(i_1 - i_5 - i_7 + i_{11}) + \frac{1}{2}(i_2 - i_4 - i_8 + i_{10}) - i_6 + i_{12} \tag{10-53}$$

$$6I_{1R} = (i_3 - i_9) + \frac{1}{2}(i_1 + i_5 - i_7 - i_{11}) + \frac{\sqrt{3}}{2}(i_2 + i_4 - i_8 - i_{10}) \tag{10-54}$$

在微机保护的实际编程中，为尽量避免采用费时的乘法指令，在准确度允许的情况下，为了获得对采样结果分析计算的快速性，可用（1-1/8）近似代替上两式中的 $\sqrt{3}/2$，而后 1/2 和 1/8 采用较省时的移位指令来实现。

全周傅氏算法本身具有滤波作用，在计算基频分量时，能抑制恒定直流和消除各整数次谐波，但对衰减的直流分量将造成基频（或其他倍频）分量计算结果的误差。另外，用近似数值计算也会导致一定的误差。算法的数据窗为一个工频周期，属于长数据窗类型，响应时间较长。

2. 半周傅氏算法

为了缩短全周傅氏算法的计算时间，提高响应速度，可只取半个工频周期的采样值，采用半周傅氏算法，其原理和全周傅氏算法相同，其计算公式为

$$I_{nR} = \frac{4}{N}\sum_{k=1}^{N/2} i_k \sin k\frac{2\pi n}{N} \tag{10-55}$$

$$I_{nI} = \frac{4}{N}\sum_{k=1}^{N/2} i_k \cos k\frac{2\pi n}{N} \tag{10-56}$$

半周傅氏算法的数据窗为半个工频周期，响应时间较短，但该算法基频分量计算结果受衰减的直流分量和偶次谐波的影响较大，奇次谐波的滤波效果较好。为了消除衰减的直流分量的影响，可采用各种补偿算法，如采用一阶差分法（即减法滤波器），将滤波后的采样值再代入半周傅氏算法的计算公式，将取得一定的补偿效果。

四、基于输电线路 R-L 模型的解微分方程算法

对于一般的输电线路，在短路情况下，线路分布电容产生的影响主要表现为高频分量，于是，如果采用低通滤波器将高频分量滤掉，就相当于可以忽略被保护输电线分布电容的影响，因而从故障点到保护安装处的线路段可用一个电阻和一个电感串联电路来表示，即将输电线路等效为 R-L 集中参数串联模型来表示，如图 10-19 所示。基于输电线路 R-L 模型算法是以输电线路的简化模型为基础的，母线电压 u 和流过保护的电流 i 与线路的电阻 R 和电感 L 之间可以用式（10-57）微分方程表示，因此又称为解微分方程算法，该算法仅能计算

线路阻抗，用于距离保护。

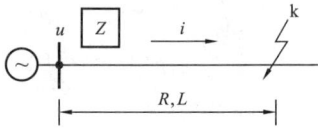

图 10-19 故障线路模型

$$u = R_1 i + L_1 \frac{\mathrm{d}i}{\mathrm{d}t} \tag{10-57}$$

其中，R_1、L_1 分别为故障点至保护安装处线路段的正序电阻和电感；u、i 分别为保护安装处的电压和电流。对于相间短路，u 和 i 应取 $u_{\varphi\varphi}$ 和 $i_{\varphi\varphi}$，例如，AB 相间短路时，取 u_{ab}、$i_{\mathrm{a}} - i_{\mathrm{b}}$，式（10-57）改写为

$$u_{\mathrm{ab}} = R_1(i_{\mathrm{a}} - i_{\mathrm{b}}) + L_1 \frac{\mathrm{d}(i_{\mathrm{a}} - i_{\mathrm{b}})}{\mathrm{d}t} \tag{10-58}$$

对于单相接地取相电压及相电流加零序补偿电流。以 A 相接地为例，式（10-57）将改写为

$$u_{\mathrm{a}} = R_1(i_{\mathrm{a}} + 3K_r i_0) + L_1 \frac{\mathrm{d}(i_{\mathrm{a}} + 3K_l i_0)}{\mathrm{d}t} \tag{10-59}$$

其中，K_r、K_l 分别为电阻和电感的零序补偿系数，$K_r = \dfrac{r_0 - r_1}{3r_1}$，$K_l = \dfrac{l_0 - l_1}{3l_1}$；$r_0$、$r_1$、$l_0$、$l_1$ 分别为输电线路每千米的零序和正序电阻和电感。

将式（10-58）和式（10-59）用下式统一表示为

$$u_{\mathrm{m}} = R_1 i_{\mathrm{m}} + L_1 \frac{\mathrm{d}i_{\mathrm{m}}}{\mathrm{d}t}$$

取两个连续时刻的瞬时采样值建立微分方程，即

$$\begin{cases} u_{\mathrm{m}}(t_1) = R_1 i_{\mathrm{m}}(t_1) + L_1 \dfrac{\mathrm{d}i_{\mathrm{m}}(t_1)}{\mathrm{d}t} \\ u_{\mathrm{m}}(t_2) = R_1 i_{\mathrm{m}}(t_2) + L_1 \dfrac{\mathrm{d}i_{\mathrm{m}}(t_2)}{\mathrm{d}t} \end{cases}$$

即

$$\begin{cases} u_{\mathrm{m}}(t_1) = R_1 i_{\mathrm{m}}(t_1) + L_1 \mathrm{d}i'_{\mathrm{m}}(t_1) \\ u_{\mathrm{m}}(t_2) = R_1 i_{\mathrm{m}}(t_2) + L_1 \mathrm{d}i'_{\mathrm{m}}(t_2) \end{cases} \tag{10-60}$$

求解方程组式（10-60），可得

$$R_1 = \frac{u_{\mathrm{m}}(t_2)i'_{\mathrm{m}}(t_1) - u_{\mathrm{m}}(t_1)i'_{\mathrm{m}}(t_2)}{i_{\mathrm{m}}(t_2)i'_{\mathrm{m}}(t_1) - i_{\mathrm{m}}(t_1)i'_{\mathrm{m}}(t_2)}$$

$$L_1 = \frac{u_{\mathrm{m}}(t_1)i'_{\mathrm{m}}(t_2) - u_{\mathrm{m}}(t_2)i'_{\mathrm{m}}(t_1)}{i_{\mathrm{m}}(t_2)i'_{\mathrm{m}}(t_1) - i_{\mathrm{m}}(t_1)i'_{\mathrm{m}}(t_2)}$$

所以，测量阻抗

$$Z_{\mathrm{m}} = R_1 + \mathrm{j}\omega L_1$$

五、微机保护中的功能元件算法

1. 基于傅氏算法的滤序算法

在微机保护中，负序和零序分量元件的应用十分广泛。因为负序和零序分量只在发生故障时才产生，它具有不受负荷电流影响、灵敏度高等优点。

假定已通过前面傅氏算法求得各相电压基频分量的实部和虚部，令 A、B、C 三相电流的相量计为

$$\begin{cases} \dot{I}_A = I_{AR} + jI_{AI} \\ \dot{I}_B = I_{BR} + jI_{BI} \\ \dot{I}_C = I_{CR} + jI_{CI} \end{cases} \tag{10-61}$$

对称分量的基本公式为（以电流为例）

$$\begin{cases} 3\dot{I}_0 = \dot{I}_A + \dot{I}_B + \dot{I}_C \\ 3\dot{I}_1 = \dot{I}_A + \alpha\dot{I}_B + \alpha^2\dot{I}_C \\ 3\dot{I}_2 = \dot{I}_A + \alpha^2\dot{I}_B + \alpha\dot{I}_C \end{cases} \tag{10-62}$$

其中，$\alpha = e^{j\frac{2\pi}{3}} = -\frac{1}{2} + j\frac{\sqrt{3}}{2}$，$\alpha^2 = e^{j\frac{4\pi}{3}} = -\frac{1}{2} - j\frac{\sqrt{3}}{2}$。

将式（10-61）代入式（10-62），经整理，便可得到电流零序分量、正序分量及负序分量的相量分别为

$$3\dot{I}_0 = I_{AR} + I_{BR} + I_{CR} + j(I_{AI} + I_{BI} + I_{CI})$$

$$3\dot{I}_1 = \left(I_{AR} - \frac{1}{2}I_{BR} - \frac{1}{2}I_{CR}\right) - \frac{\sqrt{3}}{2}(I_{BI} - I_{CI}) + j\left[\left(I_{AI} - \frac{1}{2}I_{BI} - \frac{1}{2}I_{CI}\right) + \frac{\sqrt{3}}{2}(I_{BR} + I_{CR})\right]$$

$$3\dot{I}_2 = \left(I_{AR} - \frac{1}{2}I_{BR} - \frac{1}{2}I_{CR}\right) + \frac{\sqrt{3}}{2}(I_{BI} - I_{CI}) + j\left[\left(I_{AI} - \frac{1}{2}I_{BI} - \frac{1}{2}I_{CI}\right) - \frac{\sqrt{3}}{2}(I_{BR} - I_{CR})\right]$$

2. 基于傅氏算法的相位比较算法

在微机保护中，相位比较既可以用电压形式实现，也可以用阻抗形式实现。在用阻抗比较的情况下，首先应用上述的阻抗算法，求出系统故障时的测量阻抗 Z_m，然后根据特性要求，与已知的整定阻抗一起，组合出比较阻抗 Z_C 和 Z_D，直接带入动作条件的一般表达式，根据是否满足动作条件，决定是否动作。

在用电压比较方式的情况下，微机保护装置首先应用傅氏算法等计算方法求出保护安装处的测量电压 $\dot{U}_m$ 和测量电流 $\dot{I}_m$，然后根据动作特性计算出需要进行相位比较的两个电压相量 $\dot{U}_C$ 和 $\dot{U}_D$。在复平面上，$\dot{U}_C$ 和 $\dot{U}_D$ 既可以用幅值和相角表示为极坐标的形式，也可以用实部和虚部表示为直角坐标的形式，即

$$\left.\begin{array}{l} \dot{U}_C = U_C \underline{/\varphi_C} = U_{CR} + jU_{CI} \\ \dot{U}_D = U_D \underline{/\varphi_C} = U_{DR} + jU_{DI} \end{array}\right\} \tag{10-63}$$

由前面可知，圆与直线动作特性相位比较的动作方程为

$$90° \leqslant \arg\frac{\dot{U}_C}{\dot{U}_D} = \arg\frac{\dot{C}}{\dot{D}} \leqslant 270° \tag{10-64}$$

也就是说，$\dot{U}_C$ 和 $\dot{U}_D$ 两个电压相量之间的相位差 $\varphi_C - \varphi_D$ 需满足的条件为

$$90° \leqslant \varphi_C - \varphi_D \leqslant 270° \tag{10-65}$$

即

$$\cos(\varphi_C - \varphi_D) \leqslant 0 \tag{10-66}$$

将式（10-66）左端展开，并在两端同乘以 $|\dot{U}_C||\dot{U}_D|$，得到

$$|\dot{U}_C||\dot{U}_D|\cos(\varphi_C - \varphi_D) = |\dot{U}_C|\cos\varphi_C|\dot{U}_D|\cos\varphi_D + |\dot{U}_C|\sin\varphi_C|\dot{U}_D|\sin\varphi_D$$

$$=U_{CR}U_{DR}+U_{CI}U_{DI}\leqslant 0$$

即比相动作的条件可以表示为

$$U_{CR}U_{DR}+U_{CI}U_{DI}\leqslant 0 \tag{10-67}$$

由于该式是通过 $\dot{U}_C$ 和 $\dot{U}_D$ 相角差余弦的形式导出的，因此它又可以称为余弦型相位比较判据。

也有许多参考书或产品说明书，相位比较的动作方程表示为

$$-90°\leqslant \arg\frac{\dot{U}_C}{\dot{U}_D}=\arg\frac{\dot{C}}{\dot{D}}\leqslant 90°$$

根据余弦型相位比较判据，其相位比较动作条件可以表示为

$$U_{CR}U_{DR}+U_{CI}U_{DI}\geqslant 0 \tag{10-68}$$

3. 基于傅氏算法的幅值比较算法

在微机电流保护中，需要比较两个电流量或两个电压量幅值，来自电压互感器 TV 的测量电压和来自电流互感器 TA 的测量电流分别通过各自的模拟量输入回路送到 A/D 转换器，转换成数字信号，由傅氏算法计算出相量 $\dot{U}_m$ 和 $\dot{I}_m$。

距离保护若用电压比较算法，则直接根据动作特性要求用软件形成两个比较电压，并比较它们的大小，决定是否动作。若采用阻抗比较算法，则需要算出测量阻抗 Z_m，然后按动作特性要求形成两个比较阻抗，比如，全阻抗继电器幅值比较动作方程 $|Z_m|\leqslant|Z_{set}|$，判断它们的大小，决定是否动作。假设电压和电流实、虚部分别用 U_R、U_I 和 I_R、I_I 表示，则采用傅氏算法计算相量 $\dot{U}_m$、$\dot{I}_m$ 和 Z_m 的公式如下：

$$\dot{U}_m=U_R+jU_I=U_m\underline{/\varphi_U}$$

$$\dot{I}_m=I_R+jI_I=I_m\underline{/\varphi_I}$$

$$Z_m=\frac{\dot{U}_m}{\dot{I}_m}=\frac{U_R+jU_I}{I_R+jI_I}=\frac{U_RI_R+U_II_I}{I_R^2+I_I^2}+j\frac{U_II_R-U_RI_I}{I_R^2+I_I^2}=R_m+jX_m$$

或

$$Z_m=\frac{\dot{U}_m}{\dot{I}_m}=\frac{U_m}{I_m}\underline{/\varphi_U-\varphi_I}=|Z_m|\underline{/\varphi_m}$$

式中　$\dot{U}_m$、$\dot{I}_m$——测量电压、电流基波的有效值；

　　　φ_U、φ_I——测量电压、电流基波的相角；

　　　R_m、X_m——测量阻抗的实、虚部；

　　　$|Z_m|$、φ_m——测量阻抗的阻抗值和阻抗角。

第三节　微机保护软件构成

微机保护的硬件原理基本相同，不同功能和原理的微机保护的区别主要在于软件，将程序和微机保护算法结合，是实现保护功能的关键。微机保护的软件要具有良好的稳定性、可靠性、继承性和可维护性。本节将以微机保护主程序、定时器中断服务程序和故障处理程序为例，对程序方案进行介绍，对于不同设备的保护功能，可以根据各自保护的特点和算法，参考流程方案，构成相应的功能。

一、微机保护主程序

主程序流程图如图 10-20 所示，每次合电源或手按复位按钮后都自动进入主程序的入口。初始化（一）是对单片微机及其扩展芯片的初始化，包括使保护输出的开关量出口初始化，赋正常值，以保证出口继电器在合电源或手按复位按钮时不误动作等。初始化（一）后通过人机接口液晶显示器显示主菜单，由工作人员选择运行或调试（退出运行）工作方式。如选择"退出运行"就进入监控程序，进行人机对话并执行调试命令。若选择"运行"，则开始初始化（二）。初始化（二）包括采样定时器的初始化、控制采样间隔时间、标志位清零、计数器清零等。全面自检包括定值检查、开出通道自检、RAM 读出检查等。如果全面自检不通过，则发出告警信号，闭锁保护，等待人工复位。如果全面自检通过，则进行数据采集系统初始化，主要包括采样值存放地址指针的初始化。在初始化完成，采样定时器尚未发出第一个采样脉冲前，先将起动标志置"1"，从而将中断服务程序中的起动元件旁路，防止突变量起动元件起动进入故障处理程序，然后再开放定时器采样中断。在开放中断后，还需等待采样数据缓冲区有足够的数据（一般延时 40～60ms），确保继电保护算法所需采样数据的完整性和正确性。在具

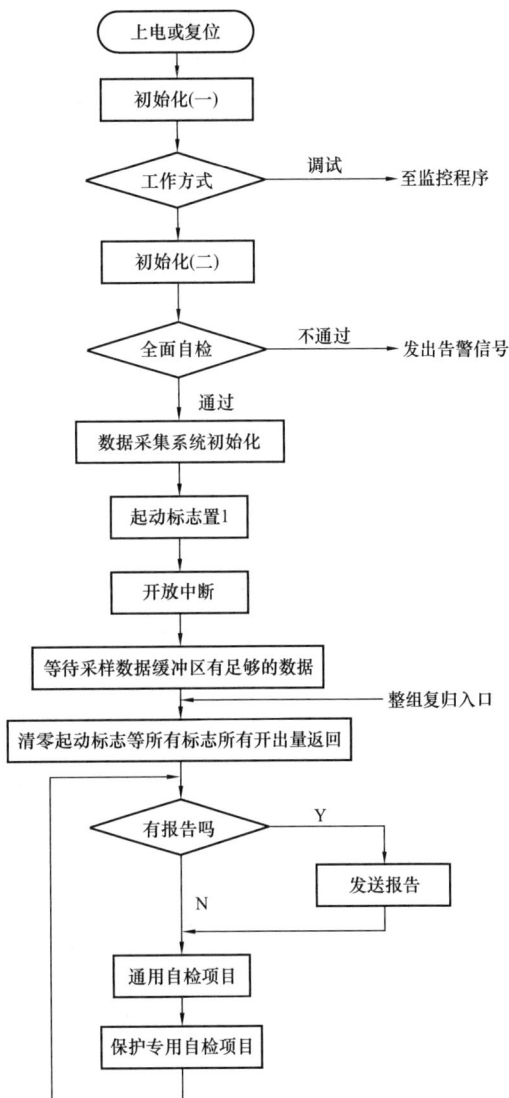

图 10-20 微机保护主程序流图

备足够的采样数据后，清零所有标志位和软件计数器，特别是起动标志位置 0，开放保护功能，主程序进入自检循环阶段。故障处理程序结束后返回主程序，即整组复归，也是在这里进入自检循环的。

二、定时器中断服务程序

定时器中断服务程序（采样中断服务程序）流程图如图 10-21 所示，该服务程序的主要任务：首先，控制多路开关和 A/D 转换器将各模拟输入量的采样值转成数字量，然后存入 RAM 区的循环寄存区；其次，完成突变量起动元件起动与否的判断任务。在微机保护装置里，起动元件是由软件来完成的，只有在保护起动元件起动后，保护装置出口闭锁才被解除。微机保护通常采用的方式是相电流突变量差的起动方式，利用相电流的突变量差 $\Delta i_d(k)$，即两两相邻周期的突变量之差作为快速起动元件，详见下式。

$$\Delta i_d(k) = \| \, |i_d(k) - i_d(k - N)| - |i_d(k - N) - i_d(k - 2N)| \, \| > \Delta I_{d \cdot set} \quad (10\text{-}69)$$

式中　　N —— 每工频周期采样点数；

　　　　k —— 当前采样点；

　$\Delta i_d(k)$ —— k 时刻相电流的突变量差；

　$\Delta I_{d \cdot set}$ —— 保护起动定值。

　　A、B、C 三相分别进行起动与否判别，三者构成"或"的关系。起动元件在任一相电流突变量累计有 3 次超过门槛值时才起动，并置起动标志，同时修改中断返回地址为故障处理程序入口。为缩短故障起动定时器中断服务程序的执行时间，当已有起动标志后，可跳过 A、B、C 三相的起动判别。若每工频频率采样 12 点，则每 5/3ms 进入一次定时器中断服务程序。

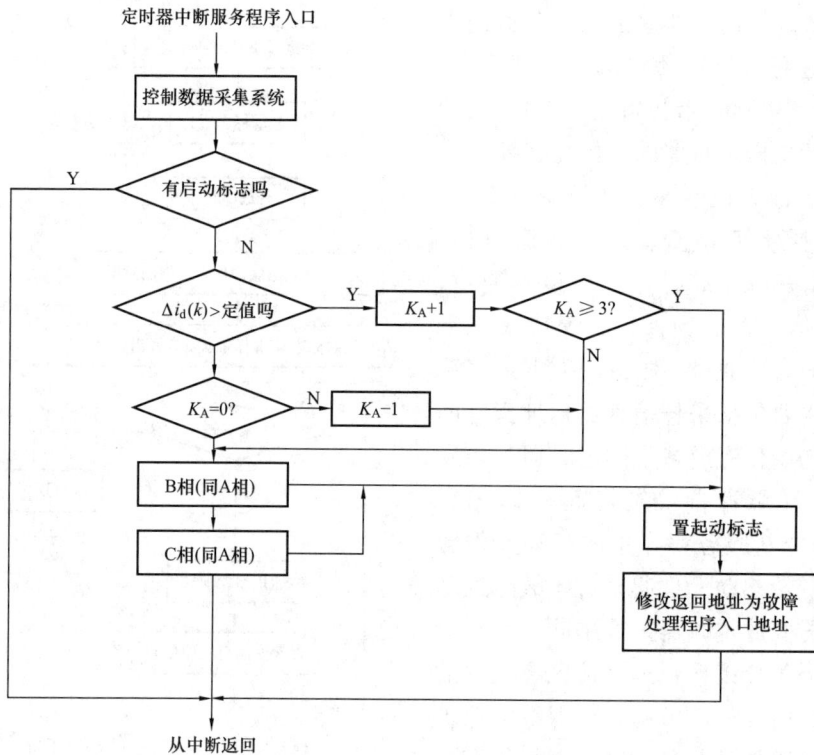

图 10-21　定时器中断服务程序流程图

　　这节介绍的起动元件是以相电流突变量差为起动判据，输电线路的电流保护和变压器保护常采用这种起动元件，距离保护的起动元件常采用阻抗元件或反应于负序或零序电流的序分量。起动元件的主要作用是在发生故障的瞬间起动保护装置，正常运行时用于闭锁保护装置，正常运行时 CPU 不进行故障程序处理，只有判定系统故障扰动之后才进入故障处理程序。故障处理程序计算量大，平时不投入运行，CPU 有足够的时间处理自检、通信、人机对话和辅助分析等任务。

三、故障处理程序

　　故障处理程序包括保护软压板的投切检查、数字滤波及特征量计算、各种保护的动作判据计算及保护定值比较、保护逻辑判断、跳闸与告警出口处理程序等。对于不同保护原理和功能的故障处理程序要根据保护原理和算法完成设计。

主程序、定时器中断服务程序、故障处理程序之间的联系如图 10-22 所示，WXB-11 型微机线路保护装置就采用了这种方式。定时器中断时间间隔由主程序初始化设定，假如每工频频率采样 12 点，则每 5/3ms 进入一次定时器中断服务程序。正常运行时，定时器中断服务程序结束后就自动返回主程序，继续执行主程序被中断后的程序指令。当发现被保护的设备有故障，定时器中断服务程序突变量起动元件满足起动条件，置起动标志，修改中断返回地址为故障处理程序入口地址，而不再返回被中断的主程序。在执行故障处理程序时，定时器中断服务仍在继续运行，只是因起动标志已经置位，中断结束后就不再修改中断返回地址了，在中断结束后自动回到原被中断了的故障处理程序。若故障发生在保护范围内，保护正确动作，在跳闸及合闸循环后，回到主程序整组复归入口返回主程序，保护整组复归。若是区外发生故障或干扰误起动进入故障处理程序，则经计算判断后保护整组复归回到主程序。

主程序、定时器中断服务程序、故障处理程序之间的关系还有另外一种处理方式，如图 10-23 所示。当发现被保护的设备有故障，定时器中断服务程序突变量起动元件满足起动条件，置起动标志，直接进入故障处理程序，不修改中断返回地址，等执行完故障处理程序后直接从原中断地址返回。这样做的前提条件是在一个定时器中断服务间隔内 CPU 保证完成全部的故障计算处理任务并留有裕度。当受限于 CPU 的能力在一次中断服务限定时间间隔内，无法完成规定的故障处理任务，则故障处理程序模块需要采用分时分步处理的方法，以避免定时器中断服务程序走死或出现不可预计的中断嵌套。特别需要说明的是，有些后备保护需要延时跳闸，延时功能可采用定时器采样间隔的倍数来计时，不能在故障处理程序中采用等待计时的方式。随着技术的进步和 CPU 处理能力的增强，目前可以做到并且推荐这种做法。

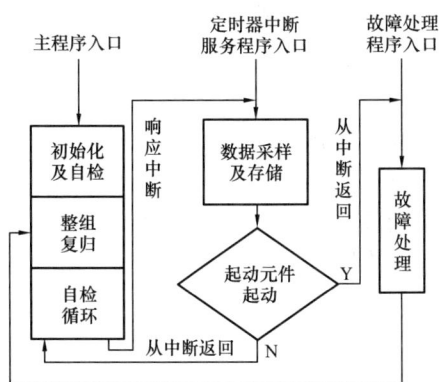

图 10-22　微机保护程序结构示意图　　　　图 10-23　微机保护程序结构示意图

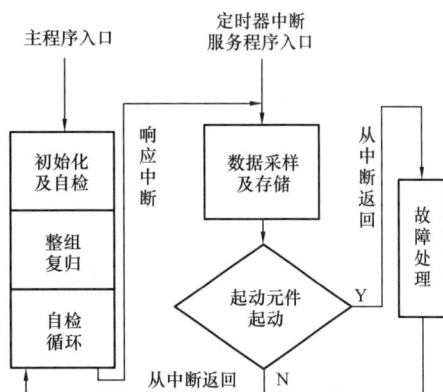

第四节　提高微机保护可靠性的措施

可靠性是指产品在规定的时间内，在规定的条件下完成规定功能的能力。产品是指系统、部件或器件。不同功能的自动装置有不同的反映其可靠性的指标和术语。对微机保护产品来说，可靠性通常是指在严重干扰的情况下，不误动作、不拒绝动作。继电保护的可靠性是评价继电保护装置的 4 个重要指标之一。每当一个新的继电保护产品试制完成或投产前，都必须进行详细的可靠性论证与实验。

提高微机保护可靠性的措施涉及的内容和方面较多，限于篇幅，本节将从抗电磁干扰的措施和微机保护系统本身的自纠错和故障自诊断等方面讨论提高微机保护可靠性措施问题。

一、抗电磁干扰的措施

变电站内高压设备的操作、雷电引起的浪涌电压、电气设备周围静电场、设备短路故障所产生的瞬变时程等都会产生电磁干扰。这些电磁干扰进入微机保护装置，就可能引起微机保护装置计算或逻辑错误、程序运行出错、元器件损坏等。

1. 接地的处理

微机保护装置的金属机壳必须与大地相接，接地电阻应小于10Ω。

微机保护由多个插件组成，各插件之间应遵循一点接地的原则。

印制电路板上的接地线要一点接地是难以做到的，但应尽量减少接地线的长度，在微机保护允许时尽量加宽接地线，宽度宜不小于 3mm，接地线布置应成网状。

数字地电平的跳跃会引起很大的尖峰干扰，为不降低 A/D 转换器在处理弱电平时的精度，应保证模拟地、数字地之间只能一点相连，连线应尽量短；最好在 A/D 转换器的模拟地引脚和数字地引脚之间直接相连。

2. 屏蔽与隔离

为实现对电场、磁场的屏蔽，机箱用铁质材料做成。为防止外部共模干扰通过数据线直接传入内部，必须保证数据线的任一点与微机部分无电的联系，为此可采用隔离措施。开关量的输入、输出必须经光电耦合隔离。模拟量输入要通过小变压（流）器隔离，并在一次、二次绕组间加屏蔽层接机壳。

二、模拟量的自纠错

一旦干扰窜入微机保护系统以后，可用软件纠错的方法来处理，即找出坏数据并排除，从而保留正确的数据。

1. 利用采样数据的相关性互相校核

例如，对于任一时刻 k 的三相电流采样值应有如下关系

$$i_a(k) + i_b(k) + i_c(k) = 3i_0(k) \tag{10-70}$$

如果同一时刻输入的三相电流采样值与零序电流采样值不符合式（10-79）的关系，而且超过某一规定的限制值（考虑采样和模数变换后有一定的量化误差）时，则可判定为坏数据，应删除。

2. 运算过程的校核纠错

为防止 CPU 在运算过程中因强大的干扰而导致运算出错的问题，可以将整个运算进行两次，以核对运算是否有误。其做法是在肯定原始数据可信的基础上，按照程序算出结果并把运算结果暂存，然后利用同样的原始数据，按同样的运算式再演算一遍，利用两次结果进行"复核"，如果结果不相符，则可判定为因干扰造成运算出错。

三、故障自诊断

当保护装置的某些元器件损坏时，为防止保护误动作或拒绝动作，可采用故障自动检测。故障自检分静态自检和动态自检。静态自检是指微机保护刚上电，但尚未投入运行前，先进行全面的自检，一旦发现某部分不正常，则不立刻投入运行，必须检修正常后才投入运行。静态自检也可安排在专门的调试程序中用以定位故障。动态自检是指在保护投入运行的条件下，利用保护功能程序的空隙重复进行的自检。下面按损坏元件的各种类分别讨论自动

检测的方法。

1. RAM 的自检

RAM 的自动监视采用的是"读写校验法"。例如，先将待检测单元（假定为 1B）的内容保存在 CPU 的寄存器中，然后将 55H(01010101B) 写入该单元，测试程序将此单元读出，检查是否改变。重复上述过程，但这次写入 AAH(10101010B)。这种方格交错算法可测试每个存储单元的每一位的两种二进制状态，对于检测坏单元数据线的粘结（粘 0 成粘 1）均有较好的效果。

注意，对于某些存放重要标志字的 RAM 地址的检测必须在最高优先级的中断服务程序中进行，或先屏蔽中断，否则如果在检测过程中被中断打断，则可能使中断服务程序误认为是标志字的改变而发生不希望的程序流程切换。

2. EPROM 的自检

EPROM 属于只读存储器，一般用于存放程序或参数，故不能像检查 RAM 一样用写入再读出校对的方法来检查。根据其应用特点，可以用求检验和的方法测试，即可将 EPROM 分成若干段（如果 EPROM 长度不是很大，也可以不分段），将每一段中自第一个字节至最后一个字节的代码全部累加求和，溢出不管，最后得出一个和数，称为检验和，将这个检验和事先存放在 EPROM 指定的地址单元中。以后在进行自检时，按上述求和的方法，得到一个和数，将此和数与事先存放的检验和进行比较，若相等，则认为此段 EPROM 正常，否则认为该段有错。这种检验方法简单，耗时少。根据使用字节（8 位）还是字（16 位）累加，可以得到一个长度为 8 位或者 16 位的检验和。一般来说，一个长达 16 位的检验和具有较高的置信度。

在微机保护中，常在 EEPROM 芯片中存放保护定值和可改变的重要参数。为此，也可用上述 EPROM 累加求和的方法进行保护定值和参数进行自检。但应注意在线更改保护定值和参数时一定要同时改变检验和。

3. 模拟量输入通道的自检

最简单的办法是利用同一采样时刻三相电流（或电压）采样值的和与零序电流（或零序电压）的差值为零的关系来进行检测。只要连续若干次发现电压或电流不满足该关系就可怀疑前置模拟低通滤波器、采样保持器、多路转换器或 A/D 转换器等发生了故障。

另外一种方法是通过多路转换器为 A/D 转换器预留一个检测通道，该通道接有装置的 +5V 稳压电源，定时读取这一通道的数值来检测多路开关、A/D 转换器等工作是否正常，同时又可以实现对稳压电源的监视。

4. 开关量输出通道的自检

通常，开关量输出通道包括相应的并行接口、门电路、光电耦合器件及执行继电器等。微机保护可以设置图 10-24 所示的专用自检电路，用于检测开关量输出通道是否完好。它可以检测除执行继电器 K1 和 K2 本身以外的所有其他元件。

自检时，由程序送出跳闸 1 输出命令，同时禁止跳闸 2 输出，使光耦器件 VT1 的光敏三极管导通，然后 CPU 通过监视光耦器件 VT3 是否导通，如果此开关量输出通道正常，VT3 应立即导通，CPU 检测到 VT3 导通后立即撤回跳闸 1 的输出命令。由于这一过程极短，仅几微秒，继电器 K1 不会吸合。如果此开关量输出通道有元件损坏，则 CPU 经过预定的时间收不到 VT3 导通的信号，也应立即撤回跳闸 1 输出信号并发出告警信号。

检查跳闸 2 通道的方法与检查跳闸的方法类似，但要禁止跳闸 1 命令。如果在检查过程中程序出错，未能及时撤回命令，则继电器 K1（或 K2）会动作，但因为只有跳闸 1 和跳闸 2 都输出命令时，跳闸出口回路才能接通，而检查只在一个通道进行，所以不会出现保护误动作。

图 10-24 的出口电路采用了硬件冗余的方法，增加了一个出口通道和自检反馈回路，这在微机保护中是为了提高微机保护的可靠性，使它各部分经常处于万无一失的状态，这种容错技术是值得的。

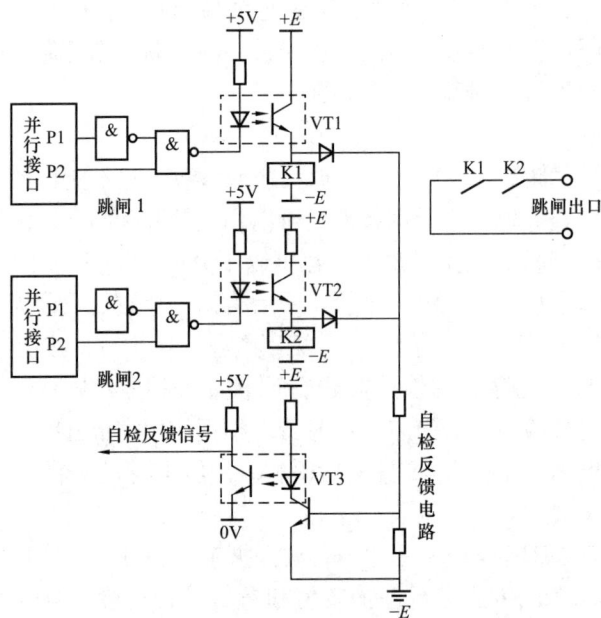

图 10-24　开关量输出通道及自检电路

第五节　变电站微机综合自动化系统简介

一、变电站微机综合自动化系统的基本概念

常规变电站的二次部分主要由 4 大部分组成，即继电保护、故障录波、就地监控和远动装置。这些装置由于功能、原理的不同，长期以来在电力技术部门内部已经形成了不同的专业与模式。随着微机技术应用的发展，在电力部门中对这二次侧部分的 4 大部分分别实施了微机化，但它们的硬件配置大体相同，所采集的量与控制的对象也基本相同，于是人们便开始考虑全微机化的变电站二次侧部分的设计与运行问题，并逐步形成了现在的变电站微机综合自动化系统。

变电站微机综合自动化系统是将变电站的二次侧设备（包括测量仪表、信号系统、继电保护、自动装置和远动装置等）经过功能的组合和优化设计，利用先进的计算机技术、现代电子技术、通信技术和信号处理技术，实现对全变电站的主要设备和输、配电线路的自动监视、测量、自动控制和微机保护，以及调度通信指令等综合性的自动化功能。变电站微机综合自动化系统具有功能综合化、结构微机化、操作监视屏幕化、运行管理智能化等特征。

变电站微机综合自动化系统的基本功能体现在下列 6 个子系统的功能。

（1）监控子系统：包括模拟量、开关量和电能量数据采集；事件顺序记录（SOE）；故障记录；故障录波和测距；操作控制功能；安全监视功能；人机联系功能；打印功能；数据处理与记录功能；谐波分析与监视。

（2）微机保护子系统：包括变压器、输电线路、电容器组、母线等的保护和不完全接地系统的单相接地选线。

（3）电压、无功功率综合控制子系统：包括补偿电容器、电抗和有载调压变压器等的微机电压无功功率综合控制装置。

（4）电力系统的低频减载控制。

（5）备用电源自投控制。

（6）变电站微机综合自动化系统的通信：包括内部现场级间的通信和自动化系统与上级调度的通信两部分。前者有并行通信、串行通信、局域网络和现场总线等多种方式，后者以部颁通信规程（如 polling、CDT、101、104 等规程）与上级调度通信完成遥测、遥信、遥调、遥控等四遥功能。

微机保护是变电站综合自动化系统的关键环节，除了具有独立、完整的保护功能外，还必须具备以下功能。

（1）满足保护装置速动性、选择性、灵敏度和可靠性的要求，要求保护子系统的软硬件结构要相对独立，而且各保护单元必须由各自独立的 CPU 组成模块化结构；主保护和后备保护由不同的 CPU 实现，重要设备的保护，宜采用双 CPU 冗余结构，保证在保护子系统中一个功能部件模块损坏时，只影响局部保护功能而不能影响其他设备的保护。

（2）具有故障记录功能。当被保护对象发生事故时，能自动记录保护动作前后有关的故障信息，包括短路电流、故障发生时间和保护出口时间等，以利于分析故障。

（3）具有与统一时钟对时功能，以便准确记录发生故障和保护动作的时间。

（4）存储多种保护整定值。

（5）对保护整定值的检查和修改要直观、方便、可靠。除了在各保护单元上能修改保护定值外，还要考虑到无人值班的需要，通过当地的监控系统和远方调度端，应能观察和修改保护定值。同时为了加强对定值的管理，避免出错，修改定值时要有校对密码措施，以及记录最后一个修改定值者的密码。

（6）设置保护管理机或通信控制机，负责对各保护单元的管理。保护管理机自动化系统中起承上启下的作用。把保护子系统与监控系统联系起来，向下负责管理和监视保护子系统中各保护单元的工作状态，并下达由调度或监控系统发来的保护类型配置或整定值修改等信息；如果发现某一保护单元发生故障或工作异常，或有保护动作的信息，应立刻上传给监控系统或上传至远方调度端。

（7）通信功能。变电站微机综合自动化系统中的微机保护子系统应该改变常规的保护装置不能与外界通信的缺陷。由保护管理机或通信控制器与各保护单元通信，各保护单元必须设置有通信接口，便于与保护管理机等建立连接。

（8）故障自诊断、自闭锁和自恢复功能。每个保护单元应有完善的故障自诊断功能，发现内部有故障，能自动报警，并能指明故障部位，以利于查找故障和缩短维修时间，对于关键部位发生故障，例如 A/D 转换器故障或存储器发生故障，应自动闭锁保护出口；如果是软件受干扰，应有自起动功能，以提高保护装置的可靠性。

二、变电站微机综合自动化系统的结构形式

随着集成电路技术、微型计算机技术、通信技术和网络技术的发展，变电站微机综合自动化系统的结构也在不断地发生变化。20世纪90年代，研究变电站微机综合自动化系统的单位越来越多，逐步形成了百花齐放的局面，出现了多种不同的结构形式。

20世纪90年代初期及以前的变电站微机综合自动化系统装置多以集中式结构为主，即以小型机为核心的系统。到20世纪90年代中后期，随着单片机技术和通信技术的发展，单片机性能价格比越来越高，变电站微机综合自动化系统形成了分层（级）分布式的多CPU结构体系。

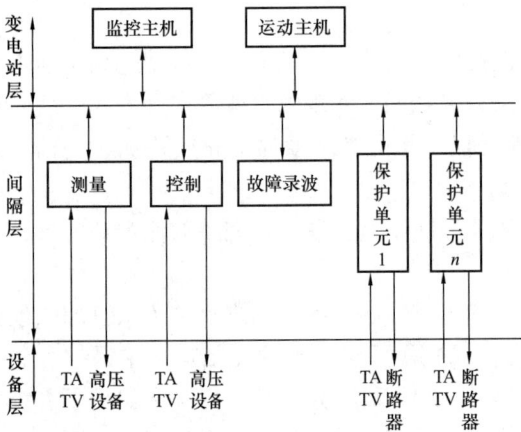

图 10-25　变电站的一、二次侧设备分层结构示意图

1. 变电站设备的分层结构

变电站一、二次侧设备分层结构示意图如图10-25所示。设备层主要指变电站内的变压器、断路器、隔离开关及其辅助触点，以及电流和电压互感器等一次侧设备。变电站微机综合自动化系统主要位于变电站层和间隔层。

间隔层（又称单元层）一般按断路器间隔进行划分，具有测量、控制部件或继电保护部件。测量、控制部件负责该单元的测量、监视、断路器的操作控制和联锁，以及事件顺序记录等；保护部件负责该单元线路、变压器或电容器的保护、故障记录等。这些独立的单元部件直接通过局域网络（如Novell网、Ether网、Tokenring网等）、RS-422/RS-485通信接口或现场总线（如Lonworks总线、CAN总线等）与变电站层进行联系。

变电站层包括全站性的监控主机、远动通信机等。

2. 分层（级）分布式变电站微机综合自动化系统的结构形式

分层（级）分布式的总体设计思路是按功能设计，采用模块化结构，每个功能单元基本上由一个CPU组成。其功能单元有：各种高、低压线路保护单元，电容器保护单元、主变压器保护单元、备用电源自投控制单元，低频减载控制单元，电压、无功功率综合控制单元，数据采集与处理单元，电能计量单元等。

为了节省二次侧部分的大量连接电缆和缩短变电站施工周期，各大继电器制造商相继推出了新一代中压及低压的保护装置具有保护、控制、测量和通信四合一功能。可以将这个一体化测控保护单元分散安装在各个开关柜中，然后由监控主机通过光纤或电缆网络，对它们进行管理和交换信息。采用这种分散式结构的变电站微机综合自动化系统的结构框图如图10-26所示。每间隔单元的保护和测量可以共用同一个CPU和共用相同的模拟量输入通道，也可以将测量和保护用电流互感器分开。因保护用电流互感器要求通过大电流（短路电流）时不饱和，则在小电流（负荷电流）情况下，准确度不高，所以这是保护和测量共用保护电流互感器的缺陷。为了弥补这种缺陷，光电传感器和光学互感器的普及应用尤为重要。

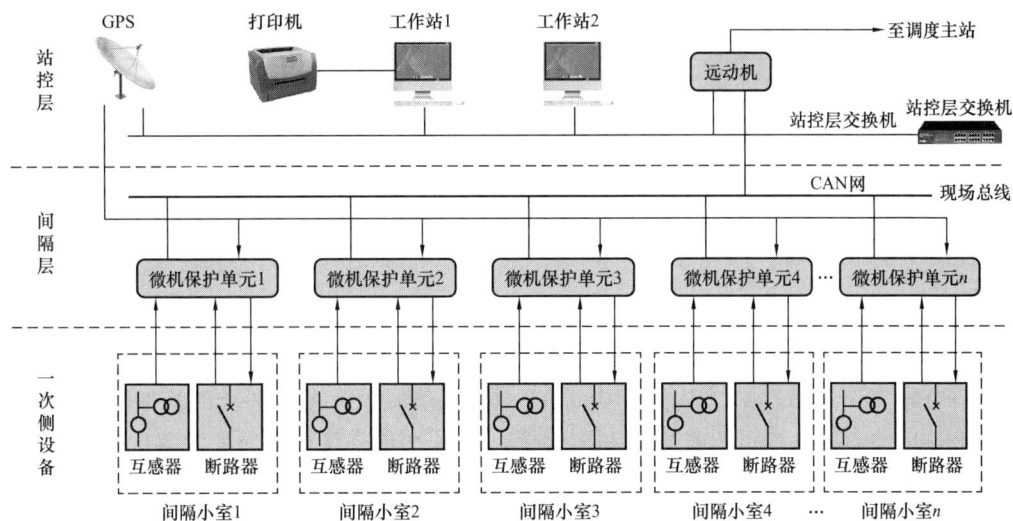

图 10-26 变电站微机综合自动化系统结构框图

三、保护和控制集成系统

将保护和控制功能集成到同一装置中，实现数据的完全共享是一个发展趋势。与传统独立部件的结构相比，这种保护和控制集成的结构，可提供大量的保护功能和更多的监控及数据采集（SCADA）功能，而使性价比更优。SCADA 所需要的许多初始数据与继电保护所处理的数据是相同的。将分布式变电站 SCADA 功能集成到微机保护继电器中，使保护和SCADA 共用一个硬件平台，更经济。采用这种策略，需要注意以下问题。

（1）集成而不牺牲功能。当把不同的保护和 SCADA 的应用结合在一起时，各保护功能要求动作的准确性和速动性必须得到保证，而控制功能则要求有准确的测量数据和采用安全的规程，在分布式微机继电器和本地管理控制器之间快速交换信息。这些保护和 SCADA 的功能和要求必须都被满足。

（2）保护和控制集成单元必须具有开放性。在进行系统设计时，必须注意采用标准规程，以便于与不同设备和系统交换信息。

随着相关科学技术的不断发展，变电站微机综合自动化系统的结构也朝着更合理、更可靠、造价更低的方向发展，而变电站微机综合自动化系统的功能和性能将更加完善，性价比更优。

第六节　数字化变电站简介

数字化变电站是由智能化一次侧设备和网络化二次侧设备分层构建的，建立在 IEC 61850 通信规程基础之上，能够实现变电站内智能电气设备间数据和资源共享及互操作的现代化变电站。和传统变电站相比，数字化变电站的关键技术主要体现在以下方面：IEC 61850 标准的应用、电子式互感器的应用、智能断路器的应用、二次侧设备的网络化。

一、数字化变电站的主要特征

1. 一次侧设备的数字化和智能化

变电站内传统的电磁式互感器由电子式互感器替代，直接向外提供数字光纤以太网接口；站内采用具备向外进行数字通信的智能断路器、变压器等设备，或者在这些一次侧设备就地加装智能终端设备实现信号的数字化转换与状态检测，达到一次侧设备数字化和智能化的要求。

2. 二次侧设备的数字化和网络化

数字化变电站的二次侧设备除了具备数字化设备，还具备网络通信接口。与传统变电站信息传输采用电缆为媒介不同，数字化变电站二次侧信号传输（主干网）基于光纤以太网实现。

在数字化变电站中，设备之间的信息交互由常规变电站以硬接点信号交互为特征的方式发展为基于 IEC 61850 标准的对等通信（Peer to Peer，P2P）模式，在这种通信模式下，资源和服务分布在所有节点中，不需要中间环节和服务器，这种非中心化的特性使得数字化变电站的通信网络具有良好的可扩展性与健壮性，提高了 IED 信息传递的效率和有效性。

3. 变电站通信网络和系统实现 IEC 61850 标准统一化

传统变电站中信息内容和网络通信协议标准的差异，导致了不同设备间信号识别困难、互操作性差；数字化变电站全站通信网络和系统实现均采用 IEC 61850 标准，该标准的完整性、系统性、开放性保证了数字化变电站站内设备具备互操作性的特征。

美国国家标准技术研究院（National Institute of Standards and Technology，NIST）在其智能电网互操作性标准及路线图中指出，IEC 61850 是变电站自动化的综合标准，它支持继电器、断路器、变压器等设备的监测与控制，同时对可再生能源有良好的支持，更加适合智能电网的要求。

二、数字化变电站的结构

数字化变电站是由电子式互感器、智能化开关等智能化一次侧设备、网络化二次侧设备分层构件，建立在 IEC 61850 通信规程基础上，能够实现变电站内智能电气设备间信息共享和互操作的现代化变电站。

数字化变电站自动化系统主要包括智能化的一次侧设备和网络化的二次侧设备，在逻辑结构上，IEC 61850 将数字化变电站分为站控层、间隔层、过程层 3 层，如图 10-27 所示。

1. 站控层

站控层的主要设备对象是整个变电站的控制操作主机、操作员工作站、远动装置、通信子站等设备。

站控层的主要任务是通过高速网络汇总全站的实时数据信息，将有关数据信息送往调度或控制中心；接受电网调度或控制中心的控制、调节命令，下发至间隔层、过程层执行；实现全站操作闭锁控制；对间隔层、过程层二次侧设备实现在线维护、在线组态和在线修改运行参数等。

2. 间隔层

间隔层主要设备对象包括各种保护装置、测控装置、安全自动装置、计量装置等电子设备。其主要功能是实现各间隔过程层实时数据信息汇总；完成各种保护、自动控制、逻辑控制功能的运算、判别、实施对一次侧设备保护控制功能，和本间隔操作闭锁、操作同期等；接收站控层的操作命令，执行相应的操作。承上启下的通信功能，即同时高速完成与过程层及站控层的网络通信功能。

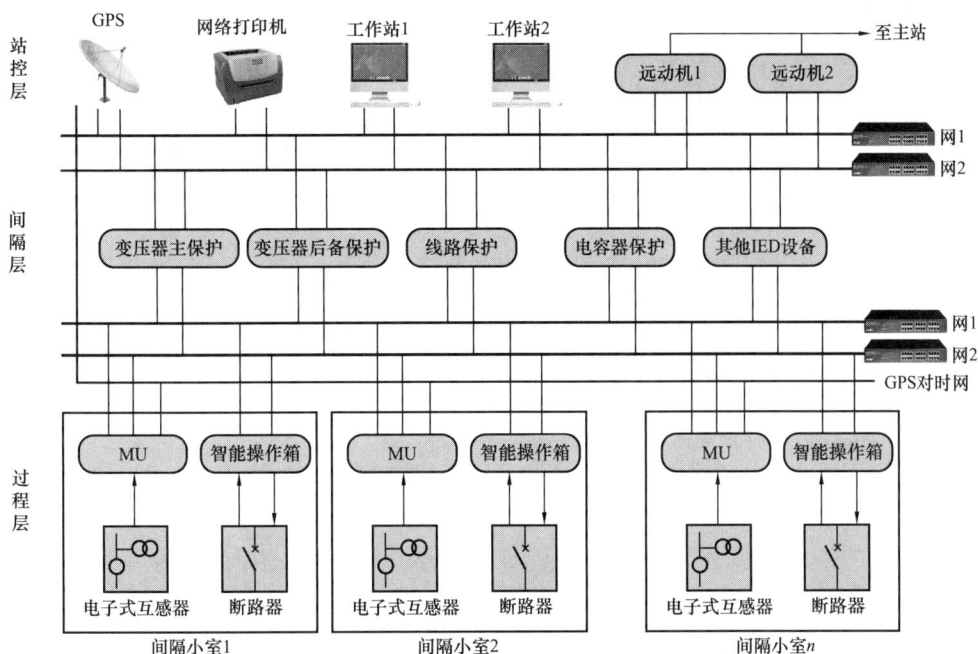

图 10-27 数字化变电站结构图

3. 过程层

过程层的主要功能包括：运行设备的状态参数检测与统计、实时电气量检测、操作控制执行与驱动。

（1）运行设备的状态参数检测与统计。过程层设备包含互感器、变压器、断路器、隔离开关和接地开关等。过程层是一次侧设备与二次侧设备的结合面，或者说过程层试制智能电气设备的智能化部分。

变电站需要进行状态参数检测的设备主要由变压器、断路器、隔离开关、母线、电容器、电抗器一级支流电源系统。在线监测的内容主要有温度、压力、密度、绝缘、机械特性及工作状态等数据。

（2）电力运行实时电气量检测。与传统的变电站自动化功能一样，主要是电流、电压、相位及谐波分量的检测，其他电气量如有功功率、无功功率、电能量可通过间隔层的设备运算得出。与常规方式相比，所不同的是传统的电磁式电流互感器、电压互感器被电子式电流互感器和电子式电压互感器取代，通过合并单元（Merging Unit，MU）进行电压、电流数据同步与合成，通过间隔层光纤网络与智能二次侧设备进行通信，实现多个 IED 智能设备数据共享。

（3）操作控制执行与驱动。操作控制执行与驱动主要由智能操作箱完成，操作控制的执行功能包括变压器分接头调节控制，电容、电抗器投切控制，断路器、隔离开关合分控制，直流电源充放电控制。随着设备智能化程度的提高，过程层设备在执行控制命令时还应具有智能性，能判断命令的真伪及其合理性，还能对即将进行的动作精度进行控制，如能使断路器定向合闸，选相分闸，在选定的相角下实现断路器的关合和开断等。

三、数字化变电站相关设备和技术

数字化变电站采用基于 IEC 61850 规程的三层逻辑结构，与常规变电站自动化系统的两层结构不同的是，数字化变电站三层设备之间基于高速网络通信，实现数据信息的高度共享。电子式互感器、智能化的一次侧设备和网络化的二次侧设备是数字化变电站建设的硬件基础。

（一）智能一次侧设备

智能一次侧设备是数字化变电站过程层的主要构成部分，包括电子式互感器和智能开关等一次侧电气设备等。

1. 电子式互感器

与传统电磁式互感器不同，电子式互感器主要采用光纤为信号传输介质，输出数字量信息，包括电子式电流互感器和电子式电压互感器。

电子式互感器通常由传感模块和合并单元两部分构成，传感模块又称远端模块，安装在高压一次侧，负责采集、调理一次侧电压、电流信号并将其转换成数字信号。MU 安装在二次侧，负责对各项远端模块传来的信号做同步合并处理，为二次侧设备、系统提供时间同步的电流和电压数据。

电子式互感器的主要特点：电子式互感器的输出形式是高精度的信号，不再是能量形式的输出（不要求负荷能力）；输出信号为数字量信号，而不是模拟量信号；信号输出以光纤为介质；具有良好的绝缘性能、较强的抗电磁干扰能力、测量频率带宽、动态范围大。

电子式互感器的分类：电子式互感器按高压侧有无电源，可分为有源电子式互感器和无源电子式互感器。有源电子式互感器电流测量采用空芯绕组，电压测量采用电容电感或电阻分压，高压传感部分电路需要供电电源。无源电子式互感器电流测量基于磁光效应，电压测量基于 Pokels 电光效应、逆压电效应或电致伸缩效应，传感头部分采用块状玻璃方式和全光纤方式，高压传感部分不需供电。按工作原理，可分为电子式电流互感器（Electronic Current Transforner，ECT）和电子式电压互感器（Electronic Voltage Transformer，EVT）。电子式电流互感器包括光学电流互感器（无源型），空芯线圈电流互感器（又称 Rogowiski 线圈型、有源型），铁芯线圈低功率型（有源型），光学电压互感器（无源型），电阻分压型电压互感器（有源型），电容分压型电压互感器（有源型）

有源和无源电子式互感器原理示意图如图 10-28 所示。

2. 智能开关

智能开关一般配置较高性能的开关设备和控制设备，可实现按电压波形控制跳、合闸角度，精确控制跳、合闸时间，减少暂态过电压幅值；检测电网中断路器开断前一瞬间的各种工作状态信息，自动选择和调节操动机构及灭弧室状态相适应的合理工作条件，以改变现有断路器的单一分闸特性。在轻载时以较低的分闸速度开断，而在系统发生故障时又以较高的分闸速度开断等，这样就可获得开断时电气和机构性能上的最佳开断效果。断路器设备的信息由设备内微机直接处理，并独立执行本地功能，而不依赖于变电站级的控制系统。其数字化接口可直接向站控层传送本地设备的位置信息和状态信息，接收站控层的控制命令并执行相应的操作。

（二）网络化二次侧设备

变电站内的二次侧设备，如继电保护装置、测量控制装置、防误闭锁装置、远动装置、

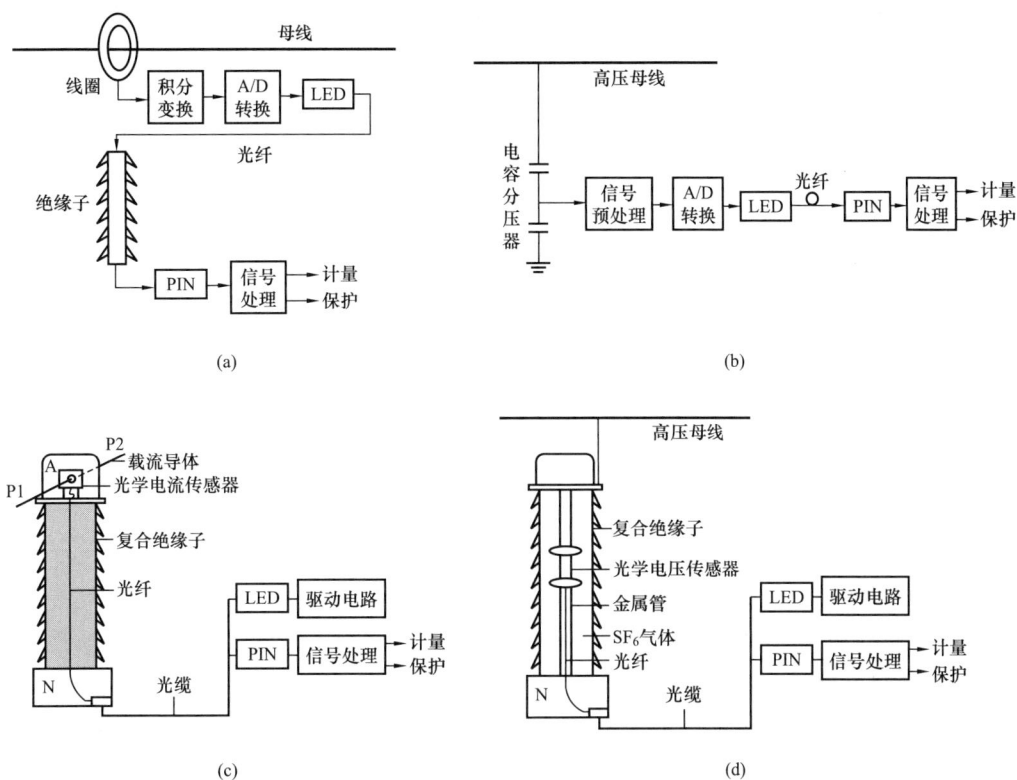

图 10-28　电子式互感器原理示意图

（a）有源电子式电流互感器；（b）有源电子式电压互感器；（c）无源电子式电流互感器；（d）无源电子式电压互感器

故障录波装置及正在发展中的在线状态监测装置，全部基于标准化、模块化的微处理器设计制造，二次侧设备不再出现常规功能装置重复的 I/O 现场接口，它们之间的连接全部采用高速的网络通信，并且通过网络真正实现数据共享、资源共享。

（三）IEC 61850 系列标准

IEC 61850 系列标准是由国际电工委员会第 57 技术委员会（IEC TC57）从 1995 年开始制定的。目前，IEC 61850 共 14 个部分已经全部通过为国际标准。

IEC 61850 系列标准的全称是变电站通信网络和系统（Communication Networks and Systems in Substations），它规范了变电站内智能电子设备（IED）之间的通信行为和相关的系统要求。

IEC 61850 系列标准吸收了多种国际最先进的技术，并且大量引用了目前正在使用的多个领域内的其他国际标准作为 61850 系列标准的一部分，所以它是一个十分庞大的标准体系，而不仅仅是一个通信协议标准。它采用面向对象的建模技术，面向未来通信的可扩展架构来实现"一个世界，一种技术，一个标准"的目标。

该标准通过对变电站微机综合自动化系统中的对象统一建模，采用面向对象技术和独立于网络结构的抽象通信服务接口，增强了设备之间的互操作性，可以在不同厂家的设备之间实现无缝连接，解决了变电站微机综合自动化系统产品的互操作性和协议转换问题。

采用该标准还可使变电站微机综合自动化设备具有自描述、自诊断和即插即用的功能，极大地方便了系统的集成，降低了变电站微机综合自动化系统的工程造价。在我国采用该标准系列将大幅度提高变电站微机综合自动化系统的技术水平，提高变电站微机综合自动化系统安全、稳定运行的水平，有效节约检修维护的人力、物力，实现了完全的互操作性。

四、数字化变电站的优势

与传统变电站微机综合自动化系统相比，数字式变电站是变电站自动化技术发展的一次飞跃，较常规变电站的自动化，其优势如下。

（1）变电站信息的采集、传输、处理全过程实现数字化。

（2）每个环节都具备完善的自诊断功能。

（3）变电站过程层的所有设备都实现智能化，二次侧接线得到最大程度的简化。

（4）整个变电站的信息模型，包括数据模型和功能模型都采用统一模式。

（5）各设备的数据通信采用 IEC 61850 系列标准，基于统一的通信协议，所有数据无缝交换。

（6）所有信息的可靠性、完整性和实时性都能得到保证，数据测量精度高。

（7）通信介质全部采用光纤来取代电缆，降低了工程造价。

（8）各种设备和功能共享统一的信息平台，可避免设备重复投资。

（9）整个变电站的管理实现全面的自动化和信息化。

五、数字化变电站的发展趋势

数字化变电站技术涉及计算机、通信网络、继电保护自动化等多个高端科研领域，随着智能化电气技术的发展，变电站自动化技术进入数字化时代。数字化变电站技术是变电站自动化技术发展中具有里程碑意义的一次变革。在变电站自动化领域，智能化电气设备的发展，特别是智能化开关、光电式互感器等机电一体化智能设备的出现，变电站综合自动化技术进入了数字化发展的新阶段。在我国，数字化变电站建设仍有许多技术问题有待解决，尤其是电子式互感器，其工艺、稳定性、可靠性都有待进一步提高；未来，在智能电网建设的大背景下，数字化变电站快速发展是必然趋势。

复习思考题

10-1 微机保护有哪些特点和优点？

10-2 为防止频率混叠现象，若计及 16 次谐波，采样频率的最小值是多少？

10-3 哪些微机保护的算法能减小或消除直流分量的影响？

10-4 若每工频周期采样 12 点，欲滤除 3 次谐波，那么差分滤波器差分步长应取多少？

10-5 变压器差动保护中采用突变量起动算法的优点是什么？

10-6 变压器比率制动特性的动作判据和整定原则是什么？

10-7 提高微机保护可靠性的常见措施有哪些？

10-8 变电站综合自动化中，保护和测量共用保护 TA 的优缺点是什么？

附录　本书使用的文字符号、图形符号说明

一、设备文字符号

FU——熔断器

G——发电机

K——继电器

KA——电流继电器

KAZ——零序电流继电器

KAN——负序电流继电器

KCC——合闸位置继电器

KCT——跳闸位置继电器

KCO——出口继电器

KCB——闭锁继电器

KD——差动继电器

KG——气体（瓦斯）继电器

KL——保持继电器

KM——中间继电器

KP——极化继电器

KRC——重合闸继电器

KRD——干簧继电器

KS——信号继电器

KSS——停信继电器

KST——起动继电器

KSR——收信继电器

KT——时间继电器

KV——电压继电器

KVI——绝缘监视继电器

KVN——负序电压继电器

KVZ——零序电压继电器

KW——功率方向继电器

KWD——零序功率方向继电器

KWH——负序功率方向继电器

KZ——阻抗继电器

M——电动机

QL——负荷开关

QF——断路器

QS——隔离开关

T——电力变压器

TV——电压互感器

TA——电流互感器

TX——电抗互感器（又称电抗变压器）

TAN——零序电流互感器

TM——中间变压器

UA——中间变流器

U——整流器

WC——控制回路电源小母线

WS——信号回路电源小母线

X——电抗器

YO——合闸绕组

YR——跳闸绕组

二、常用系数

K_{re}——返回系数

K_{rel}——可靠系数

K_{TV}——电压互感器电压变比

K_{st}——同型系数

K_{bra}——分支系数

K_{sen}——灵敏度系数

K_{ss}——自起动系数

K_{TA}——电流互感器电流变比

K_{np}——非周期分量影响系数

Δf_s——整定匝数相对误差系数

K_{err}——电流互感器10%误差系数

K_{con}——接线系数

K_1，K_2，K_3——比例常数

三、符号下角注

A、B、C 三相（一次侧）　　　　　TV——电压互感器

a、b、c 三相（二次侧）　　　　　F——励磁

TA——电流互感器　　　　　　　L——负荷

on——合闸　　　　　　　　　　max——最大

off——跳闸　　　　　　　　　　min——最小

sat——饱和　　　　　　　　　　unc——非全相

in——输入　　　　　　　　　　m——测量

out——输出　　　　　　　　　　per——周期

act——起动　　　　　　　　　　ac——精确

set——整定　　　　　　　　　　swi——振荡

k——短路　　　　　　　　　　aper——非周期

K——继电器　　　　　　　　　unb——不平衡

err——误差　　　　　　　　　　N——额定

sen——灵敏　　　　　　　　　　cal——计算

unf——非故障相　　　　　　　　g——过渡

四、符号上角注

(1)——单相接地

(2)——两相短路

(3)——三相短路

(1.1)——两相接地短路

Ⅰ、Ⅱ、Ⅲ——Ⅰ段、Ⅱ段、Ⅲ段保护

五、常用图形

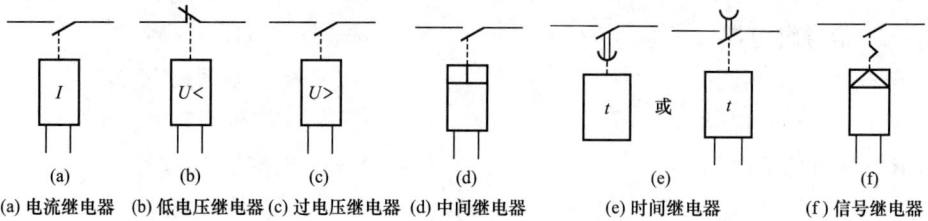

(a) 电流继电器　(b) 低电压继电器　(c) 过电压继电器　(d) 中间继电器　　　(e) 时间继电器　　　(f) 信号继电器

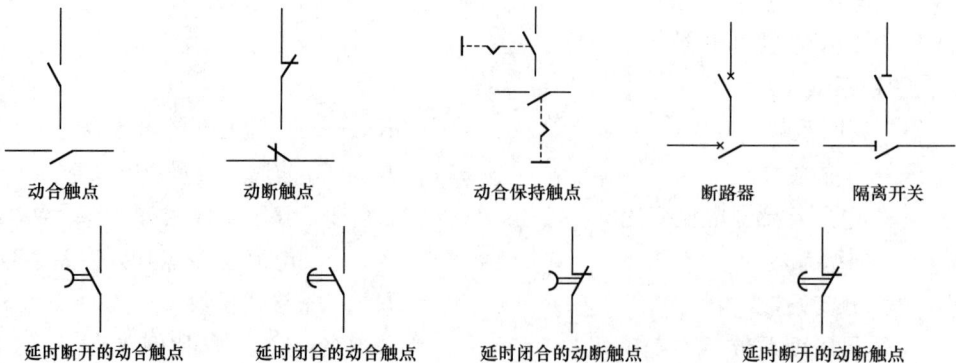

动合触点　　　　　动断触点　　　　　动合保持触点　　　　断路器　　　　隔离开关

延时断开的动合触点　　延时闭合的动合触点　　延时闭合的动断触点　　延时断开的动断触点

参 考 文 献

[1] 贺家李，李永丽，董新洲，等．电力系统继电保护原理．5 版．北京：中国电力出版社，2018.
[2] 张保会，尹项根．电力系统继电保护．2 版．北京：中国电力出版社，2010.
[3] 焦彦军．电力系统继电保护原理．北京：中国电力出版社，2015.
[4] 杨新民，杨隽琳．电力系统微机保护培训教材．2 版．北京：中国电力出版社，2008.
[5] 罗士萍．微机保护实现原理及装置．北京：中国电力出版社，2001.
[6] 江苏省电力公司．电力系统继电保护原理与实用技术．北京：中国电力出版社，2006.
[7] 刘学军．继电保护原理．3 版．北京：中国电力出版社，2012.
[8] 张举．微型机继电保护原理．北京：中国水利水电出版社，2004.
[9] 黄少锋．电力系统继电保护．北京：中国水利水电出版社，2015.
[10] 高亮．电力系统微机继电保护．2 版．北京：中国水利水电出版社，2018.
[11] 杨奇逊，黄少锋．微型机继电保护基础．4 版．北京：中国电力出版社，2012.
[12] 国家电力调度通信中心．国家电网公司继电保护培训教材．北京：中国电力出版社，2009.
[13] 李晓明，王葵．微机继电保护实用培训教材．北京：中国电力出版社，2004.
[14] 邰能灵，胡炎．微机保护技术及其工程应用．北京：中国电力出版社，2010.
[15] 贺家李，李永丽，董新洲，等．电力系统继电保护原理．4 版．北京：中国电力出版社，2010.
[16] 张宝会，尹项根．电力系统继电保护．北京：中国电力出版社，2005.
[17] 孙国凯、霍利民、柴玉华．电力系统继电保护原理．北京：中国水利水电出版社，2002.
[18] 陈堂、赵祖康，等．配电系统及其自动化技术．北京：水利电力出版社，2003.
[19] 杨奇逊，黄少锋．微型机继电保护基础．北京：中国电力出版社，2005.
[20] 黄益庄．变电站综合自动化技术．北京：中国电力出版社，2000.
[21] 贺家李，宋从矩．电力系统继电保护原理．2 版．北京：水利电力出版社，1985.
[22] 税正中，施怀瑾．电力系统继电保护．重庆：重庆大学出版社，1997.
[23] 张志竟，黄玉铮．电力系统继电保护原理与运行分析（上册）．北京：水利电力出版社，1995.
[24] 陈德树．计算机继电保护原理与技术．北京：水利电力出版社，1992.
[25] 王维俭．电力系统继电保护基本原理．北京：清华大学出版社，1991.
[26] 丁毓山、南俊星．微机保护与综合自动化系统．北京：中国水利水电出版社，2002.
[27] 王瑞敏．电力系统继电保护原理．北京：中国农业出版社，1994.
[28] 谷水清．电力系统继电保护．北京：中国电力出版社，2005.
[29] 林军．电力系统微机继电保护．北京：中国水利水电出版社，2006.
[30] 刘学军．继电保护原理．2 版．北京：中国电力出版社，2007.